"十三五"国家重点出版物出版规划项目

中国东北药用植物资源图志

周 繇 编著 肖培根 主审

Atlas of Medicinal Plant Resource in the Northeast of China

图书在版编目（CIP）数据

中国东北药用植物资源图志 / 周繇编著. -- 哈尔滨:
黑龙江科学技术出版社, 2021. 12
ISBN 978-7-5719-0825-6

Ⅰ. ①中… Ⅱ. ①周… Ⅲ. ①药用植物—植物资源—
东北地区—图集 Ⅳ. ①S567.019.23-64

中国版本图书馆 CIP 数据核字(2020)第 262753 号

中国东北药用植物资源图志

ZHONGGUO DONGBEI YAOYONG ZHIWU ZIYUAN TUZHI

周繇 编著 肖培根 主审

出 品 人 侯 擘 薛方闻
项目总监 朱佳新
策划编辑 薛方闻 项力福 梁祥崇 闫海波
责任编辑 侯 擘 朱佳新 回 博 宋秋颖 刘 杨 孔 璐 许俊鹏 王 研
王 姝 罗 琳 王化丽 张云艳 马远洋 刘松岩 周静梅 张东君
赵雪莹 沈福威 陈裕衡 徐 洋 孙 雯 赵 萍 刘 路 梁祥崇
闫海波 焦 琰 项力福
封面设计 孔 璐
版式设计 关 虹
出 版 黑龙江科学技术出版社
地址：哈尔滨市南岗区公安街 70-2 号 邮编：150007
电话：（0451）53642106 传真：（0451）53642143
网址：www.lkcbs.cn
发 行 全国新华书店
印 刷 哈尔滨市石桥印务有限公司
开 本 889 mm×1 194 mm 1/16
印 张 350
字 数 5 500 千字
版 次 2021 年 12 月第 1 版
印 次 2021 年 12 月第 1 次印刷
书 号 ISBN 978-7-5719-0825-6
定 价 4 800.00 元（全 9 册）

▲瓜子金植株（山坡型）

瓜子金 *Polygala japonica* Houtt.

别　　名　远志草　日本远志　金牛草

俗　　名　瓜子草　瓜米草

药用部位　远志科瓜子金的全草及根。

原 植 物　多年生草本，高 15 ～ 20 cm。茎、枝直立或外倾，带绿褐色，具纵棱。单叶互生，卵状披针形，长 1 ～ 3 cm，宽 3 ～ 9 mm；叶柄长约 1 mm。总状花序与叶对生或腋外生，最上 1 个花序低于茎顶；花梗细，基部具 1 个披针形、早落的苞片；萼片 5，宿存，外面 3 枚披针形，长 4 mm，里面 2 枚花瓣状，卵形至长圆形，长约 6.5 mm，宽约 3 mm；花瓣 3，白色至紫色，基部合生，侧瓣长圆形，长约 6 mm，龙骨瓣舟状，具流苏状鸡冠状附属物；雄蕊 8，花丝全部合生成鞘，鞘 1/2 以下与花瓣贴生，花药无柄，顶孔开裂；子房倒卵形，具翅，柱头 2。蒴果圆形，顶端凹陷，具喙状突尖。花期 6—7 月，果期 8—9 月。

生　　境　生于多砾山坡、草地、林下及灌丛中。

分　　布　黑龙江尚志、五常、海林、东宁、宁安、牡丹江市区、密山、虎林等地。吉林长白山各地。辽宁丹东市区、本溪、凤城、沈阳、岫岩、庄河、大连市区等地。全国绝大部分地区。朝鲜、俄罗斯（西伯利亚中东部）、日本、越南、菲律宾、巴布亚新几内亚。

采　　制　夏、秋季采收全草，除去杂质，洗净，晒干。春、秋季采挖根，除去泥土，洗净，晒干。

性味功效　味辛、苦，性平。有解毒止痛、活血散瘀、消肿、化痰止咳、定神的功效。

▲瓜子金植株（岩生型）

▼瓜子金种子

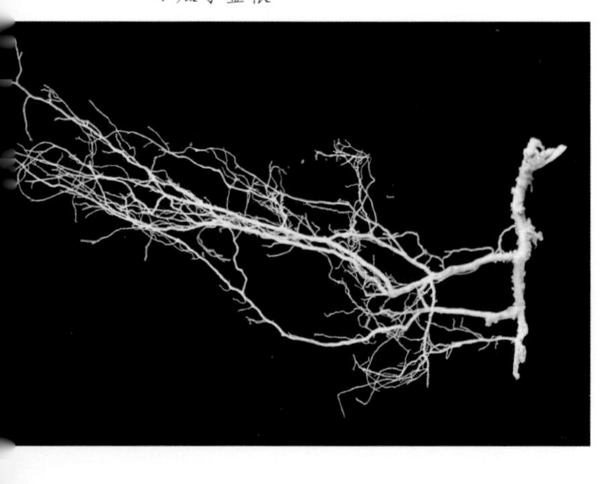

▼瓜子金根

主治用法 用于咳嗽痰多、肺热咳喘、口疮、口腔炎、咽喉肿痛、慢性咽喉炎、扁桃体炎、小儿肺炎、小儿疳积、吐血、便血、崩漏、泌尿系统结石、乳痈、流脑、骨髓炎、骨结核、风湿关节痛、痢疾、失眠、健忘、惊悸、痈疽肿毒、毒蛇咬伤、跌打损伤等。水煎服。外用捣烂敷患处。

用　　量 15 ~ 25 g（鲜品 50 ~ 100 g）。外用适量。

附　　方

（1）治毒蛇咬伤：外用：瓜子金全草 30 g。加水少量捣烂，或干粉调成糊状，外敷患处。内服：瓜子金、半边莲、犁头草干粉各等量。水泛为丸，每服 25 g，每日 3 次；或鲜草煎水服即可。

（2）治小儿疳积：瓜子金 50 g，猪肝 100 g。加水蒸熟，除去药渣，吃肝喝汤，连服 3 剂。

（3）治泌尿系统结石：鲜瓜子金 100 ~ 150 g，鲜水三七（裂果薯）50 ~ 75 g。水煎服。重症病人加鲜紫薇 25 ~ 50 g。

（4）治骨髓炎、骨结核：瓜子金 250 g，用白酒 2 L 浸泡，然后隔水炖，去渣饮酒，每服 15 ~ 30 ml，每日 2 次。儿童酌减。

（5）治失眠：瓜子金全草，以文火煎煮，加适量调味剂和防腐剂，制成每 50 ml 含鲜瓜子金 150 g 或干品 75 g 的水剂，晚上临睡前服 50 ml。

（6）治口腔炎：瓜子金 90%，冰片、硼砂各 5%。共研细末，撒患处，每日 2 次。

（7）治月经不调，或前或后：瓜子金全草 7 株，加白糖 100 g，捣烂绞汁，月经后 3 d 服之。

（8）治疟疾：瓜子金（鲜）30 ~ 50 g。酒煎，于疟发前 2 h 服。

（9）治吐血：瓜子金 25 g。煎水服。

（10）治产后风：瓜子金晒干研末，每次 100 g，泡温酒服。

（11）治刀伤、接骨：瓜子金研末或捣茸，敷刀伤处。骨折时，瓜子金 50 g 捣茸，拌酒糟外包患处。

（12）治脱皮癞：瓜子金、旱莲草、车前草各等量。煎水内服。外用红色的杠板归煎水洗。

（13）治关节炎：瓜子金根 100 ~ 150 g。酌加水煎，日服 1 ~ 2 次。

（14）治血栓炎、皮肤现紫块、全身痛：瓜子金根捶茸，兑淘米水服。

附　注　本品为《中华人民共和国药典》（2020 年版）收录的药材。

◎参考文献◎

[1] 江苏新医学院．中药大辞典（上册）[M]．上海：上海科学技术出版社，1977: 757-758.

[2] 朱有昌．东北药用植物 [M]．哈尔滨：黑龙江科学技术出版社，1989: 668-670.

[3]《全国中草药汇编》编写组．全国中草药汇编（上册）[M]．北京：人民卫生出版社，1975: 304-305.

▲瓜子金花序

▲瓜子金花

▲瓜子金果实

▲西伯利亚远志果实

▲西伯利亚远志植株

西伯利亚远志 *Polygala sibirica* L.

别　　名　卵叶远志　宽叶远志　瓜子金

药用部位　远志科西伯利亚远志的根（入药称“甜远志”）。

原 植 物　多年生草本，高 10 ~ 30 cm；根直立或斜生，木质。茎丛生，通常直立。叶互生，下部叶小卵形，长约 6 mm，宽约 4 mm；上部叶较大，椭圆状披针形，具骨质短尖头。总状花序腋外生或假顶生，高出茎顶，花少数；具 3 枚小苞片，钻状披针形，萼片 5，宿存，外面 3 枚披针形，里面 2 枚花瓣状，近镰刀形，先端具突尖，基部具爪，淡绿色，边缘色浅；花瓣 3，蓝紫色，侧瓣倒卵形，长 5 ~ 6 mm，2/5 以下与龙骨瓣合生，先端圆形，微凹，龙骨瓣较侧瓣长；雄蕊 8，花丝 2/3 以下合生成鞘，花药卵形，顶孔开裂；子房倒卵形，花柱肥厚，顶端弯曲，柱头 2。花期 6—7 月，果期 8—9 月。

▲西伯利亚远志花序

生　　境　生于沙质土、石砾和石灰岩山地灌丛、林缘或草地。

分　　布　黑龙江黑河、尚志、五常、海林、东宁、宁安、牡丹江市区、密山、虎林等地。吉林通化、梅河口、桦甸、吉林、汪清、珲春等地。辽宁凌源、绥中、义县、北镇、大连等地。内蒙古额尔古纳、根河、牙克石、鄂伦春旗、阿尔山、扎兰屯、科尔沁右翼前旗、克什克腾旗等地。全国绝大部分地区。朝鲜、蒙古、俄罗斯（西伯利亚）、印度、尼泊尔。欧洲。

采　　制　春、秋季采挖根，除去泥土，洗净，晒干。

性味功效　味甘、辛、苦，性寒。有滋阴清热、祛痰、解毒的功效。

主治用法　用于痨热咳嗽、白带异常、腰酸、肺炎、胃痛、痢疾、跌打损伤、风湿疼痛、疔疮等。水煎服。外用捣烂敷患处。

用　　量　15 ~ 25 g。外用适量。

附　　方　治妇人产后褥痨症、发热出汗、饮食无味：甜远志（去皮、心）干用 25 g，鲜用 50 g。用母鸡一只，去肠，将药入内煮烂，空心食之。

附　　注

（1）本品根可作为远志使用，全草及根亦可作为瓜子金使用。

（2）本品为《中华人民共和国药典》（2020 年版）收录的药材。

◎参考文献◎

[1] 江苏新医学院．中药大辞典（下册）[M]．上海：上海科学技术出版社，1977: 2174-2175.

[2] 朱有昌．东北药用植物 [M]．哈尔滨：黑龙江科学技术出版社，1989: 670-671.

[3] 《全国中草药汇编》编写组．全国中草药汇编(上册）[M]．北京：人民卫生出版社，1975: 418.

▲毛黄栌植株

▲毛黄栌果实

▲毛黄栌枝条（秋季）

漆树科 Anacardiaceae

本科共收录 3 属、4 种。

黄栌属 *Cotinus*（Tourn.）Mill.

毛黄栌 *Cotinus coggygria* var. *pubescens* Engl.

别　　名　柔毛黄栌

药用部位　漆树科毛黄栌的根、树枝及叶。

原 植 物　落叶灌木，高 3 ~ 5 m。叶多为阔椭圆形，稀圆形，长 3 ~ 8 cm，宽 2.5 ~ 6.0 cm，先端圆形或微凹，基部圆形或阔楔形，全缘，叶背尤其沿脉上和叶柄密被柔毛，侧脉 6 ~ 11 对，先端常叉开；叶柄短。圆锥花序被柔毛；花杂性，直径约 3 mm；花梗长 7 ~ 10 mm，花萼无毛，裂片卵状三角形，长约 1.2 mm，宽约 0.8 mm；花瓣卵形或卵状披针形，长 2.0 ~ 2.5 mm，宽约 1 mm，无毛；雄蕊 5，长约 1.5 mm，花药卵形，与花丝等长，花盘5裂，紫褐色；子房近球形，直径约0.5 mm，花柱3，分离，不等长。果肾形，长约4.5 mm，宽约2.5 mm，无毛，熟时红色。花期4—5月，果期8—9月。

生　　境　生于向阳山坡林中。

分　　布　辽宁朝阳。河北、山西、河南、山东、湖北、四川、贵州、云南、西藏。伊朗、巴勒斯坦、印度。

▲毛黄栌枝条（花期）

▲毛黄栌枝条（果期）

▲毛黄栌花

采　　制　花期采嫩枝叶，除去杂质，晒干。春、秋季采挖根，除去泥土，洗净，晒干。

性味功效　味辛、苦，性凉。有清热解毒、散瘀止痛的功效。

主治用法　根及枝：用于急性黄疸型肝炎、慢性肝炎（迁延性肝炎）、无黄疸型肝炎、麻疹不出等。水煎服。外用煎水洗。叶：用于丹毒、漆疮。外用捣烂敷患处。

用　　量　根及枝：5～15 g。叶：适量。

附　　方　治肝炎：毛黄栌叶成人每日30 g，小儿减半，煎2次，合并一起，早晚各服1次。

◎参考文献◎

[1] 江苏新医学院．中药大辞典（下册）[M]．上海：上海科学技术出版社，1977：2057.

[2] 钱信忠．中国本草彩色图鉴（第四卷）[M]．北京：人民卫生出版社，2003：560-561.

[3] 中国药材公司．中国中药资源志要[M]．北京：科学出版社，1994：667.

▲盐肤木居群

▼盐肤木果穗

盐肤木属 *Rhus*（Tourn.）L. emend. Moench

盐肤木 *Rhus chinensis* Mill.

别　　名　五倍子树　盐肤树　盐肤子

俗　　名　黄瓤树　臭曲　山楸　山曲　山曲柳　山梧桐　曲树　黑橡子树

药用部位　漆树科盐肤木的虫瘿（入药称“五倍子”）、花（入药称“盐肤木花”）、果实（入药称“盐肤子”）、叶（入药称“盐肤叶”）、根（入药称“盐肤子根”）、根皮（入药称“盐肤根白皮”）及树皮（入药称“盐肤树白皮”）。

原 植 物　落叶小乔木或灌木，高 2 ~ 10 m；小枝棕褐色。奇数羽状复叶，有小叶 2 ~ 6 对，叶轴具宽的叶状翅，小叶自下而上逐渐增大，长 6 ~ 12 cm，宽 3 ~ 7 cm；叶背粉绿色，被白粉；小叶无柄。圆锥花序宽大，多分枝，雄花序长 30 ~ 40 cm，雌花序较短；苞片披针形，小苞片极小，花白色。雄花：花萼裂片长卵形，长约 1 mm；花瓣倒卵状长圆形，长约 2 mm，开花时外卷；

▲盐肤木植株

▼盐肤木花序

雄蕊伸出，花丝线形，花药卵形，子房不育；雌花：花萼裂片较短，长约 0.6 mm；花瓣椭圆状卵形，长约 1.6 mm；雄蕊极短；子房卵形，花柱 3，柱头头状。核果球形，略压扁，被具节柔毛和腺毛，成熟时红色。花期 7—8 月，果期 9—10 月。

生　境　生于向阳山坡、沟谷、溪边的疏林或灌丛中，常聚集成片生长。

分　布　吉林集安、通化、临江等地。辽宁绥中、沈阳、大连市区、盖州、庄河、长海、本溪、丹东市区、宽甸、桓仁等地。湖北、湖南、广西、广东、安徽、浙江、福建。朝鲜、日本。

采　制　秋季采收虫瘿（由寄生在盐肤木上的蚜虫形成），置沸水中略煮或蒸至表面呈灰色，杀死蚜虫，取出，干燥，生用。按外形不同，分为“角倍”和“肚倍”。秋季采收果实，除去杂质，洗净，晒干。春、秋季采挖根，除去泥土，剥取根皮。夏、秋季采摘叶，除去杂质，洗净，晒干。

性味功效　五倍子：味酸、涩，性寒。有敛肺、涩肠、止血、解毒的功效。叶：味酸、咸，性寒。有收敛、解毒的功效。根：味酸、咸，性凉。有祛风、化湿、消肿、软坚的功效。根皮：味咸、涩，性凉。有祛风湿、散瘀血的功效。

主治用法　五倍子：用于肺虚久咳、脱肛、自汗、盗汗、遗精、便血、

▲盐肤木群落

▼盐肤木虫瘿

▼盐肤木果实

衄血、崩漏、肿毒、疔疮、久痢、久泻、黄疸、水肿、乳痈、疥癣、跌打损伤、外伤出血、睫毛倒卷等。水煎服。叶：用于痰嗽、便血、血痢、盗汗、疮疡等。水煎服。根：用于感冒发热、咳嗽、腹泻、水肿、风湿痹痛、跌打伤肿、乳痈、癣疮、消酒毒等。水煎服。根皮：用于咳嗽、风湿骨痛、水肿、黄疸、跌打损伤、肿毒疮疖、毒蛇咬伤等。水煎服。

用　　量　五倍子：1.5 ~ 6.0 g。叶：50 ~ 100 g。根：15 ~ 25 g。根皮：25 ~ 100 g。

附　　方

（1）治久痢久泻：五倍子、茯苓各等量。制成蜜丸如豌豆大，每日服 10 ~ 20 丸，分 3 次服。

（2）治便血：五倍子 5 g，槐花、地榆各 10 g。水煎服。

（3）治脱肛：五倍子 100 g。水煎外洗。

（4）治外伤出血：五倍子研末敷伤口。

（5）治宫颈糜烂：五倍子 100 g。研末用温水调成糊状，涂患处。

（6）治口腔炎：五倍子制成质量分数为 5% ~ 10% 的溶液，做含漱剂，每日 3 ~ 4 次漱口。亦可用作溃疡洗涤剂。

（7）治慢性气管炎：盐肤木 50 g，枇杷叶、金沸草、胡颓子各 15 g，鼠曲草 7.5 g。每日 1 剂，水煎分 2 次服。连服 10 ~ 20 d。

（8）治痔疮：盐肤木根 100 g，凤尾草 50 g。煎水服，每日 2 剂。

体虚者加瘦猪肉 50 g 同煮。

（9）治漆疮：盐肤木叶适量。煎水熏洗患处（辽宁宽甸民间方）。

（10）治年久顽癣：盐肤木果实、王不留行各适量。焙干，研末，芝麻油调搽。

（11）治痈毒溃烂：盐肤木果实和花捣烂，芝麻油调敷。或用盐肤木鲜叶或树枝的二重皮适量，加糯米饭少许，杵烂涂患处。

（12）治骨折：盐肤木叶捣烂敷患处，亦可用盐肤木根、前胡，捣烂敷伤处。

（13）治鼻疳：盐肤木花或果实、硼砂、黄檗、青黛、花椒各等量。共研末，吹患处。

（14）治跌打损伤：盐肤木鲜根皮、鲜楤木根皮各等量。捣烂敷患处。

（15）治冠心病：取盐肤木根状茎制成煎剂，日服 3 次，每次 10 ml（含生药 25 g），总疗程 4 ~ 8 周。

（16）治毒蛇咬伤：盐肤木鲜根 100 g。水煎，加醋少许内服，余下的药液洗伤口。亦可用盐肤木叶捣烂外敷。

（17）治目中星翳：将盐肤木鲜叶折断后流出的白色乳浆盛于

▲盐肤木花

▲盐肤木树干

▲盐肤木枝条（花期）

▲盐肤木幼苗

▲盐肤木果核

小瓷杯内，用灯芯蘸药汁点患处，每日 2 次。点后闭目 10 min，稍有刺痛感。

附　注

（1）花入药，可治疗鼻疳及痈毒溃烂等。树皮入药，可治疗血痢、肿毒、疮疖。幼嫩枝苗入药，可治疗咽喉痛、发声不出等。

（2）本品为《中华人民共和国药典》（2020 年版）收录的药材。

◎参考文献◎

[1] 江苏新医学院．中药大辞典（上册）[M]．上海：上海科学技术出版社，1977: 395.

[2] 江苏新医学院．中药大辞典（下册）[M]．上海：上海科学技术出版社，1977: 1817-1819.

[3] 朱有昌．东北药用植物 [M]．哈尔滨：黑龙江科学技术出版社，1989: 691-692.

[4] 《全国中草药汇编》编写组．全国中草药汇编（上册）[M]．北京：人民卫生出版社，1975: 152-153，660-661.

▼盐肤木枝条（果期）

▲火炬树植株

火炬树 *Rhus typhina* L.

别　　名　鹿角漆树

药用部位　漆树科火炬树的树皮及根皮。

原 植 物　落叶小乔木。高达 12 m。小枝密生灰色密茸毛，棕褐色。奇数羽状复叶，小叶 9 ~ 13，长椭

▲火炬树花

▲火炬树树干

▲火炬树花序

圆状至披针形，长 5 ~ 13 cm，边缘有细锯齿，先端长渐尖，基部圆形或宽楔形，上面深绿色，下面苍白色，两面有茸毛，老时脱落，叶轴无翅。圆锥花序顶生，长 10 ~ 20 cm，密生茸毛，花淡绿色，雌花花柱有红色刺毛。核果深红色，密生茸毛，花柱宿存、密集成火炬形。花期 6—7 月，果期 8—9 月。

生　境　生于向阳山坡、沟谷及路旁等处。

分　布　原产于北美洲，在我国许多城市公园被大量人工栽培。在辽宁桓仁、瓦房店等地，已从园林绿化和人工种植逸为野生，成为东北地区新的归化植物。

采　制　春、秋季采挖根，剥取根皮，切段，晒干。全年剥取树皮，切段，洗净，晒干。

性味功效　有止血的功效。

主治用法　用于外伤出血。

用　量　适量。

附　注　果实入药，有收敛的功效。

▼火炬树群落

◎参考文献◎

[1] 中国药材公司．中国中药资源志要 [M]. 北京：科学出版社，1994: 670.

[2] 江纪武．药用植物辞典 [M]. 天津：天津科学技术出版社，2005: 688.

▼火炬树果核

▲火炬树果穗

▲火炬树枝条（果期）

▼火炬树枝条（花期）

火炬树花（侧）

▲漆植株

漆属 *Toxicodendron*（Tourn）Mill.

▲漆果核

漆 *Toxicodendron vernicifluum*（Stokes）F. A. Barkl.

别　　名　漆树　干漆

俗　　名　欺树　咬人树

药用部位　漆树科漆的树脂（入药称“干漆”）、生漆、根（入药称“漆树根”）、心材（入药称“漆树木心”）、树皮（入药称“漆树皮”）、叶（入药称“漆叶”）及种子（入药称“漆子”）。

原 植 物　落叶乔木，高达 20 m。树皮灰白色，纵裂，小枝粗壮，具圆形或心形的大叶痕和突起的皮孔。奇数羽状复叶互生，常呈螺旋状排列，有小叶 4 ~ 6 对，叶柄长 7 ~ 14 cm；小叶卵形或长圆形，长 6 ~ 13 cm，宽 3 ~ 6 cm。圆锥花序长 15 ~ 30 cm，与叶近等长，序轴及分枝纤细，疏花；花黄绿色，雄花花梗纤细，长 1 ~ 3 mm，雌花花梗短粗；花萼裂片卵形，长约 0.8 mm；花瓣长圆形，长约 2.5 mm，宽约 1.2 mm；雄蕊长约 2.5 mm，花丝线形，在雌花中较短，花药长圆形，花盘 5 浅裂；子房球形，花柱 3。果序多少下垂，核果肾形或椭圆形，不偏斜，略压扁，果核棕色，坚硬。花期 6—7 月，果期 8—9 月。

生　　境　生于背风向阳的杂木林内、山野及路旁等处。

分　　布　吉林集安、通化等地。辽宁大连市区、庄河、岫岩、本溪、宽甸、凤城、新宾、桓仁等地。陕西、四川、贵州、云南、甘肃、湖北、湖南、广西、广东、安徽。朝鲜。

采　　制　春、夏、秋三季采收树脂和生漆，除去杂质，晒干。春、夏、秋三季采挖根，除去泥土，洗净，

▲漆枝条

▼漆树干

晒干。四季砍伐木材，剥取树皮，获取心材。夏、秋季采摘叶，除去泥土，晒干。秋季采摘果实，除去杂质，获取种子，晒干。

性味功效　树脂加工后的干燥品：味辛，性温。有毒。有破瘀、消积杀虫的功效。生漆：有毒。根：味辛，性温。有毒。心材：味辛，性温。微有小毒。有行气、镇痛的功效。干皮或根皮：味辛，性温。有小毒。有接骨的功效。叶：味辛，性温。有小毒。种子：有毒。

主治用法　干漆：用于经闭、月经不调、风湿痛、瘀血、丝虫病、蛔虫病。水煎服，入丸、散。外用烧烟熏。生漆：用于水肿、虫积。内服生用和丸或熬干研末入丸、散。外用适量涂患处。根：用于跌打损伤。水煎服。心材：用于心胃气痛。水煎服。干皮或根皮：用于骨折。捣烂酒炒服。外用适量捣烂酒炒敷。叶：用于紫云疯、外伤出血、疮疡溃烂、劳疾。外用捣敷、捣汁或煎水洗。种子：用于便血、尿血、吐泻腹痛。水煎服，无瘀滞者忌服。

用　　量　干漆：4.0 ~ 7.5 g。外用适量。生漆：适量。根：适量。心材：5 ~ 10 g。干皮或根皮：适量。叶：适量。种子：10 ~ 15 g。

附　　方

（1）治钩虫病：生漆用饭包如黄豆大，每次吞服 1 粒。

（2）治五劳七伤：干漆、柏子仁、山茱萸、酸枣仁各等量。为末，炼成蜜丸如梧子大。服 27 丸，温酒下，日 2 服。

（3）治喉痹欲绝不可针药者：干漆烧烟，以筒吸之。

（4）治中漆毒：漆叶取汁搽，或煎水候冷洗，忌洗暖水及饮酒。

（5）治打伤久积（胸部伤适宜）：漆树鲜根25～50 g（干品减半）。洗净切片，鸡一只（去头脚、内脏、尾椎）。和水酒各半。适量烧服。

附　注　本品为《中华人民共和国药典》（2020年版）收录的药材。

◎参考文献◎

[1] 江苏新医学院．中药大辞典（上册）[M]．上海：上海科学技术出版社，1977：72-73.

[2] 江苏新医学院．中药大辞典（下册）[M]．上海：上海科学技术出版社，1977：2574-2576.

[3] 朱有昌．东北药用植物 [M]．哈尔滨：黑龙江科学技术出版社，1989：693-695.

[4] 中国药材公司．中国中药资源志要 [M]．北京科学出版社，1994：672.

▲漆果穗

▲漆果实

▲漆花序

▲漆花

▲内蒙古自治区科尔沁右翼中旗代钦塔拉森林秋季景观

▲色木槭枝条（果期）

槭树科 Aceraceae

本科共收录 1 属、6 种。

槭属 *Acer* L.

▲色木槭幼株

色木槭 *Acer pictum* subsp. *mono*（Maxim.）Ohashi

别　名　水色树　五角槭　地锦槭　五角枫

俗　名　色木　色树　大叶色

药用部位　槭树科色木槭的枝叶。

原 植 物　落叶乔木，高达 15 ~ 20 m，树皮粗糙，常纵裂，灰褐色。叶纸质，基部截形或近于心脏形，叶片的外貌近于椭圆形，长 6 ~ 8 cm，宽 9 ~ 11 cm，常 5 裂，有时 3 裂及 7 裂的叶生于同一树上；裂片卵形，先端锐尖或尾状锐尖，全缘；叶柄长 4 ~ 6 cm。花多数，杂性，雄花与两性花同株，多数常呈无毛的顶生圆锥状伞房花序，长与宽均约 4 cm，生于有叶的枝上，花序的总花梗长 1 ~ 2 cm，花的开放与叶的生长同时；萼片 5，黄绿色，长圆形；花瓣 5，淡白色，椭圆形或椭圆倒卵形；雄蕊 8，花药

▲色木槭植株

▲色木槭枝条（花期）

▼色木槭树干

▼色木槭果实

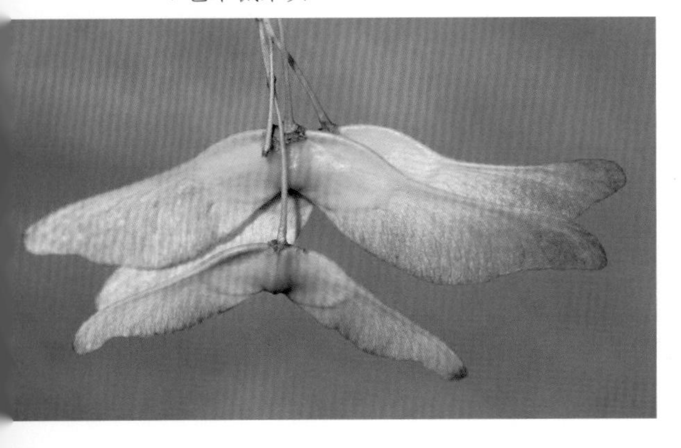

黄色；子房在雄花中不发育，柱头 2 裂，反卷。翅果嫩时紫绿色，成熟时淡黄色。花期 5 月，果期 9 月。

生　境　生于湿润肥沃土壤的杂木林中、林缘及河岸两旁等处。

分　布　黑龙江孙吴、逊克、嘉荫、讷河、北安、龙江、伊春市区、铁力、富锦、甘南、阿城、五常、尚志、海林、东宁、宁安、穆棱、林口、鸡东、密山、虎林、饶河、同江、抚远、方正、勃利、桦南、延寿、通河、木兰、汤原、依兰、庆安、绥棱等地。吉林长白山各地。辽宁山区。内蒙古科尔沁左翼后旗。华北、华中、西北、西南。朝鲜、俄罗斯（西伯利亚中东部）、日本、蒙古。

采　制　夏、秋季采摘枝叶，洗净，晒干。

性味功效　味辛，性温。有祛风除湿、活血逐瘀的功效。

主治用法　用于风湿骨痛、骨折、跌打损伤等。水煎服。

用　量　15 ~ 25 g。

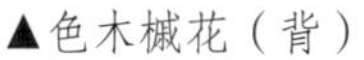

▲色木槭花（背）

▲色木槭花

◎参考文献◎

[1] 朱有昌．东北药用植物 [M]．哈尔滨：黑龙江科学技术出版社，1989: 707-708.
[2] 中国药材公司．中国中药资源志要 [M]．北京：科学出版社，1994: 674.
[3] 江纪武．药用植物辞典 [M]．天津：天津科学技术出版社，2005: 7.

▲色木槭花序

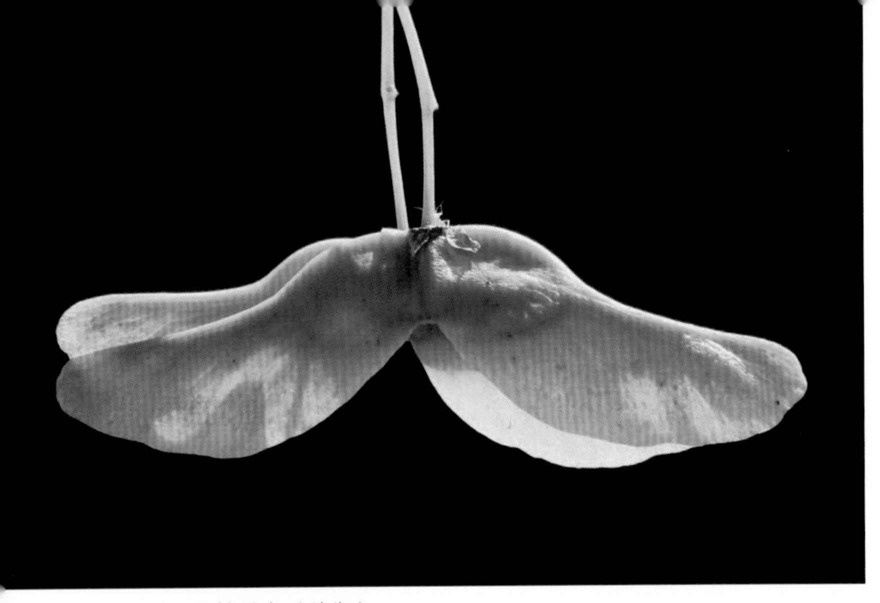

▲元宝槭果实（前期）

元宝槭 *Acer truncatum* Bge.

别　　名　元宝树　平基槭　五脚树　华北五角槭

俗　　名　色木　色树

药用部位　槭树科元宝槭的根皮。

原 植 物　落叶乔木，高 8 ~ 10 m。树皮灰褐色，深纵裂。当年生枝绿色，冬芽小，卵圆形。叶纸质，长 5 ~ 10 cm，

宽 8 ~ 12 cm，常 5 裂，先端锐尖或尾状锐尖，边缘全缘；叶柄长 3 ~ 5 cm。花黄绿色，杂性，雄花与两性花同株，常呈无毛的伞房花序，长 5 cm，直径 8 cm；总花梗长 1 ~ 2 cm；萼片 5，黄绿色，长圆形；花瓣 5，淡黄色或淡白色，长圆倒卵形，长 5 ~ 7 mm；雄蕊 8，生于雄花者长 2 ~ 3 mm，生于两性花者较短，花药黄色；花盘微裂；

▲元宝槭果实（后期）

▼元宝槭群落

▲元宝槭植株

▼元宝槭花（侧）

▼元宝槭花序

花柱短，2裂，柱头反卷，微弯曲；花梗细瘦，长约1 cm。翅果淡黄色或淡褐色，常成下垂的伞房果序；小坚果压扁状，翅长圆形，两侧平行。花期5月，果期9月。

生　境　生于针阔混交林及杂木林内或林缘及灌丛中。

分　布　黑龙江小兴安岭、张广才岭、完达山、老爷岭。吉林长白山各地。辽宁新宾、沈阳、盖州、凤城、宽甸、东港、大连、朝阳、北镇、彰武等地。内蒙古科尔沁右翼中旗、扎鲁特旗、科尔沁左翼后旗等地。河北、山西、山东、江苏、河南、陕西、甘肃等。朝鲜、俄罗斯（西伯利亚中东部）、日本。

采　制　夏、秋季采挖树根，剥取根皮，洗净晒干或鲜用。

性味功效　味淡，性微温。有祛风除湿的功效。

主治用法　用于风湿腰背疼痛。泡酒服。

用　量　9 ~ 15 g。

◎参考文献◎

[1] 朱有昌. 东北药用植物 [M]. 哈尔滨: 黑龙江科学技术出版社, 1989: 707-708.

[2] 钱信忠. 中国本草彩色图鉴 (第一卷) [M]. 北京: 人民卫生出版社, 2003: 399-400.

[3] 中国药材公司. 中国中药资源志要 [M]. 北京: 科学出版社, 1994: 675.

▲元宝槭枝条（花期）

▼元宝槭花

▲元宝槭枝条（果期）

▲青楷槭枝条（花期）

▼青楷槭花序

▲市场上的青楷槭切断的枝条

青楷槭 *Acer tegmentosum* Maxim.

别　　名　辽东槭

俗　　名　青楷子

药用部位　槭树科青楷槭的树皮及枝条。

原 植 物　落叶乔木，高 10 ~ 15 m。树皮平滑，线裂纹。叶近于圆形或卵形，长 10 ~ 12 cm，宽 7 ~ 9 cm，边缘有钝尖的重锯齿，3 ~ 7 裂，通常 5 裂；先端常具短锐尖头；主脉 5，由基部生出，叶柄长 4 ~ 7 cm。花黄绿色，杂性，雄花与两性花同株，常呈无毛的总状花序；萼片 5，长圆形，先端钝形，长 3 mm，宽 1.5 mm；花瓣 5，倒卵形，长 3 mm，宽 2 mm；雄蕊 8；无毛，在两性花中不发育；花盘无毛，位于雄蕊的内侧；子房无毛，在雄花中不发育，

▲青楷槭植株

▲青楷槭枝条 （果期）

▲青楷槭幼株

▲青楷槭树干

花柱短，柱头微被短柔毛，略弯曲。翅果无毛，黄褐色；小坚果微扁平；翅连同小坚果长 2.5 ~ 3.0 cm，张开成钝角或近于水平。花期 5 月，果期 9 月。

生　境　生于针阔混交林和杂木林内、林缘及灌丛中。

分　布　黑龙江张广才岭、老爷岭等。吉林长白山各地。辽宁新宾、本溪、凤城、桓仁、宽甸等地。河北、山东。朝鲜、俄罗斯（西伯利亚中东部）。

▲青楷槭花（侧）

▲青楷槭果实

采　　制　四季剥取树皮或割取枝条，洗净切段晒干或鲜用。

性味功效　有养肝、护肝、明目的功效。

主治用法　用于肝炎、肝硬化、早期肝癌等。泡水服。

附　　注　本功效及主治用法引自韩国民间药方。

▲青楷槭花

▲茶条槭果实（后期）

茶条槭 *Acer tataricum* subsp. *ginnala*（Maxim.）Wesmael

别　　名　茶条　华北茶条槭

俗　　名　茶条子　茶条木　茶叶树　茶枝子　茶叶枝　山茶叶　山茶叶树　山茶叶枝子

药用部位　槭树科茶条槭的嫩叶及芽（入药称“桑芽”）。

原 植 物　落叶灌木或小乔木，高 5 ~ 6 m。小枝细瘦，皮孔椭圆形。叶纸质，长圆卵形或长圆椭圆形，长 6 ~ 10 cm，宽 4 ~ 6 cm，常具较深的 3 ~ 5 裂；中央裂片锐尖或狭长锐尖，侧裂片通常钝尖，向前伸展，各裂片的边缘均具不整齐的钝尖锯齿；叶柄长 4 ~ 5 cm。伞房花序长 6 cm，具多数的花；花梗细瘦，长 3 ~ 5 cm；花杂性，雄花与两性花同株；萼片 5，卵形，黄绿色，长 1.5 ~ 2.0 mm；花瓣 5，长圆卵形，白色，长于萼片；雄蕊 8，与花瓣近于等长，花药黄色；花柱无毛，长 3 ~ 4 mm，顶端 2 裂。果实黄绿色或黄褐色；翅连同小坚果长 2.5 ~ 3.0 cm，中段较宽或两侧近于平行。花期 5 月，果期 10 月。

▲茶条槭花序

▲茶条槭植株

▲茶条槭枝条（果期）

▲茶条槭果实（前期）

生　境　生于山坡、路旁及灌丛中。

分　布　黑龙江黑河市区、嫩江、孙吴、逊克、嘉荫、讷河、北安、龙江、伊春市区、铁力、富锦、甘南、阿城、五常、尚志、海林、东宁、宁安、穆棱、林口、鸡东、密山、虎林、饶河、同江、抚远、方正、勃利、桦南、延寿、通河、木兰、汤原、依兰、庆安、绥棱等地。吉林长白山各地。辽宁新宾、本溪、凤城、桓仁、宽甸、清原、西丰、庄河、营口等地。内蒙古锡林郭勒盟。河北、山西、河南、陕西、甘肃。朝鲜、俄罗斯（西伯利亚）、蒙古、日本。

采　制　春季采摘嫩叶及芽，除去杂质，洗净，晒干。

性味功效　味苦，性寒。有清热明目、抗菌的功效。

▲茶条槭枝条（花期）

▲茶条槭花（侧）

主治用法　用于肝热、目赤昏花、上呼吸道感染、咽肿痛、小儿肺炎、烫伤、菌痢。水煎服。

用　　量　5 ~ 10 g。

◎参考文献◎

[1] 江苏新医学院．中药大辞典（下册）[M]．上海：上海科学技术出版社，1977: 1965.

[2] 朱有昌．东北药用植物 [M]．哈尔滨：黑龙江科学技术出版社，1989: 706-707.

[3] 中国药材公司．中国中药资源志要 [M]．北京：科学出版社，1994: 673.

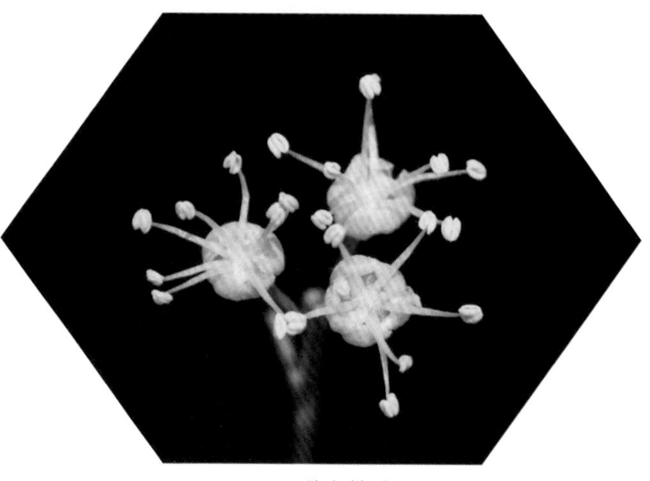

▲茶条槭花

▲髭脉槭枝条（果期）

▼髭脉槭花（侧）

▼髭脉槭果实

髭脉槭 *Acer barbinerve* Maxim.

别　　名　簇毛槭　辽吉槭树　毛脉槭

俗　　名　红楷子

药用部位　槭树科髭脉槭的枝叶。

原 植 物　落叶小乔木，高 5 ~ 12 m。树皮平滑，淡褐色。叶近于圆形或卵形，长 5 ~ 8 cm，宽 4 ~ 7 cm，5 裂；中裂片与 2 侧裂片锐尖，先端具尾状的尖头，边缘具粗的钝锯齿；裂片中间的凹缺很狭窄，约呈 15° 角；叶柄细瘦，长 4 ~ 6 cm。花黄绿色，单性，雌雄异株；雌花的花序由当年生具叶的小枝顶端生出，呈总状花序；花梗长 1 ~ 2 cm；雄花呈密伞花序，系由二年生无叶的老枝生出，每花序具花 5 ~ 6；萼片 4，长圆形，长 4 mm；花瓣 4，倒卵状椭圆形，长 4 ~ 5 mm；雄花有雄蕊 4，花药黄色，雌花缺雄蕊；花盘 4；雌花花柱长 2 mm，2 裂。翅果淡绿色或黄绿色。花期 5 月，果期 8—9 月。

生　　境　生于山坡针阔混交林中及林缘等处。

分　　布　黑龙江张广才岭、完达山、老爷岭等。吉林长白山各地。辽宁新宾、本溪、桓仁、宽甸、凤城等地。朝鲜、俄罗斯（西伯利亚）。

采　　制　夏、秋季采摘枝叶，洗净，晒干。

性味功效　味辛，性温。有祛风除湿、活血逐瘀的功效。

主治用法　用于风湿骨痛、骨折、跌打损伤等。水煎服。

用　　量　10 ~ 15 g。

◎参考文献◎

[1] 朱有昌. 东北药用植物 [M]. 哈尔滨：黑龙江科学技术出版社，1989: 707-708.

[2] 中国药材公司. 中国中药资源志要 [M]. 北京：科学出版社，1994: 674.

[3] 江纪武. 药用植物辞典 [M]. 天津：天津科学技术出版社，2005: 6.

▼髭脉槭枝条（花期）

髭脉槭植株 ▶

市场上的髭脉槭枝条

髭脉槭花

▲梣叶槭植株

▼梣叶槭果实

梣叶槭 *Acer negundo* L.

别　　名　复叶槭　美国槭　白蜡槭

俗　　名　糖槭

药用部位　槭树科梣叶槭的树皮。

原 植 物　落叶乔木，高达20 m。树皮灰褐色。羽状复叶，长10～25 cm，有小叶3～9；小叶纸质，卵形或椭圆状披针形，长8～10 cm，宽2～4 cm，边缘常有3～5个粗锯齿，稀全缘，上面深绿色，下面淡绿色，除脉腋有丛毛外，其余部分无毛；主脉和5～7对侧脉均在下面显著；叶柄长5～7 cm，嫩时短柔毛，后无毛。雄花的花序聚伞状，雌花的花序总状，均由无叶的小枝旁边生出，常下垂；花梗长1.5～3.0 cm；花小，黄绿色，开于叶前，雌雄异株，无花瓣及花盘；雄蕊4～6，花丝很长；子房无毛。小坚果突起，近于长圆形或长圆卵形；翅宽8～10 mm，稍向内弯。花期4—5月，果期9—10月。

生　　境　生于山坡、林缘、田野及住宅附近。

▲梣叶槭枝条（花期）

▲梣叶槭雄花序

分　布　本种原产于北美洲，100 年前被引入中国，在吉林、辽宁、内蒙古、河北、山东、河南、江苏、浙江、江西、湖北、陕西、甘肃、新疆等地的各主要城市都有栽培。在东北地区已从园林绿化和人工种植逸为野生，成为本区新的归化植物。

采　制　四季剥取树皮，切片，洗净，晒干。

性味功效　有收敛的功效。

用　量　适量。

附　注　果实入药，可治疗腹疾。

◎参考文献◎

[1] 中国药材公司 . 中国中药资源志要 [M]. 北京：科学出版社，1994: 674.

[2] 江纪武 . 药用植物辞典 [M]. 天津：天津科学技术出版社，2005: 7.

▲梣叶槭枝条（果期）

▲梣叶槭雌花

▲梣叶槭树干

▲栾树枝条

▼栾树花

▼栾树果实

无患子科 Sapindaceae

本科共收录 2 属、2 种。

栾树属 *Koelreuteria* Laxm.

栾树 *Koelreuteria paniculata* Laxm.

别　　名　木栾　栾华

俗　　名　灯笼花　黑色叶树

药用部位　无患子科栾树的花（入药称“栾华”）。

原 植 物　落叶乔木或灌木；树皮厚，老时纵裂；小枝具疣点。叶丛生于当年生枝上，平展，一回或二回羽状复叶，长可达 50 cm；小叶 7 ~ 18，柄极短，纸质，卵状披针形，长 3 ~ 10 cm，宽 3 ~ 6 cm，边缘有不规则的钝锯齿。聚伞圆锥花序长 25 ~ 40 cm，在末次分枝上的聚伞花序具花 3 ~ 6，密集呈头状；苞片狭披针形；花淡黄色，稍芬芳；花梗长 2.5 ~ 5.0 mm；萼裂片卵形；花瓣 4，开花时向外反折，线状长圆形，长 5 ~ 9 mm，瓣爪长 1.0 ~ 2.5 mm，瓣片基部的鳞片初时黄色，开花时橙红色；雄蕊 8，在雄花中比在雌花中的长；子房三棱形。蒴果圆锥形，具 3 棱，果瓣卵形。花期 6—7 月，果期 9—10 月。

生　境　生于山坡、林缘及路旁等处。

分　布　辽宁大连市区、瓦房店、凌源、建昌等地。华北、西北、西南。朝鲜、日本。

采　制　夏季采摘花序，除去杂质，阴干或鲜用。

性味功效　味苦，性寒。有收敛的功效。

主治用法　用于目痛、目肿等。水煎服。

用　量　适量。

◎参考文献◎

[1] 江苏新医学院. 中药大辞典（下册）[M]. 上海：上海科学技术出版社，1977: 1910-1911.

[2] 朱有昌. 东北药用植物 [M]. 哈尔滨：黑龙江科学技术出版社，1989: 709-710.

[3] 中国药材公司. 中国中药资源志要 [M]. 北京：科学出版社，1994: 678.

▼栾树花序

▼栾树植株

文冠果种子

▲文冠果植株

▼文冠果果实

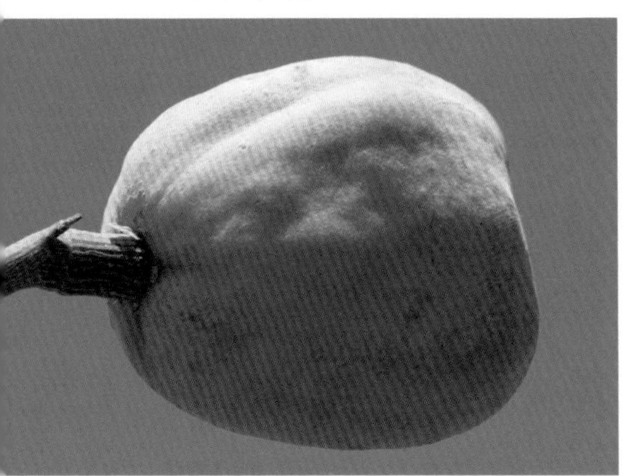

▼文冠果花序

文冠果属 *Xanthoceras* Bge.

文冠果 *Xanthoceras sorbifolium* Bge.

别　　名　文冠树　文官果　文光果

俗　　名　木瓜　温旦革子　麻腿

药用部位　无患子科文冠果的枝叶。

原 植 物　落叶灌木或小乔木，高 2 ~ 5 m；小枝粗壮，红褐色，顶芽和侧芽有覆瓦状排列的芽鳞。叶连柄长 15 ~ 30 cm；小叶 4 ~ 8 对，披针形，长 2.5 ~ 6.0 cm，宽 1.2 ~ 2.0 cm，边缘有锐利锯齿，顶生小叶通常 3 深裂，腹面深绿色，背面鲜绿色。花序先叶抽出，两性花的花序顶生，雄花序腋生，长 12 ~ 20 cm，直立；总花梗短，长 1.2 ~ 2.0 cm；苞片长 0.5 ~ 1.0 cm；萼片长 6 ~ 7 mm；花瓣白色，基部紫红色或黄色，有清晰的脉纹，长约 2 cm，宽 7 ~ 10 mm，爪之两侧有须毛；花盘的角状附属体橙黄色，长 4 ~ 5 mm；雄蕊长约 1.5 cm；子房被灰色茸毛。蒴果长达 6 cm；种子黑色而有光泽。花期 5—6 月，果期 9—10 月。

▲文冠果枝条

生　　境　生于山坡及沟谷间等处。

分　　布　辽宁凌源。内蒙古克什克腾旗、正蓝旗、镶黄旗、太仆寺旗等地。山东、河南、安徽、江苏、山西、陕西、宁夏、甘肃。朝鲜。

采　　制　夏、秋季采收枝叶，除去杂质，阴干或鲜用。

性味功效　味甘、微苦，性平。有祛风除湿、消肿止痛的功效。

主治用法　用于风湿性关节炎、皮肤风湿、风湿内热等。水煎服，或熬膏敷患处。

用　　量　5 ~ 10 g。外用适量。

附　　方　治风湿性关节炎：文冠果 10 ~ 15 g。水煎服。或每次服膏 5 g，每日 2 次，亦可取膏外敷。

附　　注　种子在辽西地区被用来治疗小儿夜尿。

◎参考文献◎

[1] 江苏新医学院．中药大辞典（上册）[M]．上海：上海科学技术出版社，1977: 496.

[2] 朱有昌．东北药用植物 [M]．哈尔滨：黑龙江科学技术出版社，1989: 709-710.

[3] 中国药材公司．中国中药资源志要 [M]．北京：科学出版社，1994: 679.

▼文冠果花（背）

▼文冠果花

▲内蒙古自治区满归林业局伊克萨玛国家森林公园湿地秋季景观

▲水金凤群落

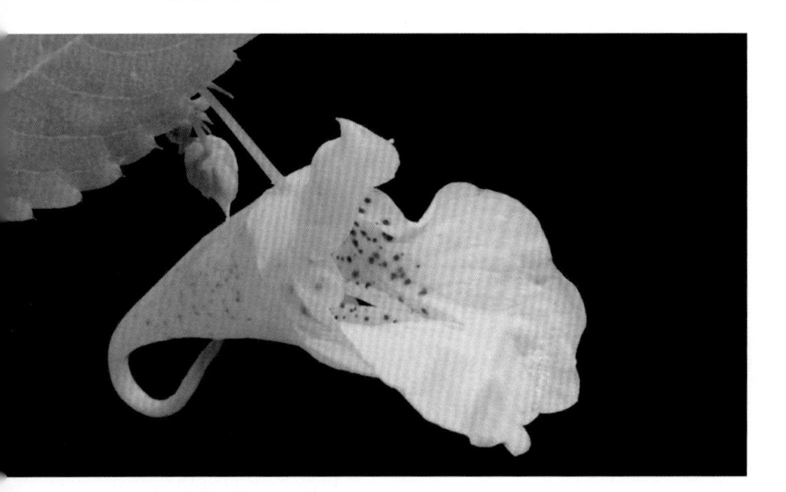

▲水金凤花（白色）

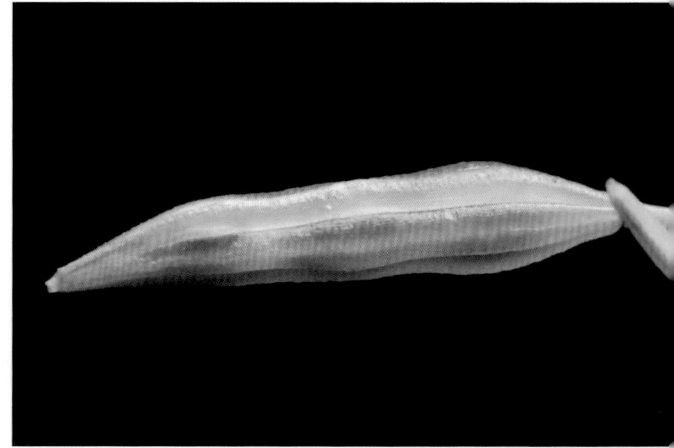

▲水金凤果实

▲水金凤幼株

凤仙花科 Balsaminaceae

本科共收录 1 属、3 种。

凤仙花属 *Impatiens* L.

水金凤 *Impatiens noli-tangere* L.

▲水金凤种子

别　名　灰菜花　辉菜花

俗　名　高丽灰菜　山芨芨草　亮杆芹　之路草

▲水金凤居群

▼水金凤幼苗（后期）

▼水金凤花（侧）

药用部位　凤仙花科水金凤的全草及茎叶。

原 植 物　一年生草本，高 40 ~ 70 cm。茎肉质，下部节常膨大。叶互生；叶片卵状椭圆形，长 3 ~ 8 cm，宽 1.5 ~ 4.0 cm，边缘有粗圆状齿，叶柄纤细，长 2 ~ 5 cm；最上部的叶柄更短或近无柄。总花梗长 1.0 ~ 1.5 cm，具花 2 ~ 4，花梗长 1.5 ~ 2.0 mm，中上部有苞片 1；苞片披针形；花黄色；侧生萼片 2，卵形或宽卵形，长 5 ~ 6 mm，先端急尖；旗瓣圆形或近圆形；翼瓣无柄，2 裂，下部裂片小，长圆形，上部裂片宽斧形，近基部散生橙红色斑点；唇瓣宽漏斗状，喉部散生橙红色斑点，基部渐狭成内弯的距。雄蕊 5，花丝线形；子房纺锤形。蒴果线状圆柱形，种子多数，长圆球形。花期 7—8 月，果期 8—9 月。

生　　境　生于山沟溪流旁、林中、林缘湿地及路旁等处，常聚集成片生长。

分　　布　黑龙江呼玛、黑河、尚志、五常、宁安、东宁、密山、虎林、饶河、佳木斯市区、桦南、方正、延寿、通河、汤原、依兰、铁力、绥棱等地。吉林长白山各地。辽宁宽甸、凤城、本溪、桓仁、清原、鞍山市区、岫岩、海城、盖州、营口市区、北镇、义县、黑山、葫芦岛市区、绥中、喀左、凌源等地。内蒙古额尔古纳、根河、牙克石、科尔沁右翼前旗。河北、河南、山西、浙江、安徽、山东、湖北、湖南、陕西、甘肃。朝鲜、俄罗斯（西伯利亚中东部）、日本。欧洲。

▲水金凤植株

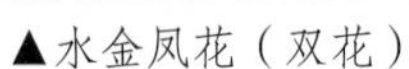

▲水金凤花（双花）

▲水金凤花（淡黄色）

采　　制　夏、秋季采收全草和茎叶，洗净，晒干或鲜用。

性味功效　全草：味辛，性寒。有小毒。有祛瘀消肿、止痛渗湿、活血调经、舒筋活络的功效。茎叶：味辛，性寒。有毒。有祛瘀消肿、止痛渗湿的功效。

主治用法　全草：用于月经不调、行经腹痛、风湿筋骨痛、跌打瘀肿、肾病、膀胱结石、疥癞疮癣、阴囊湿疹、跌打损伤、毒蛇咬伤等。水煎服。外用适量鲜品捣汁或研末敷患处。茎叶：用于月经不调、风湿筋骨痛、疥癞疮癣、阴囊湿疹、跌打损伤、毒蛇咬伤等。水煎服。外用适量鲜品捣汁或研末敷患处。

用　　量　全草：10 ~ 15 g。外用适量。茎叶：15 ~ 25 g。外用适量。

附　　方

（1）治跌打损伤：水金凤、当归、赤芍各 15 g。水煎服。

（2）治阴囊湿疹：新鲜水金凤全草捣烂取汁外擦。

（3）治月经不调：鲜水金凤 50 ~ 100 g，益母草 25 g。水煎服。

◎参考文献◎

[1] 江苏新医学院．中药大辞典（上册）[M]．上海：上海科学技术出版社，1977：534，550.

[2] 朱有昌．东北药用植物 [M]．哈尔滨：黑龙江科学技术出版社，1989：713-714.

[3] 钱信忠．中国本草彩色图鉴（第一卷）[M]．北京：人民卫生出版社，2003：679-680.

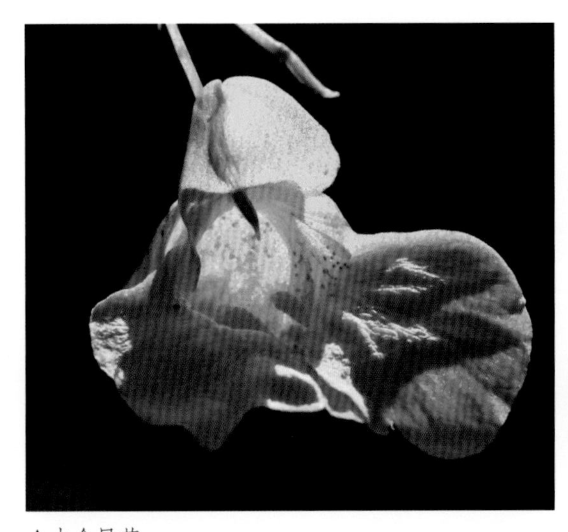

▲水金凤花

▲水金凤幼苗（前期）

▲东北凤仙花花

▲东北凤仙花花（侧）

东北凤仙花 *Impatiens furcillata* Hemsl.

别　　名　长距凤仙花

药用部位　凤仙花科东北凤仙花的全草。

原 植 物　一年生草本，高 30 ~ 70 cm。茎细弱，直立，有分枝或无，上部疏生褐色腺毛或近无毛。叶互生，菱状卵形或菱状披针形，长 5 ~ 13 cm，宽 2.5 ~ 5.0 cm，边缘有锐锯齿，侧脉 7 ~ 9 对；叶柄长 1.0 ~ 2.5 cm。总花梗腋生，长 3 ~ 5 cm，疏生深褐色腺毛；花 3 ~ 9，排成总状花序；花梗细，基部有一条形苞片；花小，黄色或淡紫色；侧生萼片 2，卵形，先端突尖；旗瓣圆形，背面中肋有龙骨突，先端有短喙；翼瓣有柄，2 裂，基部裂片近卵形，先端尖，上部裂片较大，斜卵形，尖；唇瓣漏斗状，基部突然延长成螺旋状卷曲的长距；花药钝。蒴果近圆柱形，

▲东北凤仙花花（白色）

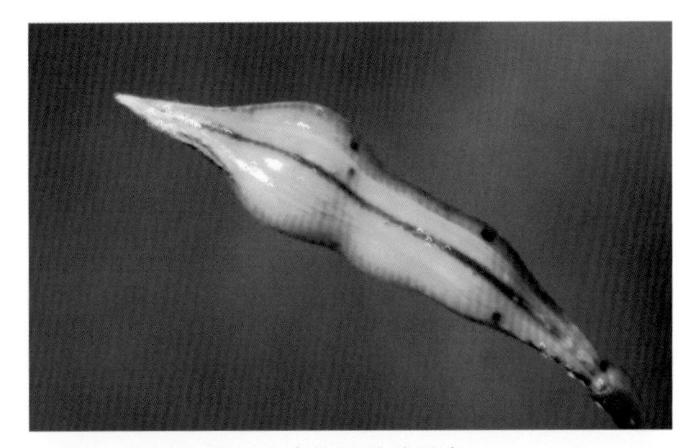
▲东北凤仙花果实

▲东北凤仙花幼株

先端具短喙。花期7—8月，果期8—9月。

生　境　生于山谷溪流旁、林下及林缘湿地等处。

分　布　黑龙江尚志、五常、东宁等地。吉林长白山各地。辽宁本溪、桓仁、宽甸、鞍山市区、岫岩、大连等地。河北等。朝鲜、俄罗斯（西伯利亚中东部）。

采　制　夏、秋季采收全草，除去杂质，切段，洗净，鲜用或晒干。

性味功效　味苦，性平。有活血散瘀、清热解毒的功效。

主治用法　用于疔疮肿毒。外用鲜品捣烂敷患处。

用　量　适量。

◎参考文献◎

[1] 江纪武．药用植物辞典 [M]．天津：天津科学技术出版社，2005: 413.

▼东北凤仙花植株

▲野凤仙花花（白色）

野凤仙花 *Impatiens textori* Miq.

别　　名　假凤仙花　假指甲花

药用部位　凤仙花科野凤仙花的全草及块根。

原 植 物　一年生草本，高 40 ~ 90 cm。茎带淡红色。叶互生或在茎顶部近轮生，叶卵状披针形，长 3 ~ 13 cm，宽 3 ~ 7 cm，边缘具锐锯齿，齿端具小尖，侧脉 7 ~ 8 对；叶柄长 4.0 ~ 4.5 cm。总花梗生于上部叶腋，斜上，长 4 ~ 10 cm，具花 4 ~ 10；花梗细，基部具苞片；花大，淡紫色或紫红色，具紫色斑点，长 3 ~ 4 cm；侧生萼片 2，宽卵形，暗紫红色，长 7 ~ 10 mm；旗瓣卵状方形，直径约 12 mm，翼瓣具柄，2 裂，基部裂片卵状长圆形；唇瓣钟状漏斗形，长达 2.5 ~ 3.0 cm，口部斜上，先端渐尖，基部渐狭成长 1.5 cm 向内卷曲的距，内面具暗紫色斑点。花丝线形，花药卵形。子房纺锤形。花期 8—9 月，果期 9—10 月。

生　　境　生于山沟溪流旁、林缘湿地等处。

分　　布　吉林长白山各地。辽宁宽甸、桓仁、庄河等地。

▲野凤仙花花（浅粉色）

▲野凤仙花植株

山东。朝鲜、俄罗斯（西伯利亚中东部）、日本。

采　　制　夏、秋季采收全草，洗净，晒干或鲜用。秋季采挖块根，洗净，除去杂质，晒干或鲜用。

性味功效　全草：味苦，性寒。有清凉、解毒、去腐的功效。块根：味辛、苦，性寒。无毒。有祛瘀、消肿、解毒的功效。

主治用法　全草：用于恶疮、溃疡等。外用鲜品捣烂敷患处或煎水洗。块根：用于跌打损伤、痈肿等。浸酒服或研末调敷，或捣烂敷患处。

用　　量　全草：10 ~ 15 g。外用适量。块根：25 ~ 40 g（一日量）。外用适量。

▲野凤仙花花（侧）

▲野凤仙花花（深粉色）

◎参考文献◎

[1] 江苏新医学院．中药大辞典（下册）[M]．上海：上海科学技术出版社，1977: 2151.

[2] 朱有昌．东北药用植物 [M]．哈尔滨：黑龙江科学技术出版社，1989: 714-715.

[3] 中国药材公司．中国中药资源志要 [M]．北京：科学出版社，1994: 686.

▼野凤仙花幼株

▲黑龙江省萝北县龙江三峡风景区森林秋季景观

▲刺苞南蛇藤花

▲刺苞南蛇藤种子

卫矛科 Celastraceae

本科共收录 3 属、6 种、1 变种。

南蛇藤属 *Celastrus* L.

刺苞南蛇藤 *Celastrus flagellaris* Rupr.

别　　名　刺南蛇藤　刺叶南蛇藤

俗　　名　爬山虎

药用部位　卫矛科刺苞南蛇藤的干燥根、茎及果实。

原 植 物　落叶藤本灌木。叶阔椭圆形或卵状阔椭圆形，稀倒卵状椭圆形，长 3 ~ 6 cm，宽 2.0 ~ 4.5 cm，先端较阔，具短尖或极短渐尖，基部渐窄，边缘具纤毛状细锯齿或锯齿，齿端常呈细硬刺状，侧脉 4 ~ 5 对，叶主脉上具细疏短毛或近无毛；叶柄细长，通常为叶片的 1/3 或达 1/2；托叶丝状深裂，长 2 ~ 3 mm，早落。聚伞花序腋生，花 1 ~ 5 或更多，花序近无梗或梗长 1 ~ 2 mm，小花梗长 2 ~ 5 mm，关节位于中部之下；雄花萼片长方形，长 1.8 mm；花瓣长方窄倒卵形，长 3.0 ~ 3.5 mm，宽 1.0 ~ 1.2 mm，花

▲刺苞南蛇藤植株

▲刺苞南蛇藤枝条

盘浅杯状，顶端近平截，雄蕊稍长于花冠，在雌花中退化雄蕊长约1 mm；子房球状。花期5—6月，果期8—9月。

生　境　生于山谷、河岸低湿地的林缘或灌丛中，常缠绕或依附在其他树干上生长。

分　布　吉林长白山各地。辽宁宽甸、桓仁、凤城、本溪、西丰、鞍山市区、新宾、清原、庄河、海城、盖州、大连市区等地。河北。朝鲜、俄罗斯（西伯利亚中东部）、日本。

采　制　春、秋季采挖根。春、夏、秋三季割取枝条。秋季采摘果实，洗净晒干药用。

性味功效　味甘，性平。有祛风除湿、强筋壮骨的功效。

主治用法　用于风湿痛、关节炎、跌打损伤及无名肿毒等。水煎服或浸酒。

用　量　25 ~ 50 g。

附　方　风湿性关节炎：刺南蛇藤 30 g，穿山龙 15 g，白酒 0.5 L。浸泡 7 d，每服 10 ml，每日 3 次。

◎参考文献◎

[1] 江苏新医学院．中药大辞典（上册）[M]．上海：上海科学技术出版社，1977：1277.

[2] 朱有昌．东北药用植物 [M]．哈尔滨：黑龙江科学技术出版社，1989：695-696.

[3] 中国药材公司．中国中药资源志要 [M]．北京：科学出版社，1994：692.

▲刺苞南蛇藤果实

▲市场上的刺苞南蛇藤果实

▲南蛇藤枝条（花期）

南蛇藤种子▶

▲南蛇藤植株

南蛇藤 *Celastrus orbiculatus* Thunb.

别　　名　金红树

俗　　名　老牛筋　合欢花　老石棵子　穷搅　穷搅藤　老鸦食　老鸦雀食　胰子盒　山藤　黄藤子　老鸹食棵

药用部位　卫矛科南蛇藤的根、茎藤、叶及果实。

原 植 物　落叶藤本灌木。叶通常阔倒卵形，近圆形或长方椭圆形，长 5 ～ 13 cm，宽 3 ～ 9 cm，边缘具锯齿，两面光滑无毛或叶背脉上具稀疏短柔毛，侧脉 3 ～ 5 对；叶柄细，长 1 ～ 2 cm。聚伞花序腋生，间有顶生，花序长 1 ～ 3 cm，小花 1 ～ 3，偶仅 1 ～ 2；小花梗关节在中部以下或近基部；雄花萼片钝三角形；花瓣倒卵椭圆形或长方形，长 3 ～ 4 cm，宽 2.0 ～ 2.5 mm；花盘浅杯状，裂片浅，顶端圆钝；雄蕊长 2 ～ 3 mm，退化雌蕊不发达；雌花花冠较雄花窄小，花盘稍深厚，肉质，退化雄蕊极短小；子房近球状，花柱长约 1.5 mm，柱头 3 深裂，裂端再 2 浅裂。花期 5—6 月，果期 9—10 月。

生　　境　生于荒山坡、阔叶林边及灌丛内等处，常缠绕或依附在其他树干上生长。

分　　布　黑龙江东宁、宁安、穆棱、绥芬河等地。吉林长白山各地。辽宁沈阳市区、西丰、抚顺、清原、新宾、本溪、凤城、东港、桓仁、岫岩、庄河、长海、大连市区、瓦房店、盖州、营口市区、鞍山市区、法库、彰武、义县、北镇、锦州、朝阳、凌源等地。河北、山东、山西、河南、

▲南蛇藤藤茎

▲南蛇藤果实（果皮未开裂）

▲南蛇藤果实（果皮开裂）

江苏、安徽、浙江、江西、湖北、四川、陕西、甘肃。朝鲜、俄罗斯（西伯利亚中东部）、日本。

采　　制　春、秋季采挖根。春、夏、秋三季割取茎藤和采摘叶。秋季采摘果实，洗净晒干药用。

性味功效　根：味微辛，性温。有祛风除湿、行气散血、消肿解毒的功效。茎藤：味微辛，性温。无毒。有祛风湿、活血脉的功效。叶：有解毒、散瘀的功效。果实：味甘、苦，性平。有安神镇痛的功效。

主治用法　根：用于跌打损伤、风湿痹痛、痧症、呕吐、腹泻、经闭、肿毒、小儿惊风、毒蛇咬伤等。水煎服或浸酒。外用适量捣烂或研末敷患处。茎藤：用于筋骨痛、手足麻木、小儿惊风、痧症、痔疾、肠风、痢疾。水煎服。叶：用于湿疹、多发性疖、跌打损伤、毒蛇咬伤。水煎服或捣汁冲酒。外用捣烂敷患处。果实：用于神经衰弱、心悸、失眠、健忘。

用　　量　根：25 ~ 50 g。茎藤：15 ~ 25 g。叶：适量。果实：15 ~ 25 g。

附　　方

（1）治痢疾：南蛇藤 25 g。水煎服。

（2）治小儿惊风：南蛇藤 15 g，大青根 7.5 g。水煎服。

（3）治经闭：南蛇藤 25 g，当归 50 g，佩兰 15 g，金樱子根 25 g。水煎，每日 2 次分服。

（4）治蛇咬伤：鲜南蛇藤叶捣烂，酌加雄黄、烧酒调匀，敷伤口周围。

（5）治筋骨疼痛、虚烦不眠：南蛇藤果实 15 ~ 25 g。水煎，日服 2 次。

（6）治牙痛：南蛇藤果实 50 g，煮鸡蛋，每次吃鸡蛋 2 个，每日 1 次。

（7）跌打损伤：南蛇藤 200 g。研末，每服 10 g，白开水送服，每日 2 次；如伤处未破，并用烧酒调南蛇藤末，外敷伤处。

（8）治腰腿麻木：南蛇藤果实 25 g。水煎服（辽宁新民民间方）。

（9）治风湿性关节炎：南蛇藤根 50 g，猪蹄 1 个，合水、酒各半炖食。或用：南蛇藤 50 g，穿山龙 25 g，白酒 500 ml。浸泡 7 d，每次服 10 ml，每日 3 次。

▲南蛇藤雌花

▲南蛇藤雄花

◎参考文献◎

[1] 江苏新医学院．中药大辞典（下册）[M]．上海：上海科学技术出版社，1977：1563-1564，1566-1567.

[2] 朱有昌．东北药用植物 [M]．哈尔滨：黑龙江科学技术出版社，1989：696-699.

[3] 中国药材公司．中国中药资源志要 [M]．北京：科学出版社，1994：693.

▼南蛇藤枝条（果期）

▲胶州卫矛枝条

▼胶州卫矛果实

卫矛属 *Euonymus* L.

胶州卫矛 *Euonymus Kiautschovicus* Loes.

别　　名　胶东卫矛

药用部位　卫矛科胶州卫矛的茎叶。

原 植 物　半常绿灌木，高达 3 m 以上；茎直立。叶纸质，倒卵形或阔椭圆形，长 4 ~ 6 cm，宽 2.0 ~ 3.5 cm，边缘有极浅锯齿；叶柄长 5 ~ 8 mm。聚伞花序花较疏散，2 ~ 3 次分枝，每花序多具花 15；小花梗细长，分枝中央单生小花，有明显花梗；花黄绿色，4 数，直径 7 ~ 8 mm；花萼较小，萼片长约 1.5 mm；花瓣长圆形，长约 3 mm；花盘小，直径约 2 mm，方形，雄蕊即生在角上，花丝细弱，长 1 ~ 2 mm，花药近圆形，纵裂；子房四棱突出显著，花柱短粗，柱头小而圆。蒴果近圆球状，果皮有深色细点，顶部有粗短宿存柱头；果序梗长 3 ~ 4 cm；种子每室 1，悬垂室顶，假种皮全包种子。花期 7 月，果期 10 月。

生　　境　生于海边岩石上。

▲胶州卫矛花（背）

分　　布　辽宁大连。山东、江苏、浙江、陕西、安徽、江西、湖北。

采　　制　夏、秋季割取枝条和采摘叶，去掉杂质，晒干。

主治用法　用于鼻衄、脱疽、风湿痛、跌打损伤、漆疮等。水煎服。或捣烂敷患处。

用　　量　适量。

◎参考文献◎

[1] 中国药材公司．中国中药资源志要[M]．北京：科学出版社，1994: 697.
[2] 江纪武．药用植物辞典[M]．天津：天津科学技术出版社，2005: 311.

▼胶州卫矛花

▲卫矛植株

▼卫矛木栓质翅

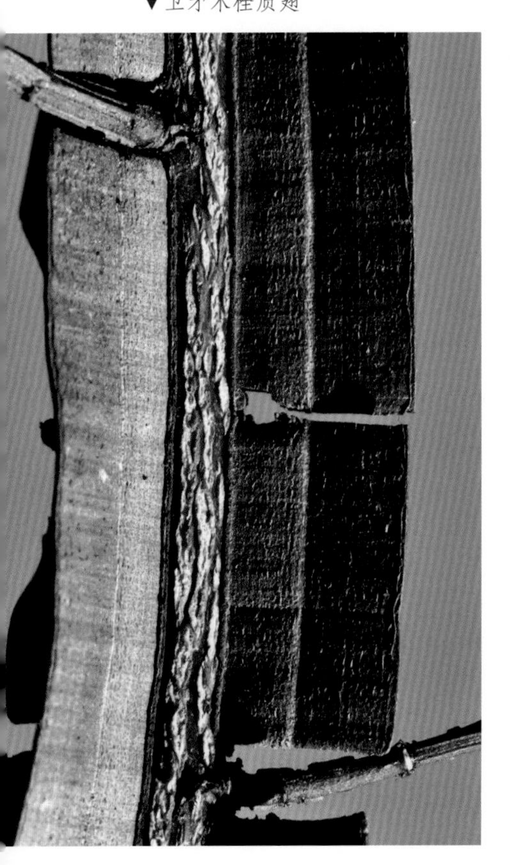

卫矛 *Euonymus alatus* （Thunb.）Sieb.

别　　名　鬼箭　鬼箭羽　毛脉卫矛

俗　　名　山鸡条子　四棱树　千层皮　四棱茶　三棱条子　三棱茶　三棱菜　刀尖茶　青檀子　兔子柴　燕翎茶　刮头篦子　八树

药用部位　卫矛科卫矛的具翅状物的枝条或翅状附属物（称“鬼箭羽”）。

原 植 物　落叶灌木，高 1 ~ 3 m。树皮灰白色，枝绿色，小枝常具 2 ~ 4 列宽阔木栓翅，稀无翅；叶卵状椭圆形、窄长椭圆形，偶为倒卵形，长 2 ~ 8 cm，宽 1 ~ 3 cm，边缘具细锯齿。聚伞花序花 1 ~ 3；花序梗长约 1 cm，小花梗长 5 mm；花白绿色，直径约 8 mm，4 数；萼片半圆形；花瓣近圆形，直径 2 ~ 3 mm；雄蕊 4，花丝短，着生在花盘上；子房与花盘合生；心皮仅 1 ~ 2 个发育，离生；花盘近四方形，花丝极短，开花后稍增长，花药宽阔长方形，2 室顶裂。蒴果 1 ~ 4 深裂，裂瓣椭圆状，种子椭圆状或阔椭圆状，种皮褐色或浅棕色，假种皮橙红色，全包种子。花期 5—6 月，果期 9—10 月。

生　　境　生于阔叶林及针阔混交林下、林缘、灌丛、沟谷及路旁等处。

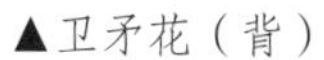

▲卫矛花（背）

▲卫矛花

分　布　黑龙江阿城、五常、尚志、宁安、东宁、海林、宾县、穆棱、巴彦、林口、虎林、饶河、密山、伊春市区、汤原、通河、铁力、依兰等地。吉林长白山各地。辽宁丹东市区、宽甸、凤城、本溪、桓仁、新宾、铁岭、西丰、鞍山市区、岫岩、庄河、瓦房店、北镇、喀左、建昌、义县等地。华北。朝鲜、俄罗斯（西伯利亚中东部）、日本。

采　制　四季均可采收，割取枝条后，除去嫩枝及叶，切段，晒干；或收集其翅状物，晒干。

性味功效　味苦，性寒。有行血通经、散瘀止痛、杀虫的功效。

▲卫矛枝条（花期）

▲毛脉卫矛枝条

▲卫矛种子

主治用法 用于月经不调、经闭、产后瘀滞腹痛、冠心病、虫积腹痛、跌打损伤肿痛、漆疮、疟疾及乳无汁等。水煎服或入丸、散。孕妇禁忌。

用　　量 7.5 ~ 15.0 g。

附　　方

（1）治月经不调、产后瘀血腹痛：卫矛、当归各 15 g，益母草 20 g。水煎服。或用卫矛、当归各 15 g，红花 5 g。水煎服。

（2）治跌打损伤、瘀血肿痛：卫矛 30 g，赤芍 15 g，红花、桃仁各 9 g，大黄 3 g。共研细粉，每服 3 g，日服 3 次。

（3）治血崩：卫矛、当归、甘草各 10 g。水煎，日服 2 次。

（4）治漆疮：卫矛枝条适量煎水外洗，洗后用火烤，烤干即可。每日洗 2 次，连洗 2 ~ 3 d 即可（辽宁桓仁沙尖子民间方）。

（5）治筋骨痛及肩膀疼痛：卫矛树根 40 g 左右。煎水内服（辽宁凤城民间方）。

附　　注　在东北尚有 1 变种：毛脉卫矛 var. *pubescens* Maxim.。叶片多为倒卵状椭圆形，叶背脉上被短毛。其他与原种同。

◎参考文献◎

[1] 江苏新医学院. 中药大辞典(下册)[M]. 上海：上海科学技术出版社，1977: 1695-1696.

[2] 朱有昌. 东北药用植物 [M]. 哈尔滨：黑龙江科学技术出版社，1989: 699-701.

▲卫矛果实

▼卫矛枝条（果期）

▲白杜植株

▲白杜种子

白杜 *Euonymus maackii* Rupr.

别　　名　桃叶卫矛　丝棉木　华北卫矛

俗　　名　明开夜合　青条　米树　鸦食　扭树　黏果树　胰子盒　明条胰子盒

药用部位　卫矛科白杜的根、树皮、枝条、叶及果实。

原 植 物　落叶小乔木，高达6 mm。叶卵状椭圆形、卵圆形或窄椭圆形，长4 ~ 8 cm，宽2 ~ 5 cm，先端长渐尖，基部阔楔形或近圆形，边缘具细锯齿，有时极深而锐利；叶柄通常细长，常为叶片的1/4 ~ 1/3，但有时较短。聚伞花序三至多花，花序梗略扁，长1 ~ 2 cm；花4数，淡白绿色或黄绿色，直径约8 mm；小花梗长2.5 ~ 4.0 mm；雄蕊花药紫红色，花丝细长，长1 ~ 2 mm。蒴果倒圆心状，4浅裂，长6 ~ 8 mm，直径9 ~ 10 mm，成熟后果皮粉红色；种子长椭圆状，长5 ~ 6 mm，直径约4 mm，种皮棕黄色，假种皮橙红色，全包种子，成熟后顶端常有小口。花期5—6月，果期9—10月。

▲白杜枝条（果期）

▼白杜花

▼白杜花（背）

生　　境　生于山坡林缘、路旁、河旁及灌丛等处。

分　　布　黑龙江北安、龙江、伊春市区、铁力、富锦、甘南、阿城、五常、尚志、海林、东宁、宁安、穆棱、林口、鸡东、密山、虎林、饶河、同江、抚远、方正、勃利、桦南、延寿、通河、木兰、汤原、依兰、庆安、绥棱等地。吉林长白山各地。辽宁沈阳、西丰、鞍山、大连、彰武、阜新、朝阳、建昌、凌源等地。内蒙古科尔沁左翼后旗、奈曼旗、喀喇沁旗等地。华北、华中、华南。朝鲜、俄罗斯（西伯利亚中东部）、日本。

采　　制　春、秋季采挖根，除去泥土，剥取根皮。春、夏、秋三季割取枝条或剥去树皮，切段，洗净，晒干。夏、秋季采摘叶，除去杂质，洗净，晒干。秋季采收果实，除去杂质，洗净，晒干。

性味功效　味苦、涩，性寒。有小毒。有祛风湿、活血、止血的功效。

主治用法　用于脱疽、风湿关节痛、腰痛、痔疮、漆疮、衄血、血栓闭塞性脉管炎、失眠、肾虚等。水煎服或浸酒。外用适量煎水熏洗。

用　　量　50 ~ 100 g。

▲白杜枝条（花期）

附　方

（1）治血栓闭塞性脉管炎：白杜根或树皮 50 ~ 200 g，土牛膝 25 ~ 50 g（可用川、怀牛膝）。鲜品加倍，每日 1 剂。疗程至少 20 d。随症加减，发黑发紫：加用桂枝、红花、当归尾或赤芍各 15 g，王不留行 25 g，藕节、丹参、虎杖根各 50 g。红肿灼痛：加用夏枯草、野菊花、蒲公英、阴地蕨或天竺根各 50 g，或穿心莲 20 g。坏死溃烂：加匍伏堇 25 g、紫花地丁 50 g 或蜈蚣 2 ~ 3 条。坏死将脱落：加威灵仙 20 g，豨莶草 25 g，苍耳草、白英各 50 g。

（2）治腰痛：白杜树皮 20 ~ 50 g。水煎服。

（3）治衄血：白杜果实及根各 10 g。水煎服。

（4）治漆疮：白杜枝、叶各适量煎汤熏洗。

◎参考文献◎

[1] 江苏新医学院．中药大辞典（上册）[M]．上海：上海科学技术出版社，1977：796.

[2] 朱有昌．东北药用植物 [M]．哈尔滨：黑龙江科学技术出版社，1989：702-703.

[3] 中国药材公司．中国中药资源志要 [M]．北京：科学出版社，1994：695.

▲白杜果实

▲白杜树干

▲东北雷公藤居群

▼东北雷公藤藤茎

雷公藤属 *Tripterygium* Hook. f.

东北雷公藤 *Tripterygium regelii* Sprague et Takeda

俗　　名 黄藤子 穷搅 红藤子

药用部位 卫矛科东北雷公藤的根、枝条、叶、花及果实（入药称“黑蔓”）。

原 植 物 落叶藤本，长 3 ~ 8 m。叶纸质，仅脉上被短毛，椭圆形或长方卵形，长 7 ~ 15 cm，宽 5 ~ 9 cm，边缘有明显圆齿或锯齿，侧脉 6 ~ 9 对，直达叶缘，三生脉细，与侧脉多呈垂直排列；叶柄被短毛。聚伞圆锥花序顶生者 7 ~ 9 次单歧分枝，长 10 ~ 20 cm，宽 5 ~ 8 cm，侧生者小，通常 2 ~ 4 次分枝；花白绿色或白色，直径 5.0 ~ 7.5 mm；萼片近三角卵形，边缘膜质；花瓣长方形或长方椭圆形，长 2 ~ 3 mm，边缘有细缺蚀；雄蕊花丝长 2 ~ 3 mm；子房 3 棱明显，花柱在果时伸长，柱头 3 浅裂。蒴果翅较薄，近方形，果体窄卵形或线形，长达果翅 2/3，宽占果翅 1/4 或 1/6。花期 6—7 月，果期 9—10 月。

市场上的东北雷公藤枝条

▲东北雷公藤枝条（花期）

▼东北雷公藤种子

▼东北雷公藤幼株

生　　境　生于阔叶林或针阔叶混交林中、林缘及路旁等处。

分　　布　黑龙江宁安、东宁等地。吉林长白山各地。辽宁宽甸、桓仁、新宾等地。朝鲜、俄罗斯（西伯利亚中东部）、日本。

采　　制　秋季采挖根，除去泥土，洗净，晒干。夏、秋季采收枝叶，切段，晒干。花期采摘花序，除去杂质，洗净，晒干。秋季采收果实，除去杂质，洗净，晒干。

性味功效　味苦、辛，性凉。有大毒。有消积利水、活血解毒、杀虫的功效。

主治用法　用于膨胀水肿、痞积、黄疸、疮毒、瘰疬、跌打损伤、风湿性关节炎、皮肤瘙痒等。因有大毒，不宜内服。外用捣烂敷患处，或捣汁搽患处。敷药时间不可超过半小时，否则皮肤起疱。

用　　量　适量。

附　　方

（1）治风湿性关节炎：东北雷公藤根、茎叶捣烂外敷。半小时后即去掉，以免起疱。

（2）治皮肤发痒：东北雷公藤叶捣烂，搽敷。

（3）治头癣：东北雷公藤根皮晒干磨成细粉，调适量凡士林或醋，涂患处。每日 1 ~ 2 次。预先将患处洗净去掉痂皮。

▲东北雷公藤植株

▲东北雷公藤花

（4）治疮疖：东北雷公藤 25 g，乌贼骨 40 g。共研细末外涂。疮干者以芝麻油调敷。

◎参考文献◎

[1] 朱有昌．东北药用植物 [M]．哈尔滨：黑龙江科学技术出版社，1989: 703-705.
[2] 钱信忠．中国本草彩色图鉴（第五卷）[M]．北京：人民卫生出版社，2003: 151-152.
[3] 中国药材公司．中国中药资源志要 [M]．北京：科学出版社，1994: 703.

▲东北雷公藤花（侧）

▲东北雷公藤花序

▲东北雷公藤枝条（果期）

▼东北雷公藤果实

▲黑龙江省逊克县克林乡森林秋季景观

▲省沽油植株

▲省沽油花（背）

▲省沽油花

▲省沽油花（侧）

省沽油科 Staphyleaceae

本科共收录 1 属、1 种。

省沽油属 *Staphylea* L.

省沽油 *Staphylea bumalda* DC.

别　　名　珍珠花

俗　　名　水条　三叶槭　二夹子树　假马尿溲杆子

药用部位　省沽油科省沽油的干燥果实及根。

原 植 物　落叶灌木，高约 2 m，稀达 5 m，树皮紫红色或灰褐色，有纵棱；枝条开展。绿白色复叶对生，有长柄，柄长 2.5 ~ 3.0 cm，具 3 小叶；小叶椭圆形，长 3.5 ~ 8.0 cm，宽 2 ~ 5 cm，先端锐尖，具尖尾，尖尾长约 1 cm，基部楔形或圆形，边缘有细锯齿，齿尖具尖头；中间小叶柄长 5 ~ 10 mm，两侧小叶柄长 1 ~ 2 mm。圆锥花序顶生，直立，苞叶线状披针形，花白色；花萼 5，萼片长椭圆形，浅黄白色，花瓣 5，白色，倒卵状长圆形，较萼片稍大，长 5 ~ 7 mm，雄蕊 5，与花瓣略等长，心皮 2，子房被粗毛，花柱 2。蒴果膀胱状，扁平，2 室，先端 2 裂；果皮膜质，有横纹。花期 5—6 月，果期 8—9 月。

生　　境　生于向阳的山坡及山沟杂木林中。

分　　布　吉林集安、通化、柳河、辉南、磐石、桦甸等地。辽宁本溪、凤城、桓仁、宽甸等地。河北、河南、山西、陕西、四川、湖北、湖南、安徽、浙江、福建、江西。朝鲜。

▲省沽油种子

▲省沽油枝条（果期）

采　　制　秋季采摘成熟果实，除去杂质，晒干。春、秋季采挖根，洗净晒干。

性味功效　果实：味辛、苦，性凉。有润肺止咳的功效。根：味辛、苦，性凉。有行瘀止血的功效。

主治用法　果实：用于干咳。水煎服。根：用于产后瘀血不净。水煎服。

用　　量　果实：9 ~ 12 g。鲜根：60 g。

▲省沽油果实

附　　方

（1）治干咳：省沽油果实 15 ~ 20 g。水煎服。

（2）治妇女产后瘀血不净：省沽油鲜根 150 g，红花 25 g，茜草 50 g。水煎，冲红糖、黄酒，早、晚饭前各服 1 次。

◎参考文献◎

[1] 江苏新医学院. 中药大辞典（下册）[M]. 上海：上海科学技术出版社，1977:1648-1649.

[2] 朱有昌. 东北药用植物 [M]. 哈尔滨：黑龙江科学技术出版社，1989:705-706.

[3] 钱信忠. 中国本草彩色图鉴（第三卷）[M]. 北京：人民卫生出版社，2003:509-510.

▲省沽油花序

▲省沽油枝条（花期）

▲柳叶鼠李枝条（花期）

▲柳叶鼠李花（侧）

▼柳叶鼠李枝条（果期）

鼠李科 Rhamnaceae

本科共收录 2 属、8 种。

鼠李属 *Rhamnus* L.

柳叶鼠李 *Rhamnus erythroxylon* Pall.

别　　名　红木鼠李

俗　　名　黑格兰

药用部位　鼠李科柳叶鼠李的叶。

原 植 物　落叶灌木，稀乔木，高达 2 m。叶纸质，互生或在短枝上簇生，条形或条状披针形，长 3 ~ 8 cm，宽 3 ~ 10 mm；叶柄长 3 ~ 15 mm，无毛或有微毛；托叶钻状，早落。花单性，雌雄异株，黄绿色，4 基数，有花瓣；花梗长约 5 mm，无毛；雄花数个至 20 余个簇生于短枝端，宽钟状，萼片三角形，与萼筒近等长；

雌花萼片狭披针形，长约为萼筒的 2 倍，有退化雄蕊，子房 2 ~ 3 室，每室有胚珠 1，花柱长，2 浅裂或近半裂，稀 3 浅裂。核果球形，直径 5 ~ 6 mm，成熟时黑色，通常有 2、稀 3 个分核，基部有宿存的萼筒；果梗 6 ~ 8 mm；种子倒卵圆形，淡褐色。花期 5 月，果期 7—8 月。

生　境　生于干旱山坡、沙丘间地及灌丛中。

分　布　内蒙古阿巴嘎旗、正蓝旗、镶黄旗、正镶白旗、太仆寺旗等地。河北、山西、陕西、甘肃、青海。俄罗斯（西伯利亚）、蒙古。

采　制　夏、秋季采摘叶，洗净，鲜用或晒干。

性味功效　味甘，性寒。有小毒。有清热除烦、消食化积的功效。

主治用法　用于消化不良、小儿食积、脘腹胀痛、恶心、呕吐酸腐、泄泻、风火牙痛等。水煎服。外用适量熬膏涂覆或煎水洗。

用　量　10 ~ 30 g。

◎参考文献◎

[1] 中国药材公司．中国中药资源志要[M]．北京：科学出版社，1994: 714-715.

[2] 江纪武．药用植物辞典 [M]．天津：天津科学技术出版社，2005: 677.

▲柳叶鼠李植株

▲柳叶鼠李果实

▲柳叶鼠李花

▲鼠李枝条（花期）

▼鼠李花序

▼鼠李树干

鼠李 *Rhamnus davurica* Pall.

别　　名　牛李子　兴安鼠李　大叶鼠李　大绿

俗　　名　老鸹眼　臭李子　老乌眼　老鹳眼

药用部位　鼠李科鼠李的果实及树皮。

原 植 物　落叶灌木或小乔木，高达 10 m；小枝顶端常有大的芽而不形成刺。叶纸质，对生、近对生或在短枝上簇生，宽椭圆形或卵圆形，稀倒披针状椭圆形，长 4 ～ 13 cm，宽 2 ～ 6 cm，顶端凸尖或短渐尖至渐尖，稀钝或圆形，基部楔形或近圆形，有时稀偏斜，边缘具圆齿状细锯齿，齿端常有红色腺体，侧脉每边 4 ～ 6 条，两面凸起，网脉明显；叶柄长 1.5 ～ 4.0 cm。花单性，雌雄异株，4 基数，有花瓣，雌花 1 ～ 3 个生于叶腋或数个至 20 余个簇生于短枝端，有退化雄蕊，花柱 2 ～ 3 浅裂或半裂；花梗长 7 ～ 8 mm。核果球形，黑色，具 2 分核，基部有宿存的萼筒。花期 5—6 月，果期 9—10 月。

生　　境　生于山坡、林缘、路旁及杂木林中。

分　　布　黑龙江五常、海林、尚志、东宁、宁安等地。吉林长白山各地。辽宁凤城、本溪、丹东市区、宽甸、桓仁、庄河等地。内蒙古额尔古纳、正蓝旗等地。河北、山西、陕西、湖北。朝鲜、俄罗斯（西伯利亚）、蒙古。

▲鼠李植株（夏季）

▲鼠李枝条（果期）

▲鼠李种子

采　　制　秋季采摘成熟果实，除去果柄，微火烘干。四季剥取树皮，除去粗皮，切段，洗净，晒干。

性味功效　果实：味苦、甘，性凉。有小毒。有止咳祛痰、清热利湿、消积杀虫的功效。树皮：味苦，性寒。有清热解毒、通便的功效。

主治用法　果实：用于支气管炎、肺气肿、水肿胀满、咳喘、龋齿、瘰疬、痈疖、疥癣等。水煎服、研末或熬膏。外用捣烂末敷患处。树皮：用于大便秘结、龋齿、口疳、发背肿毒、便秘、风痹、瘰疬、热毒肿痛。水煎服。外用适量熬膏涂敷或煎水洗。

用　　量　果实：10 ~ 20 g。外用适量。树皮：5 ~ 15 g。外用适量。

附　　方

（1）治慢性气管炎：复方鼠李果片。每日 3 次，每次 3 片，10 d 为一个疗程。

（2）治诸疮热毒：鼠李果生捣如泥，敷患处。

（3）治虫牙痛：鼠李果 250 g。煎汁，频漱，每日数次。或鼠李根煎浓汁含之。

（4）治大人口疮：鼠李根、野蔷薇根各 250 g。切碎，水煎半日，取出，漱口。

附　　注　根有毒，能入药，可治疗龋齿、口疳、发背肿毒等。

◎参考文献◎

[1] 江苏新医学院．中药大辞典（下册）[M]．上海：上海科学技术出版社，1977：2500，2502.

[2] 朱有昌．东北药用植物 [M]．哈尔滨：黑龙江科学技术出版社，1989：716-717.

[3] 《全国中草药汇编》编写组．全国中草药汇编（上册）[M]．北京：人民卫生出版社，1975：890-891.

▲鼠李植株（秋季）

▼鼠李果实

▲乌苏里鼠李枝条

▼乌苏里鼠李植株

乌苏里鼠李 *Rhamnus ussuriensis* J. Vass.

俗　　名　老鸹眼　臭李子

药用部位　鼠李科乌苏里鼠李的果实及树皮。

原 植 物　落叶灌木，高达 5 m；小枝灰褐色，枝端常有刺。叶纸质，对生、近对生或在短枝端簇生，狭椭圆形或狭矩圆形，长 3.0 ~ 10.5 cm，宽 1.5 ~ 3.5 cm，稍偏斜，边缘具钝或圆齿状锯齿，齿端常有紫红色腺体，侧脉每边 4 ~ 5，稀 6，两面凸起，具明显的网脉；叶柄长 1.0 ~ 2.5 cm；托叶披针形。花单性，雌雄异株，4 基数，有花瓣；花梗长 6 ~ 10 mm；雌花数个至 20 余个簇生于长枝下部叶腋或短枝顶端，萼片卵状披针形，长于萼筒 3 ~ 4 倍，有退化雄蕊，花柱 2 浅裂或近半裂。核果球形或倒卵状球形，黑色，具 2 分核，基部有宿存的萼筒；果梗长 6 ~ 10 mm。花期 5—6 月，果期 9—10 月。

生　　境　生于河边、山地林中或山坡灌丛。

分　　布　黑龙江小兴安岭、张广才岭、老爷岭。吉林长白山各地。辽宁凤城、本溪、丹东市区、宽甸、桓仁、抚顺、新宾、清原、庄河、铁岭、沈阳、锦州市区、北镇等地。内蒙古额尔古纳、扎兰屯、

▲乌苏里鼠李果实

▲乌苏里鼠李种子

科尔沁右翼前旗、东乌珠穆沁旗、西乌珠穆沁旗、阿巴嘎旗等地。河北、山东。朝鲜、俄罗斯（西伯利亚中东部）、日本。

附　注　其他同鼠李。

◎参考文献◎

[1]《全国中草药汇编》编写组．全国中草药汇编（上册）[M]．北京：人民卫生出版社，1975：890-891.

[2] 朱有昌．东北药用植物 [M]．哈尔滨：黑龙江科学技术出版社，1989：716-717.

[3] 中国药材公司．中国中药资源志要 [M]．北京：科学出版社，1994：714.

▲长梗鼠李花序

长梗鼠李 *Rhamnus schneideri* Levl. et Vant.

俗　　名　老鸹眼　臭李子　老乌眼　老鹳眼

药用部位　鼠李科长梗鼠李的果实及树皮。

原 植 物　落叶开展多分枝灌木，高 2 ~ 3 m；枝互生，小枝黄褐色或暗紫色，有光泽，枝端具针刺；芽卵圆形，鳞片数个，边缘有缘毛。叶互生或在短枝上簇生，卵状椭圆形，长 2.5 ~ 8.0 cm，宽 2 ~ 4 cm，边缘有圆齿状锯齿，侧脉每边 5 ~ 6 条，两面凸起；叶柄长 6 ~ 15 mm，稀长可达 25 mm，上面有沟；托叶条形，脱落。花单性，雌雄异株，黄绿色，4 基数，有花瓣，通常数个至 10 余个簇生于短枝上；雌花花梗长 9 ~ 13 mm；萼片披针形，常反折；子房倒卵形，花柱 2 浅裂或半裂。核果倒卵状球形或圆球形，黑色，具 2 分核，基部有宿存的萼筒；果梗长 10 ~ 18 mm，无毛。花期 5—6 月，果期 9—10 月。

生　　境　生于向阳山坡或灌丛中。

分　　布　黑龙江张广才岭、老爷岭。吉林长白、和龙等地。辽宁丹东市区、宽甸、桓仁等地。河北、山西。朝鲜。

采　　制　秋季采摘成熟果实，除去果柄，微火烘干。四季剥取树皮，除去粗皮，切段，洗净，晒干。

性味功效　果实：有止咳祛痰的功效。树皮：有清热通便的功效。

用　　量　适量。

▲长梗鼠李枝条

◎参考文献◎

[1] 中国药材公司. 中国中药资源志要 [M]. 北京：科学出版社，1994: 514.

[2] 江纪武. 药用植物辞典 [M]. 天津：天津科学技术出版社，2005: 678.

▲金刚鼠李花序

▲金刚鼠李枝条

金刚鼠李 *Rhamnus diamantiaca* Nakai

俗　　名　老鸹眼　臭李子　老乌眼

药用部位　鼠李科金刚鼠李的果实及树皮。

原 植 物　落叶灌木，全株近无毛；小枝暗紫色，枝端具针刺；长枝的腋芽小，鳞片无毛。叶纸质或薄纸质，对生或近对生，近圆形、卵圆状菱形或椭圆形，长 3 ~ 7 cm，宽 1.5 ~ 4.5 cm，顶端，凸尖或渐尖，基部楔形或近圆形，边缘具圆齿状锯齿，两面无毛或稀上面沿中脉有疏柔毛，下面脉腋有疏柔毛，侧脉每边 4 ~ 5 条；叶柄长 1 ~ 3 cm，无毛；托叶线状披针形，边缘有缘毛，早落。花单性，雌雄异株，4 基数，有花瓣，通常数个簇生于短枝端或长枝下部叶腋；花梗长 3 ~ 4 mm。核果近球形或倒卵状球形，黑色或紫黑色，具 1 或 2 分核，基部具宿存的萼筒；果梗长 7 ~ 8 mm。花期 5—6 月，果期 8—9 月。

生　　境　生于低山杂木林、灌丛中及林缘湿润处。

分　　布　黑龙江张广才岭、老爷岭、完达山。吉林安图、抚松、长白、和龙等地。辽宁凤城、本溪、丹东市区、宽甸、桓仁、抚顺、新宾、鞍山等地。朝鲜、俄罗斯（西伯利亚中东部）、日本。

采　　制　秋季采摘成熟果实，除去果柄，微火烘干。四季剥取树皮，除去粗皮，切段，洗净，晒干。

性味功效　果实：有止咳祛痰的功效。树皮：有清热通便的功效。

用　　量　适量。

◎参考文献◎

[1] 江纪武. 药用植物辞典 [M]. 天津：天津科学技术出版社，2005: 677.

▼金刚鼠李树干

▲小叶鼠李植株

小叶鼠李 *Rhamnus parvifolia* Bge.

别　　名　大绿　叫驴刺　圆叶鼠李　金县鼠李

俗　　名　老乌眼　老鸹眼　臭护护针　欧豆　黑格令

药用部位　鼠李科小叶鼠李的根皮、茎叶及果实。

原 植 物　落叶灌木，高 1.5 ~ 2.0 m；小枝对生或近对生，紫褐色，枝端及分叉处有针刺。叶纸质，对生、近对生或在短枝上簇生，稀倒卵状圆形或近圆形，长 1.2 ~ 4.0 cm，宽 0.8 ~ 3.0 cm，边缘具圆齿状细锯齿，上面深绿色，无毛或被疏短柔毛，下面浅绿色，干时灰白色，无毛或脉腋窝孔内有疏微毛，侧脉每边 2 ~ 4 条，两面凸起，网脉不明显；叶柄长 4 ~ 15 mm，上面沟内有细柔毛；托叶钻状。花单性，雌雄异株，黄绿色，4 基数，有花瓣，通常数个簇生于短枝上；花梗长 4 ~ 6 mm；雌花花柱 2 半裂。核果倒卵状球形，直径 4 ~ 5 mm，成熟时黑色，具 2 分核，基部有宿存的萼筒。花期 5—6 月，果期 8—9 月。

生　　境　常生于石质山地向阳山坡或山脊上。

分　　布　黑龙江五常、海林、尚志、东宁、宁安等地。吉林集安、临江等地。辽宁沈阳、北镇、朝阳、锦州市区、义县、北票、建平、建昌、凌源、喀左、绥中、兴城等地。内蒙古扎兰屯、阿巴嘎旗、多伦等地。河北、山西、山东、河南、陕西。朝鲜、俄罗斯（西伯利亚）、蒙古。

采　　制　春、秋季采挖根，除去泥土，剥取根皮。夏、秋季割取枝条和采摘叶，除去杂质，洗净，晒干。秋季采摘成熟果实，除去果柄，微火烘干。

性味功效　根皮及茎叶：味苦、涩，性微寒。有小毒。有杀虫、下气、消食、祛痰的功效。果实：味苦，性凉。有小毒。有清热泻下、消瘰疬的功效。

▲小叶鼠李枝条

▼小叶鼠李花序

▼小叶鼠李果实

主治用法　根皮及茎叶：用于哮喘、瘰疬。水煎服。果实：用于腹满便秘、疥癣、瘰疬、肿毒等。水煎服。外用捣烂敷患处或煎水洗。

用　　量　根皮及茎叶：5 ~ 10 g。果实：3 ~ 9 g。外用适量。

附　　方

（1）治寸白虫：小叶鼠李茎叶 20 g，柿树根 15 g，陈石灰 5 g，水煎服。

（2）治哮喘：小叶鼠李根皮 400 g，斑鸠石 100 g，海金沙 100 g，鸡蛋 9 个。煮熟，分 3 d 早晨食完，每次服药汁 1 小杯。

（3）治瘰疬：小叶鼠李茎枝 50 g，水煎服。

◎参考文献◎

[1] 钱信忠．中国本草彩色图鉴（第一卷）[M]．北京：人民卫生出版社，2003: 307-308.

[2] 朱有昌．东北药用植物 [M]．哈尔滨：黑龙江科学技术出版社，1989: 717-719.

[3] 中国药材公司．中国中药资源志要 [M]．北京：科学出版社，1994: 716.

▲锐齿鼠李植株

锐齿鼠李 *Rhamnus arguta* Maxim.

别　　名 尖齿鼠李

俗　　名 老鸹眼 臭李子 老乌眼

药用部位 鼠李科锐齿鼠李的果实及树皮。

原 植 物 落叶灌木或小乔木，高 2 ～ 3 m；小枝常对生或近对生，暗紫色或紫红色，枝端有时具针刺。叶薄纸质或纸质，近对生、对生，或在短枝上簇生，卵状心形或卵圆形，长 1.5 ～ 8.0 cm，宽 1.5 ～ 6.0 cm，边缘具密锐锯齿，侧脉每边 4 ～ 5 条；叶柄长 1 ～ 4 cm，带红紫色，上面有小沟。花单性，雌雄异株，4 基数，具花瓣；雄花 10 ～ 20 个簇生于短枝顶端或长枝下部叶腋，花梗长 8 ～ 12 mm；雌花数个簇生于叶腋，花梗长达 2 cm；子房球形，3 ～ 4 室，每室有胚珠 1，花柱 3 ～ 4 裂。核果球形或倒卵状球形，基部有宿存的萼筒，具 3 ～ 4 个分核，成熟时黑色；果梗长 1.3 ～ 2.3 cm。花期 5—6 月，果期 6—9 月。

生　　境 生于土质贫瘠的山脊及山坡等处。

分　　布 吉林长白山各地。辽宁铁岭、沈阳、抚顺、锦州市区、北镇、义县、北票、建平、建昌等地。内蒙古科尔沁右翼中旗。河北、山西、山东、陕西。

采　　制 秋季采摘成熟果实，除去果柄，微火烘干。四季剥取树皮，除去粗皮，切段，洗净，晒干。

性味功效 有清热通便、止咳祛痰的功效。

▲锐齿鼠李枝条

用　　量　适量。

◎参考文献◎

[1] 江纪武. 药用植物辞典 [M]. 天津：天津科学技术出版社，2005: 677.

▲锐齿鼠李果实

▲锐齿鼠李花序

▲酸枣枝条（花期）

枣属 *Ziziphus* Mill.

酸枣 *Ziziphus jujuba* var. *spinosa*（Bge.）Hu ex H. F. Chow.

▼酸枣果核

别　　名　棘刺花

俗　　名　酸枣子　山枣树　山枣　刺枣　枣刺　山酸枣

药用部位　鼠李科酸枣的种仁（入药称“酸枣仁”）、棘刺及根皮。

原 植 物　落叶灌木或小乔木，高 1 ~ 3 m。树皮灰褐色，有纵裂；幼枝绿色，枝上有直和弯曲的刺。单叶互生，椭圆形或卵状披针形，长 2.0 ~ 3.5 cm，宽 0.6 ~ 1.2 cm，先端钝，基部圆形，稍偏斜，边缘具细锯齿，3 主脉出自叶片基部。小花黄绿色，2 ~ 3 朵簇生于叶腋；萼片 5，卵状三角形；花瓣 5，与萼互生；雄蕊 5，与花瓣对生；花盘 10 浅裂；子房埋于沙盘中，柱头 2 裂。核果近球形或广卵形，长 10 ~ 15 mm；熟时暗红褐色，果肉薄，

▲酸枣枝条（果期）

有酸味，果核较大，核两端钝。花期 7—8 月，果期 8—9 月。

生　　境　生于向阳、干燥山坡、丘陵或岗地等处。

分　　布　辽宁大连市区、锦州市区、海城、瓦房店、庄河、北镇、黑山、北票、兴城、绥中、兴城、朝阳、建昌、建平、喀左、凌源、凌海、阜新、台安、新民等地。内蒙古宁城。河北、山东、山西、河南、陕西、甘肃、宁夏、新疆、江苏、安徽。朝鲜、俄罗斯（西伯利亚）。

采　　制　秋季采摘成熟果实，剥掉果皮，获取种子，洗净，晒干。四季采集棘刺，去除杂质，晒干。四季采挖根，剥去根皮，除去杂质，晒干。

性味功效　种仁：味甘、酸，性平。有养心、安神、敛汗的功效。棘刺：味辛，性寒。有消肿、溃脓、止痛的功效。根皮：味涩，性温。有涩精止血的功效。花（入药称“棘棘花”）：有明目的功效。

主治用法　种仁：用于神经衰弱、失眠、多梦、心悸、盗汗等。水煎服或入丸、散。凡有实邪郁火及患者有滑泄症者慎服。棘刺：用于痈肿有脓、心腹痛、尿血、喉痹。水煎服或入丸、散。外用煎汁涂。根皮：用于便血、烧烫伤、高血压、白带异常、遗精。水煎服，外用熬膏涂服。叶（入药称“棘叶”）：用于臁疮。

用　　量　种仁：10 ~ 25 g。棘刺：5 ~ 10 g。外用适量。根皮：25 ~ 50 g。外用适量。

▲市场上的酸枣果实

附　　方　治神经衰弱、心悸、心烦失眠：（酸枣仁汤）炒酸枣仁 25 g，知母、茯苓各 15 g，川芎、甘草各 10 g。水煎 2 次，傍晚及睡前 1 h 分服。

附　　注　本品为《中华人民共和国药典》（2020 年版）收录的药材。

◎参考文献◎

[1] 江苏新医学院．中药大辞典（下册）[M]．上海：上海科学技术出版社，1977：2304-2305，2534-2536，2538.

[2] 朱有昌．东北药用植物 [M]．哈尔滨：黑龙江科学技术出版社，1989：719-721.

[3]《全国中草药汇编》编写组 [M]．全国中草药汇编（上册）[M]．北京：人民卫生出版社，1975：900.

▲酸枣花序

▲酸枣植株

▲酸枣花

▲酸枣果实

▲内蒙古自治区阿尔山林业局金沟林场秋季森林景观

▲东北蛇葡萄植株（花期）

葡萄科 Vitaceae

本科共收录 3 属、7 种。

蛇葡萄属 *Ampelopsis* Michx.

东北蛇葡萄 *Ampelopsis glandulosa* var. *brevipedunculata*（Maxim.）Momiy.

别　　名　蛇白蔹　蛇葡萄

俗　　名　狗葡萄　见毒消　山葡萄

▲东北蛇葡萄果实

药用部位　葡萄科东北蛇葡萄的干燥根、根皮及茎叶。

原 植 物　落叶木质藤本。根粗长，黄白色，含黏质。枝条粗壮，有皮孔，髓部白色，嫩枝有柔毛。卷须与叶对生，分叉。叶互生，叶片纸质，广卵形，长 6 ~ 14 cm，宽 6 ~ 12 cm，先端 3 浅裂，稀不分裂，基部心形，通常 3 浅裂，裂片三角状卵形，边缘有较粗大的圆锯齿，上面深绿色，无毛或具细毛，下面稍淡，疏生短柔毛或变无毛；叶柄长 3 ~ 7 cm，被柔毛。聚伞花序与叶对生或顶生；花多数，细小，黄绿色；萼片 5，稍裂开，几成截形；花瓣 5，长圆形，镊合状排列；雄蕊 5；雌蕊 1，子房 2 室。浆果球形或椭圆形，宽 6 ~ 7 mm，成熟时由深绿色变为蓝黑色。

▲东北蛇葡萄植株（果期）

▲东北蛇葡萄虫瘿

▲东北蛇葡萄花

花期 6 月，果期 9—10 月。

生　　境　生于山坡灌丛、疏林内、林缘、路旁及山谷溪流边等处，常攀援在灌木或小乔木上。

分　　布　黑龙江东宁、宁安、五常、海林、尚志等地。吉林长白山各地。辽宁抚顺、沈阳、锦州市区、建昌、建平、北镇、大连市区、长海、盖州、桓仁、庄河、岫岩、西丰等地。朝鲜、俄罗斯（西伯利亚）、日本。

采　　制　春、秋季采挖根（洗净去木心），剥取根皮。春、夏、秋三季割取枝条，采摘叶，洗净晒干。

性味功效　根及根皮：味甘、酸，性平。有清热解毒、祛风除湿、活血散瘀的功效。茎叶：味甘，性平。有利尿、消炎、止血的功效。

主治用法　根及根皮：用于肺痈、肠痈、瘰疬、咯血、呕吐、腹泻、风湿性关节炎、痈疮肿毒、跌打损伤、骨折及烫火伤等。水煎服或捣汁。外用捣烂敷患处。茎叶：用于慢性肾炎、肝炎、小便涩痛、胃热呕吐、风疹块、疮毒、中耳炎及外伤出血等。水煎服。外用熬水洗患处。

用　　量　根及根皮：25 ~ 50 g。外用适量。茎叶：50 ~ 100 g。外用适量。

▲东北蛇葡萄花序

▲东北蛇葡萄枝条（花期）

▲东北蛇葡萄种子

附　　方　治慢性风湿性关节炎：东北蛇葡萄、穿山龙各25 g，珍珠梅茎5 g。水煎服。

◎参考文献◎

[1] 江苏新医学院．中药大辞典（下册）[M]．上海：上海科学技术出版社，1977: 2125-2125.

[2] 《全国中草药汇编》编写组．全国中草药汇编（上册）[M]．北京：人民卫生出版社，1975: 783-784.

[3] 钱信忠．中国本草彩色图鉴（第四卷）[M]．北京：人民卫生出版社，2003: 393-394.

▼东北蛇葡萄枝条（果期）

▲葎叶蛇葡萄植株

葎叶蛇葡萄 *Ampelopsis humulifolia* Bge.

别　　名　七角白蔹　小接骨丹

药用部位　葡萄科葎叶蛇葡萄的根皮（入药称“小接骨丹”）。

原 植 物　落叶木质藤本。小枝圆柱形，有纵棱纹。卷须 2 叉分枝，相隔 2 节间断与叶对生。叶为单叶，3 ~ 5 浅裂或中裂，长 6 ~ 12 cm，宽 5 ~ 10 cm，心状五角形，顶端渐尖，基部心形，基缺顶端凹成圆形，边缘有粗锯齿，通常齿尖。多歧聚伞花序与叶对生；花序梗长 3 ~ 6 cm，无毛或被稀疏毛；花梗长 2 ~ 3 mm；花蕾卵圆形，高 1.5 ~ 2.0 mm，顶端圆形；萼碟形，边缘呈波状；花瓣 5，卵椭圆形，高 1.3 ~ 1.8 mm，外面无毛；雄蕊 5，花药卵圆形，长宽近相等，花盘明显，波状浅裂；子房下部与花盘合生，花柱明显，柱头不扩大。果实近球形，长 0.6 ~ 10.0 cm；有种子 2 ~ 4。花期 6—7 月，果期 8—9 月。

生　　境　生于山沟地边、灌丛林缘及林中，常攀援在灌木或小乔木上。

▲葎叶蛇葡萄果实

▲葎叶蛇葡萄花（侧）

▲葎叶蛇葡萄花序

▲葎叶蛇葡萄花

分　　布　吉林洮南。辽宁本溪、开源、阜新、彰武、建昌、建平、北镇、大连市区、鞍山、盖州、瓦房店、营口市区、绥中等地。河北、山西、陕西、河南、安徽、山东、甘肃、青海。朝鲜。

采　　制　春、秋季采挖根(洗净去木心),剥取根皮。

性味功效　味辛，性热。有活血散瘀、祛风除湿、消炎解毒、生肌长骨的功效。

主治用法　用于跌打损伤、骨折、疮疖肿痛、风湿关节痛等。水煎服。外用熬水洗或捣烂敷患处。

用　　量　15 ~ 25 g。外用适量。

附　　方

(1)治跌打损伤瘀血:葎叶蛇葡萄研末,2.5 ~ 5.0 g,温酒冲服。

(2)治疮疖:鲜葎叶蛇葡萄适量。捣敷患处。

◎参考文献◎

[1] 江苏新医学院 . 中药大辞典(上册)[M]. 上海:上海科学技术出版社,1977:271.

[2] 钱信忠 . 中国本草彩色图鉴(第一卷)[M]. 北京:人民卫生出版社,2003:317-318.

[3] 中国药材公司 . 中国中药资源志要 [M]. 北京:科学出版社,1994:721.

▼葎叶蛇葡萄枝条

▲掌裂蛇葡萄枝条

掌裂蛇葡萄 *Ampelopsis aconitifolia* Bge. var. *glabra* Diels et Gilg.

别　　名　草白蔹 掌叶蛇葡萄

药用部位　葡萄科掌裂蛇葡萄的根皮（入药称“过山龙”）。

原 植 物　落叶木质藤本。卷须 2 ~ 3 叉分枝，相隔 2 节间断与叶对生。叶 3 或 5 掌状全裂，小叶通常菱形而宽阔，中央小叶不分裂或浅裂，边缘具粗牙齿；托叶膜质，褐色，卵披针形。花序为疏散的伞房状复二歧聚伞花序，通常与叶对生或假顶生；花序梗长 1.5 ~ 4.0 cm，花梗长 1.5 ~ 2.5 mm；花蕾卵圆形，高 2 ~ 3 mm，顶端圆形；萼碟形，波状浅裂或几全缘；花瓣 5，卵圆形，高 1.7 ~ 2.7 mm；雄蕊 5，花药卵圆形，长宽近相等；花盘发达，边缘呈波状；子房下部与花盘合生，花柱钻形，柱头扩大不明显。果实近球形，有种子 2 ~ 3。花期 5—6 月，果期 8—9 月。

生　　境　生于沟边、沙地、山坡灌丛及草地上，常攀援在灌木或小乔木上。

▲掌裂蛇葡萄种子

▲掌裂蛇葡萄果实

▲掌裂蛇葡萄植株

分　　布　吉林通榆。辽宁沈阳。内蒙古科尔沁左翼后旗、科尔沁右翼中旗等地。河北、河南、陕西、山西、甘肃。

采　　制　春、秋季采挖根（洗净去木心），剥取根皮。

性味功效　味辛，性热。有活血散瘀、消炎解毒、祛风除湿、生肌长骨的功效。

主治用法　用于骨折、跌打损伤、痈肿、风湿关节痛等。水煎服或研末。外用熬水洗患处。

用　　量　15 ~ 25 g。外用适量。

▲掌裂蛇葡萄花（侧）

◎参考文献◎

[1] 江苏新医学院．中药大辞典（上册）[M]．上海：上海科学技术出版社，1977: 872-873.

[2] 中国药材公司．中国中药资源志要 [M]．北京：科学出版社，1994: 720.

[3] 江纪武．药用植物辞典 [M]．天津：天津科学技术出版社，2005: 44.

掌裂蛇葡萄花 ▶

▼掌裂蛇葡萄居群

▲白蔹花（侧）

白蔹 *Ampelopsis japonica*（Thunb.）Makino

别　　名　草白蔹

俗　　名　山地瓜　野葡萄秧　小老鸹眼

药用部位　葡萄科白蔹的块根。

原 植 物　落叶木质藤本。卷须不分枝或卷须顶端有短的分叉。叶为掌状，小叶 3 ~ 5，小叶边缘有深锯齿而不分裂，羽状分裂者裂片宽 0.5 ~ 3.5 cm，顶端渐尖或急尖，掌状 5 小叶者中央小叶深裂至基部并有 1 ~ 3 个关节，关节间有翅，翅宽 2 ~ 6 mm，侧小叶无关节或有 1 个关节，3 小叶者中央小叶有 1 个或无关节，基部狭窄呈翅状，翅宽 2 ~ 3 mm。聚伞花序通常与叶对生；花序梗长 1.5 ~ 5.0 cm，常呈卷须状卷曲；花蕾卵球形，高 1.5 ~ 2.0 mm，顶端圆形；萼碟形，边缘呈波状浅裂；花瓣 5，卵圆形，高 1.2 ~ 2.2 mm；雄蕊 5，花药卵圆形；子房下部与花盘合生，花柱短棒状。花期 6—7 月，果期 8—9 月。

生　　境　生于沟边、沙地、山坡灌丛及草地上，常攀援在灌木或小乔木上。

分　　布　吉林磐石、辉南、通化、集安、临江等地。辽宁沈阳、大连、抚顺、凌源、昌图、营口等地。河北、山西、陕西、江苏、浙江、江西、河南、湖北、湖南、广东、广西、四川。朝鲜、日本。

采　　制　春、秋季采挖块根，除去泥沙和须根，洗净，纵切成瓣或切成斜片，晒干。

性味功效　味苦、甘、辛，性凉。有清热解毒、消痈散结、生肌止痛的功效。

主治用法　用于咳嗽痰喘、带下病、痈肿、疔疮、瘰疬、烫伤、疟疾、血痢、肠风、痔瘘、妇女阴道肿瘤、跌打损伤等。水煎服。外用研末撒或调敷。

用　　量　5 ~ 15 g。外用适量。

附　　方

（1）治烧烫伤：白蔹、地榆各等量。研细末，芝麻油调敷患处。

（2）治湿热白带：白蔹、苍术各 10 g。研细末，每服 5 g，每日 2 次，白糖水送下。

（3）治扭挫伤：白蔹 2 个，食盐适量。鲜品捣烂如泥，外敷伤处。

附　注

（1）果实入药，可治疗寒热结壅热肿。

（2）本品为《中华人民共和国药典》（2020 年版）收录的药材。

◎参考文献◎

[1] 江苏新医学院. 中药大辞典（上册）[M]. 上海：上海科学技术出版社，1977: 691-692，737.

[2]《全国中草药汇编》编写组. 全国中草药汇编（上册）[M]. 北京：人民卫生出版社，1975: 301.

[3] 中国药材公司. 中国中药资源志要 [M]. 北京：科学出版社，1994: 722.

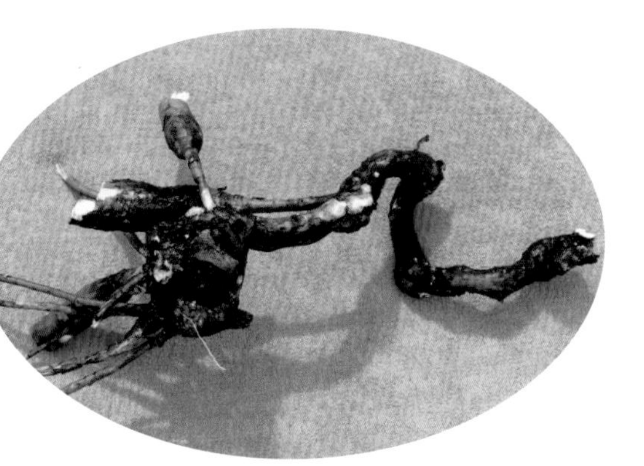

▲白蔹块根

▲白蔹枝条

▲白蔹虫瘿

▲白蔹花

▲爬山虎植株

地锦属 *Parthenocissus* Planch.

爬山虎 *Parthenocissus tricuspidata*（Sieb. & Zucc.）Planch.

别　　名　地锦

俗　　名　爬墙虎　常青藤　山葡萄　假葡萄藤

药用部位　葡萄科爬山虎的根及藤茎。

原 植 物　落叶木质藤本。卷须5～9分枝，相隔2节间断与叶对生。卷须顶端嫩时膨大呈圆珠形，后遇附着物扩大成吸盘。叶为单叶，通常着生在短枝上为3浅裂，叶片通常倒卵圆形，长4.5～17.0 cm，宽4～16 cm，顶端裂片急尖，基部心形，边缘有粗锯齿。花序着生在短枝上，基部分枝，形成多歧聚伞花序，长2.5～12.5 cm，主轴不明显；花序梗长1.0～3.5 cm；花梗长2～3 mm；花蕾倒卵椭圆形，高2～3 mm，顶端圆形；萼碟形；花瓣5，长椭圆形，高1.8～2.7 mm；雄蕊5，花丝长1.5～2.4 mm，花药长椭圆卵形，花盘不明显；子房椭球形，花柱明显，基部粗，柱头不扩大。花期6—7月，果期9—10月。

生　　境　常攀援于山地江河岸边石砬子上、墙壁上。

分　　布　吉林集安、通化、靖宇、抚松等地。辽宁丹东市

▲爬山虎种子

▲爬山虎群落（后期）

▲爬山虎枝条

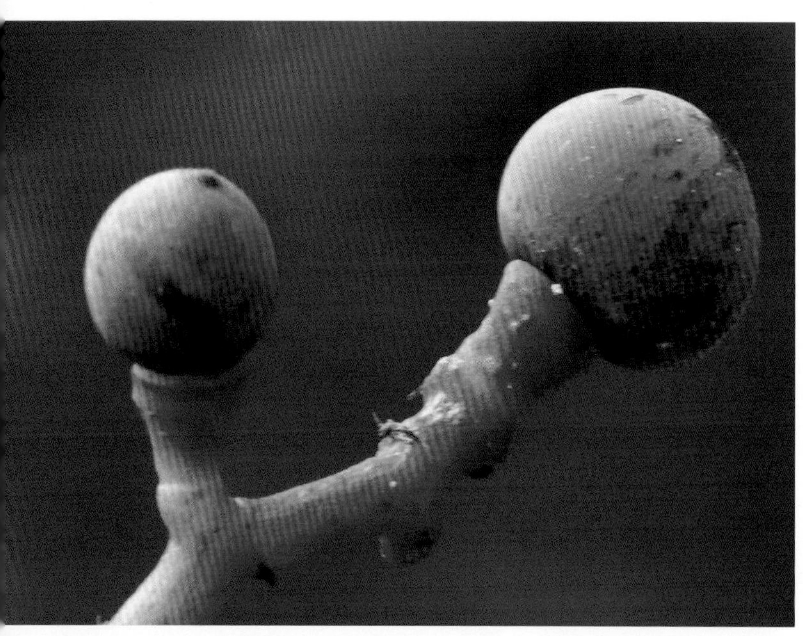

▲爬山虎果实

区、凤城、桓仁、大连、营口等地。河北、河南、山东、安徽、江苏、浙江、福建、台湾。朝鲜、日本。

采　　制　春、秋季采挖根。四季割取藤茎，洗净晒干。

性味功效　味甘、涩，性温。有活血通络、祛风止痛、清热解毒的功效。

主治用法　用于产后血瘀、偏头痛、赤白带下、腹部肿块、风湿关节痛、跌打损伤、痈疖肿毒等。水煎服。外用根皮捣烂，酒调敷患处。

用　　量　10 ~ 25 g。外用适量。

附　　方

（1）治关节炎：地锦藤、山豆根、锦鸡儿根各 100 g，茜草根 50 g。水煎服。

（2）治偏头痛、筋骨痛：地锦藤 50 g，当归 15 g，川芎 10 g，大枣 3 个。水煎服。

（3）治便血：地锦藤茎 500 g、黄酒

500 ml，加适量水煎，一天服 4 次，分 2 d 服完。

（4）治带状疱疹：地锦根磨汁外搽。

（5）治疖子、损伤：鲜地锦根捣烂，和酒酿拌匀敷患处；另取根 25 ~ 50 g，水煎服。

附　注　本种的正名应是地锦，但为了避免与大戟科植物地锦重名，故将其别名爬山虎用作正名，把其正名地锦用作别名。

◎参考文献◎

[1] 江苏新医学院．中药大辞典（上册）[M]．上海：上海科学技术出版社，1977: 809.

[2]《全国中草药汇编》编写组．全国中草药汇编（上册）[M]．北京：人民卫生出版社，1975: 559-560.

[3] 钱信忠．中国本草彩色图鉴（第二卷）[M]．北京：人民卫生出版社，2003: 374-375.

▲爬山虎花序

▼爬山虎群落（前期）

▲五叶地锦群落

五叶地锦 *Parthenocissus quinquefolia*（L.）Planch.

别　　名　五叶爬山虎

俗　　名　爬墙虎　常青藤

药用部位　葡萄科五叶地锦的茎。

原 植 物　落叶木质藤本。卷须总状 5 ~ 9 分枝，相隔 2 节间断与叶对生，卷须顶端嫩时尖细卷曲，后遇附着物扩大成吸盘。叶为掌状，小叶 5，小叶倒卵圆形，长 5.5 ~ 15.0 cm，宽 3 ~ 9 cm，外侧小叶最宽处在近中部，边缘有粗锯齿。花序假顶生形成主轴明显的圆锥状多歧聚伞花序，长 8 ~ 20 cm；花序梗长 3 ~ 5 cm；花梗长 1.5 ~ 2.5 mm；花蕾椭圆形，高 2 ~ 3 mm，顶端圆形；萼碟形，边缘全缘；花瓣 5，长椭圆形，高 1.7 ~ 2.7 mm；雄蕊 5，花丝长 0.6 ~ 0.8 mm，花药长椭圆形，长 1.2 ~ 1.8 mm；花盘不明显，子房卵锥形，渐狭至花柱，或后期花柱基部略微缩小，柱头不扩大。花期 7—8 月，果期 8—10 月。

▲五叶地锦种子

▲五叶地锦植株

▲五叶地锦枝条

生　境　生于山坡、林缘及路旁等处，常攀援石壁或树木生长。

分　布　原产于美国、加拿大及墨西哥。在东北和华北地区各主要城市被普遍栽培。在吉林通化、集安等地。辽宁大连市区、瓦房店、北镇等地，已从园林绿化和人工种植逸为野生，成为本区新的归化植物。

采　制　四季割取藤茎，切段，洗净，晒干。

性味功效　有祛风除湿的功效。

主治用法　用于风湿痛。水煎服。

用　量　适量。

附　注　茎皮、幼枝及根入药，有强壮、利尿、祛痰的功效。

◎参考文献◎

[1] 江纪武. 药用植物辞典 [M]. 天津: 天津科学技术出版社, 2005: 674.

▲五叶地锦花

▲五叶地锦花（侧）

▲五叶地锦花序

▲五叶地锦果实

▲山葡萄植株

葡萄属 *Vitis* L.

▲山葡萄种子

山葡萄 *Vitis amurensis* Rupr.

别　　名　阿穆尔葡萄　山藤藤秧

俗　　名　野葡萄

药用部位　葡萄科山葡萄的根、藤及果实。

原 植 物　落叶木质藤本。卷须 2 ~ 3 分枝，每隔 2 节间断与叶对生。叶阔卵圆形，长 6 ~ 24 cm，宽 5 ~ 21 cm，3 浅裂或中裂，叶片或中裂片顶端急尖或渐尖，裂片基部常缢缩或间有宽阔，裂缺凹成圆形，稀呈锐角或钝角，叶基部心形，托叶膜质，褐色。圆锥花序疏散，与叶对生，基部分枝发达，长 5 ~ 13 cm;

▲山葡萄花序

▲市场上的山葡萄藤茎

▲市场上的山葡萄果实

▲山葡萄枝条

▼山葡萄藤茎

花梗长 2 ~ 6 mm；花蕾倒卵圆形，高 1.5 ~ 30.0 mm，顶端圆形；萼碟形，花瓣 5，呈帽状黏合脱落；雄蕊 5，花丝丝状，长 0.9 ~ 2.0 mm，花药黄色，卵椭圆形，在雌花内雄蕊显著短而败育；花盘发达，5 裂；雌蕊 1，子房锥形，花柱明显，基部略粗，柱头微扩大。花期 5—6 月，果期 8—9 月。

生　　境　生于山坡、沟谷林中或灌丛等处，常攀援在灌木或小乔木上。

分　　布　黑龙江大兴安岭、小兴安岭、张广才岭、完达山、老爷岭等地。吉林长白山各地。辽宁大连市区、鞍山、丹东市区、庄河、盖州、本溪、凤城、宽甸、桓仁、岫岩、义县、西丰、清原、彰武、凌源等地。河北、山西、山东、安徽、浙江。朝鲜、俄罗斯（西伯利亚中东部）。

采　　制　春、秋季采挖根，除去泥土，切段，洗净，晒干。四季割取藤茎，切段，洗净，晒干。秋季采摘成熟果实，除去杂质，洗净，鲜用或晒干。

性味功效　根及藤：味酸，性凉。有祛风、止痛的功效。果实：味酸，性凉。有清热利尿的功效。

主治用法　根及藤：用于外伤痛、风湿骨痛、胃痛、腹痛、头痛、手术痛等。内服制成质量分数为 10% 的煎剂。果实：用于烦热口渴、膀胱湿热等。水煎服或食用。

用　　量　根及藤：每次口服 10 ~ 20 ml。果实：适量。

▲山葡萄果实（后期）

附　　方　治外伤痛、胃痛、腹痛、神经性头痛、术后疼痛：山葡萄根、藤制成质量分数为 10% 的煎剂，每次口服 10 ～ 20 ml。

◎参考文献◎

[1] 江苏新医学院．中药大辞典（上册）[M]．上海：上海科学技术出版社，1977: 210.
[2] 中国药材公司．中国中药资源志要 [M]．北京：科学出版社，1994: 729.
[3] 江纪武．药用植物辞典 [M]．天津：天津科学技术出版社，2005: 855.

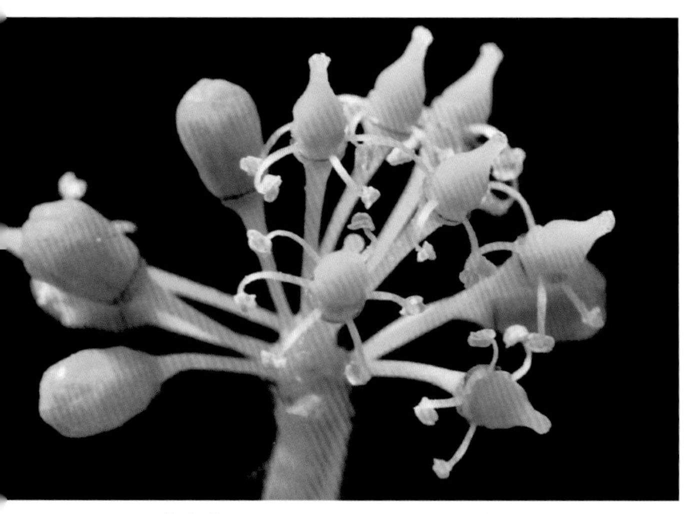

▲山葡萄花

▲山葡萄果实（前期）

▲田麻花

田麻种子 ▶

▲田麻花（背）

▲田麻果实

椴树科 Tiliaceae

本科共收录 3 属、5 种、1 变种。

田麻属 *Corchoropsis* Sieb. et Zucc.

田麻 *Corchoropsis crenata* Sieb. et Zucc

药用部位 椴树科田麻的全草。

原 植 物 一年生草本，高 40 ~ 60 cm；分枝有星状短柔毛。叶卵形或狭卵形，长 2.5 ~ 6.0 cm，宽 1 ~ 3 cm，边缘有钝锯齿，两面均密生星状短柔毛，基出脉 3；叶柄长 0.2 ~ 2.3 cm；托叶钻形，长 2 ~ 4 mm，脱落。花有细柄，单生于叶腋，直径 1.5 ~ 2.0 cm；萼片 5，狭窄披针形，长约 5 mm；花瓣 5，黄色，倒卵形；发育雄蕊 15，每 3 枚成一束，退化雄蕊 5，与萼片对生，匙状条形，长约 1 cm；子房被短茸毛。蒴果角状圆筒形，长 1.7 ~ 3.0 cm，有星状柔毛。花期 8—9 月，果期 9—10 月。

生　　境 生于丘陵或低山干燥山坡或多石处。

分　　布 吉林集安。辽宁凤城、东港等地。华北、华东、华中、华南、西南。朝鲜、日本。

采　　制 夏、秋季采收全草，洗净，切段，晒干或鲜用。

性味功效 味酸，性平。有平肝利湿、解毒止血的功效。

主治用法 用于痈疖肿毒、咽喉肿痛、疥疮、黄疸、小儿疳积、白带过多、外伤出血、跌打损伤等。水煎服。外用捣烂敷患处。

用　　量 9 ~ 15 g。外用适量。

◎参考文献◎

[1] 钱信忠 . 中国本草彩色图鉴（第二卷）[M]. 北京：人民卫生出版社，2003: 144-145.

[2] 中国药材公司 . 中国中药资源志要 [M]. 北京：科学出版社，1994: 733.

[3] 江纪武 . 药用植物辞典 [M]. 天津：天津科学技术出版社，2005: 206.

▲田麻植株

▲小花扁担杆植株

▲小花扁担杆果实

扁担杆属 *Grewia* L.

小花扁担杆 *Grewia biloba* G. Don var. *parviflora*（Bge.）Hand. -Mazz.

别　　名　扁担杆子　孩儿拳头

药用部位　椴树科小花扁担杆的根、枝及叶（入药称“娃娃拳”）。

原 植 物　落叶灌木或小乔木，高 1 ~ 4 m，多分枝；嫩枝被粗毛。叶薄革质，椭圆形或倒卵状椭圆形，长 4 ~ 9 cm，宽 2.5 ~ 4.0 cm，先端锐尖，基部楔形或钝，基出脉 3，两侧脉上行过半，中脉有侧脉 3 ~ 5 对，边缘有细锯齿；叶柄长 4 ~ 8 mm，被粗毛；托叶钻形，长 3 ~ 4 mm。聚伞花序腋生，多花，花序柄长不到 1 cm；花柄长 3 ~ 6 mm；苞片钻形，长 3 ~ 5 mm；萼片狭长圆形，长 4 ~ 7 mm，外面被毛，内面无毛；花瓣长 1.0 ~ 1.5 mm；雌雄蕊柄长 0.5 mm，有毛；雄蕊长 2 mm；子房有毛，花柱与萼片平齐，柱头扩大，盘状，有浅裂。核果红色，有2～4分核。花期6—7月，果期9—10月。

生　境　生于山坡、林缘及灌丛中。

分　布　辽宁大连市区、长海、北镇等地。山东、河北、山西、河南、陕西、江西、浙江、江苏、安徽、湖南、贵州、云南、四川、湖北、广西、广东。朝鲜。

采　制　春、夏、秋三季采挖根，除去泥土，洗净，晒干。四季割取枝条，切段，晒干。夏、秋季采摘叶，除去杂质，晒干。

性味功效　味甘、苦，性温。有健脾养血、祛风湿、消痞的功效。

主治用法　根：用于疮疡肿毒。水煎服。枝及叶：用于小儿疳积、消化不良、崩漏、带下病、阴挺、子宫脱垂、脱肛等。水煎服或浸酒服。

用　量　15～25 g。

◎参考文献◎

[1] 江苏新医学院．中药大辞典（下册）[M]．上海：上海科学技术出版社，1977:1747-1748.

[2]《全国中草药汇编》编写组．全国中草药汇编（下册）[M]．北京：人民卫生出版社，1975:565.

[3] 钱信忠．中国本草彩色图鉴（第三卷）[M]．北京：人民卫生出版社，2003:609-610.

▲小花扁担杆花（侧）

◀小花扁担杆种子

▲小花扁担杆花

▼小花扁担杆枝条

▲辽椴植株（夏季）

▼辽椴花序

▼辽椴果实

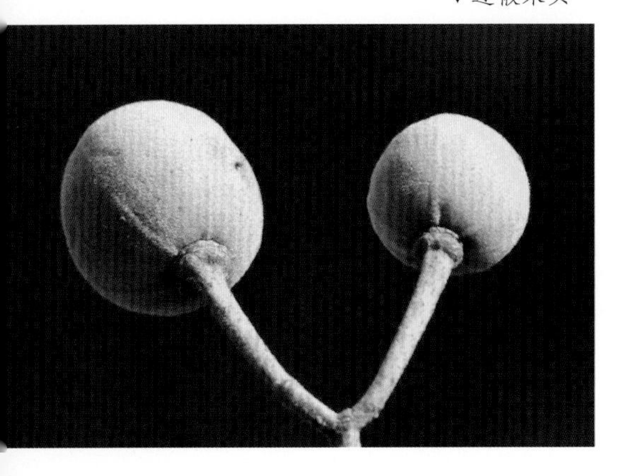

椴树属 *Tilia* L.

辽椴 *Tilia mandshurica* Rupr. et Maxim.

别　　名　糠椴

俗　　名　大叶椴　菩提树

药用部位　椴树科辽椴的花。

原 植 物　落叶乔木，高 20 m，直径 50 cm，树皮暗灰色；叶卵圆形，长 8 ~ 10 cm，宽 7 ~ 9 cm，上面无毛，下面密被灰色星状茸毛，侧脉 5 ~ 7 对，边缘有三角形锯齿；叶柄长 2 ~ 5 cm，圆柱形，较粗大，初时有茸毛。聚伞花序长 6 ~ 9 cm，有花 6 ~ 12；花柄长 4 ~ 6 mm，有毛；苞片窄长圆形或窄倒披针形，长 5 ~ 9 cm，宽 1.0 ~ 2.5 cm，上面无毛，下面有星状柔毛，先端圆，基部钝，下半部 1/3 ~ 1/2 与花序柄合生，基部有柄长 4 ~ 5 mm；萼片长 5 mm，外面有星状柔毛，内面有长丝毛；花瓣长 7 ~ 8 mm；退化雄蕊花瓣状，稍短小；雄蕊与萼片等长；子房有星状茸毛，花柱长 4 ~ 5 mm，无毛。花期 7 月，果期 9—10 月。

生　　境　生于柞木林、杂木林、山坡、林缘及沟谷等处。

▲辽椴植株（秋季）

▲辽椴枝条

▲辽椴花（侧）

▲辽椴花

分　　布　黑龙江小兴安岭、张广才岭、完达山、老爷岭等地。吉林长白山各地。辽宁丹东市区、宽甸、凤城、本溪、抚顺、新宾、清原、西丰、庄河、鞍山市区、岫岩、凌源、建昌、绥中等地。内蒙古多伦。朝鲜、俄罗斯（西伯利亚中东部）。

采　　制　夏季花未开放前采摘花蕾，除去杂质，阴干。

性味功效　花的浸膏具有发汗、解热、抑菌的功效。

主治用法　用于感冒、肾盂肾炎、口腔破溃、咽喉肿痛、子宫肌瘤等。水煎服。

用　　量　适量。

◎参考文献◎

[1] 钱信忠．中国本草彩色图鉴（第五卷）[M]．北京：人民卫生出版社，2003: 507-508．

[2] 中国药材公司．中国中药资源志要 [M]．北京：科学出版社，1994: 736.

[3] 江纪武．药用植物辞典 [M]．天津：天津科学技术出版社，2005: 811.

▲蒙椴植株

▲蒙椴果实

▲蒙椴树干

蒙椴 *Tilia mongolica* Maxim.

别　　名　小叶椴

俗　　名　白皮椴　米椴

药用部位　椴树科蒙椴的花。

原 植 物　落叶乔木，高 10 m，树皮淡灰色。叶阔卵形或圆形，长 4 ~ 6 cm，宽 3.5 ~ 5.5 cm，先端渐尖，常出现 3 裂，基部微心形或斜截形，侧脉 4 ~ 5 对，边缘有粗锯齿，齿尖突出；叶柄长 2.0 ~ 3.5 cm，无毛，纤细。聚伞花序长 5 ~ 8 cm，有花 6 ~ 12，花序柄无毛；花柄长 5 ~ 8 mm，纤细；苞片窄长圆形，长 3.5 ~ 6.0 cm，宽 6 ~ 10 mm，两面均无毛，上下两端钝，下半部与花序柄合生，基部有柄长约 1 cm；萼片披针形，长 4 ~ 5 mm，外面近无毛；花瓣长 6 ~ 7 mm；退化雄蕊花瓣状，稍窄小；雄蕊与萼片等长；子房有毛，花柱秃净。果实倒卵形，长 6 ~ 8 mm，被毛，有棱或有不明显的棱。花期 7 月，果期 9—10 月。

▲蒙椴枝条

▼蒙椴花（侧）

▼蒙椴花

生　　境　生于向阳山坡或岩石间，常与其他阔叶树混生。

分　　布　辽宁北镇、朝阳、喀左、建平、北票、凌源、建昌、绥中等地。内蒙古正蓝旗、镶黄旗、正镶白旗、太仆寺旗等地。河北、河南、山西。蒙古。

采　　制　夏季花未开放前采摘花蕾，除去杂质，阴干。

性味功效　花的浸膏具有发汗、解热、抑菌的功效。

主治用法　用于口腔炎、咽喉肿痛、感冒、肾盂肾炎等。水煎服。

用　　量　适量。

◎参考文献◎

[1] 中国药材公司. 中国中药资源志要 [M]. 北京：科学出版社，1994: 736.

[2] 江纪武. 药用植物辞典 [M]. 天津：天津科学技术出版社，2005: 811.

▲紫椴枝条

紫椴 *Tilia amurensis* Rupr.

别　　名　籽椴

俗　　名　椴树　小叶椴

药用部位　椴树科紫椴的花。

原 植 物　落叶乔木，高 25 m，树皮暗灰色。叶阔卵形或卵圆形，长 4.5 ~ 6.0 cm，宽 4.0 ~ 5.5 cm，先端急尖或渐尖，基部心形，脉腋内有毛丛，侧脉 4 ~ 5 对，边缘有锯齿，叶柄长 2.0 ~ 3.5 cm，纤细，无毛。聚伞花序长 3 ~ 5 cm，纤细，无毛，有花 3 ~ 20；花柄长 7 ~ 10 mm；苞片狭带形，长 3 ~ 7 cm，宽 5 ~ 8 mm，两面均无毛，下半部或下部 1/3 与花序柄合生，基部有柄，长 1.0 ~ 1.5 cm；萼片阔披针形，长 5 ~ 6 mm，外面有星状柔毛；花瓣长 6 ~ 7 mm；退化雄蕊不存在；雄蕊较少，约 20，长 5 ~ 6 mm；子房有毛，花柱长 5 mm。果实卵圆形，长 5 ~ 8 mm，被星状茸毛，有棱或有不明显的棱。花期 6—7 月，果期 9—10 月。

生　　境　生于针阔混交林、阔叶林、杂木林、山坡及林缘等处。

分　　布　黑龙江大兴安岭、小兴安岭、张广才岭、完达山、老爷岭等地。吉林长白山各地。辽宁丹东市区、

▼紫椴树干

▼紫椴果实

▲紫椴植株

▲紫椴花序

▲紫椴花（侧）

▼紫椴幼株

宽甸、凤城、本溪、桓仁、抚顺、新宾、清原、西丰等地。河北、山东、山西。朝鲜、俄罗斯（西伯利亚中东部）。

采　　制　夏季花未开放前采摘花蕾，除去杂质，阴干。

性味功效　味苦，性温。有祛风活血、止痛的功效。

主治用法　用于感冒、水肿、口腔破溃、咽喉肿痛、肾盂肾炎等。

用　　量　适量。

附　　注　在东北尚有 1 变种：

小叶紫椴 var. *taquetii*（Schneid.）Liou et Li，嫩枝及花序被淡红色星状柔毛，叶片较小，基部不呈心形，往往为截形或微凹入。其他与原种同。

◎参考文献◎

[1] 钱信忠. 中国本草彩色图鉴(第五卷)[M]. 北京: 人民卫生出版社, 2003: 103-104.

[2] 中国药材公司. 中国中药资源志要[M]. 北京: 科学出版社, 1994: 735-736.

[3] 江纪武. 药用植物辞典[M]. 天津: 天津科学技术出版社, 2005: 811.

▲市场上的紫椴蜜

▲紫椴花（背）

▼紫椴花

▼小叶紫椴枝条

▲苘麻幼苗

锦葵科 Malvaceae

本科共收录 3 属、3 种。

苘麻属 *Abutilon* Mill.

▲苘麻花（背）

苘麻 *Abutilon theophrasti* Medic.

别　　名　白麻　青麻

俗　　名　孔麻　车轮草

药用部位　锦葵科苘麻的种子、全草及叶。

原 植 物　一年生亚灌木状草本，茎直立，高达 1 ~ 2 m，茎枝被柔毛。单叶，叶互生，圆心形，长 5 ~ 10 cm，先端长渐尖，基部心形，边缘具细圆锯齿，两面均密被星状柔毛；叶柄长 3 ~ 12 cm，被星状细柔毛；托叶早落。花单生于叶腋，花梗长 1 ~ 13 cm，被柔毛，近顶端具节；花萼杯状，密被短茸毛，裂片 5，卵形，长约 6 mm；花黄色，花瓣倒卵形，瓣上有明显的脉，纹长约 1 cm；雄蕊多数，连合成筒，雄蕊柱平滑无毛，心皮 15 ~ 20，长 1.0 ~ 1.5 cm，顶端平截，具扩展、被毛的长芒 2，排列成轮状，密被软毛。蒴果半球形，分果室 15 ~ 20，被粗毛，顶端具长芒 2。花期 7—8 月，果期 9—10 月。

生　　境　生于田野、路旁、荒地及村屯附近。

分　　布　东北地区广泛分布。全国各地（除青藏高原外）。朝鲜、俄罗斯、日本、越南、印度。欧洲、北美洲。

▲苘麻植株

▲苘麻幼株

▲苘麻果实（侧）

采　　制　秋季采摘果实，碾碎，获取种子，除去杂质，晒干。夏、秋季采收全草和采摘叶，除去杂质，洗净，晒干。

性味功效　种子：味苦，性平。有清热利湿、解毒、退翳的功效。全草及叶：味苦，性平。有解毒、祛风的功效。

主治用法　种子：用于角膜眼翳、痈肿、赤白痢疾、瘰疬、淋病尿道涩痛等。水煎服或入散。全草及叶：用于瘰疬、痈疽、痢疾、中耳炎、耳鸣、耳聋、关节酸痛等。水煎服。外用捣烂敷患处。

用　　量　种子：10 ~ 15 g。全草及叶：15 ~ 50 g。

附　　注

（1）根入药，可治疗痢疾、小便淋漓。

（2）本品为《中华人民共和国药典》（2020 年版）收录的药材。

◎参考文献◎

[1] 江苏新医学院．中药大辞典（上册）[M]．上海：上海科学技术出版社，1977: 1306-1307.

[2]《全国中草药汇编》编写组．全国中草药汇编（上册）[M]．北京：人民卫生出版社，1975: 514.

[3] 中国药材公司．中国中药资源志要 [M]．北京：科学出版社，1994: 739.

▲苘麻花

▲苘麻果实

▲野西瓜苗果实（前期）

▲野西瓜苗种子

▲野西瓜苗果实（后期）

木槿属 *Hibiscus* L.

野西瓜苗 *Hibiscus trionum* L.

别　　名　香铃草

俗　　名　山西瓜　山西瓜秧　西瓜花　灯笼花　老头儿秧　打瓜花　美妇人　和尚头

药用部位　锦葵科野西瓜苗的全草及种子。

原 植 物　一年生直立或平卧草本，高25～70 cm。叶二型，下部的叶圆形，上部叶掌状3～5深裂，直径3～6 cm，通常羽状全裂；叶柄长2～4 cm，被星状粗硬毛和星状柔毛；托叶线形。花单生于叶腋，花梗长约2.5 cm，果时延长达4 cm，被星状粗硬毛；小苞片12，线形，长约8 mm，被粗长硬毛，基部合生；花萼钟形，淡绿色，裂片5，膜质，具纵向紫色条纹，中部以上合生；花淡黄色，内面基部紫色，直径2～3 cm，花瓣5，倒卵形，长约2 cm，外面疏被极细柔毛；雄蕊柱长约5 mm，花丝纤细，花药黄色；花柱枝5。蒴果长圆状球形，被粗硬毛，果室5，果皮薄，黑色。花期7—8月，果期9—10月。

生　境　生于路旁、荒地、田间、田边及住宅附近。

分　布　原产于非洲中部，现分布欧洲至亚洲各地，是一种常见的田间杂草。在东北地区广泛分布。

采　制　夏、秋季采收全草，洗净，晒干。秋季采摘果实，打开果皮，除去杂质，获得种子，晒干。

性味功效　全草：味甘，性寒。有清热解毒、祛风除湿、止咳利尿的功效。种子：味辛，性平。有润肺止咳、补肾的功效。

主治用法　全草：用于风热感冒咳嗽、风湿痛、急性关节炎、肠炎、痢疾、烧烫伤、疮毒、腹痛等。水煎服。外用研末油调涂患处。种子：用于肺结核、咳嗽、肾虚头晕，耳鸣耳聋等。水煎服。

用　量　全草：25 ~ 50 g。外用适量。种子：15 ~ 25 g。

附　方

（1）治急性关节炎：野西瓜苗 25 ~ 50 g（鲜品 100 ~ 150 g）。水煎服。

（2）治风热咳嗽：野西瓜苗根 25 g，白糖 15 g。水煎服。

（3）治烫、火伤：野西瓜苗花泡芝麻油，或野西瓜苗全草研末，调油敷患处。

◎参考文献◎

[1] 江苏新医学院．中药大辞典（下册）[M]．上海：上海科学技术出版社，1977: 2153.

[2] 朱有昌．东北药用植物 [M]．哈尔滨：黑龙江科学技术出版社，1989: 737-738.

[3] 钱信忠．中国本草彩色图鉴（第四卷）[M]．北京：人民卫生出版社，2003: 425-426.

▲野西瓜苗花

▲野西瓜苗花（背）

▲野西瓜苗幼苗

▲野西瓜苗植株

▲野葵居群

▲野葵种子

锦葵属 *Malva* L.

野葵 *Malva verticillata* L.

别　　名　北锦葵　冬葵

俗　　名　滑滑菜　冬寒菜　黏滑菜　冬苋菜

药用部位　锦葵科野葵的果实、根、嫩苗、叶及种子。

原 植 物　二年生草本，高 50 ~ 100 cm。叶肾形或圆形，直径 5 ~ 11 cm，通常为掌状 5 ~ 7 裂，裂片三角形，具钝尖头，边缘具钝齿，两面被极疏糙伏毛或近无毛；叶柄长 2 ~ 8 cm，近无毛，上面槽内被茸毛；托叶卵状披针形，被星状柔毛。花 3 朵至多朵簇生于叶腋，具极短柄至近无柄；小苞片 3，线状披针形，长 5 ~ 6 mm，被纤毛；萼杯状，直径 5 ~ 8 mm，萼裂 5，广三角形，疏被星状长硬毛；花冠长稍微超过萼片，淡白色至淡红色，花瓣 5，长 6 ~ 8 mm，先端凹入，爪无毛或具少数细毛；雄蕊柱长约 4 mm；花柱分枝 10 ~ 11。果扁球形，分果室 10 ~ 11，背面平滑，两侧具网纹。花期 7—8 月，果期 9—10 月。

生　　境　生于路旁、田间及村屯住宅附近等处。

分　　布　东北地区广泛分布。全国绝大部分地区。朝鲜、俄罗斯、印度、缅甸、埃及、埃塞俄比亚。欧洲。

采　　制　秋季采摘果实，除去杂质，晒干；另将果实碾碎，获取种子，晒干。春、夏、秋三季采挖根，除去泥土，洗净，晒干。春季采摘嫩苗和叶，除去杂质，洗净，晒干。

性味功效　果实：味甘、涩，性凉。有清热利尿、消肿的功效。根：味甘，性寒。有清热解毒、消渴、利窍、通淋的功效。叶及嫩苗：味甘，性寒。有清热、行水、滑肠的功效。种子：味甘，性寒。有利水、滑肠、下乳的功效。

主治用法　果实：用于小便淋痛、尿闭、水肿、口渴。水煎服。根：用于糖尿病、淋病、二便不利、乳汁少、带下病、虫螫伤。水煎服，捣汁或研末服。外用烧存性研末调敷。叶及嫩苗：用于肺热咳嗽、热毒下痢、黄疸、二便不通、丹毒、金疮。水煎或捣汁服。外用捣敷、研末调敷或含水漱。种子：用于二便不通、淋病、水肿、乳汁不行、乳房肿痛。水煎服或入散。

用　　量　果实：10 ~ 15 g。根：50 ~ 100 g。叶及嫩苗：50 ~ 100 g。种子：10 ~ 15 g。

▲野葵花（侧）

▼野葵花

▲野葵植株

附　方

（1）治尿路感染、小便不利：野葵子、泽泻各 15 g，茯苓皮 25 g，车前子 20 g。水煎服。

（2）治泌尿系统结石：野葵子 250 g，木贼、泽泻、车前子、川牛膝、海金沙、地龙、茯苓、桔梗、滑石、郁金各 150 g，甘草、火硝各 100 g，琥珀、沉香各 25 g，鸡内金 75 g。上药除火硝、滑石、琥珀外，其余皆用火焙干，再加琥珀共研细末，过筛后用火硝化水叠丸如绿豆大，以滑石为衣。每次服 25 g，每日 3 次，温开水送服。

（3）治大便不通十日至一月者：种子末入乳汁等份，和服。

（4）治血淋及虚劳尿血：种子 1 kg，水 3 L。取汁，日服 3 次。

附　注　本品为《中华人民共和国药典》（2020 年版）收录的药材。

◎参考文献◎

[1]《全国中草药汇编》编写组．全国中草药汇编（上册）[M]．北京：人民卫生出版社，1975：274-275.

[2] 中国药材公司．中国中药资源志要 [M]．北京：科学出版社，1994：743.

[3] 江纪武．药用植物辞典 [M]．天津：天津科学技术出版社，2005：500.

▲野葵花（白色）

▼野葵果实

▲内蒙古自治区克什克腾旗乌兰布统草原夏季景观

▲荛花植株

瑞香科 Thymelaeaceae

本科共收录 3 属、4 种。

瑞香属 *Daphna* L.

▲荛花花

荛花 *Daphne genkwa* Sieb. et Zucc.

别　　名 芫花　黄芫花　河朔荛花

俗　　名 痒眼花　黄闷头花　叩皮花

药用部位 瑞香科荛花的花蕾及根。

原 植 物 落叶灌木，高 0.3 ~ 1.0 m。叶对生，卵状披针形，长 3 ~ 4 cm，宽 1 ~ 2 cm，全缘；叶柄短或几无，长约 2 mm。花比叶先开放，紫色或淡紫蓝色，常 3 ~ 6 朵簇生于叶腋或侧生，花梗短；花萼筒细瘦，筒状，长 6 ~ 10 mm，裂片 4，卵形或长圆形，长 5 ~ 6 mm，宽 4 mm，顶端圆形；雄蕊 8，2 轮，分别着生于花萼筒的上部和中部，花丝

▲荛花枝条

短，长约 0.5 mm，花药黄色，卵状椭圆形，长约 1 mm，伸出喉部，顶端钝尖；花盘环状，不发达；子房长倒卵形，长 2 mm，花柱短或无，柱头头状，橘红色。果实肉质，白色，椭圆形，长约 4 mm，包藏于宿存的花萼筒的下部，具 1 颗种子。花期 4—5 月，果期 7—8 月。

生　境　生于阔叶林及针阔混交林下、林缘、灌丛、沟谷及路旁等处。

分　布　辽宁瓦房店、长海等地。河北、山西、陕西、甘肃、山东、江苏、安徽、浙江、江西、福建、台湾、河南、湖北、湖南、四川、贵州。朝鲜、日本。

采　制　春、秋季采挖根，除去泥土，切段，洗净，晒干。春季采摘花蕾，除去杂质，洗净，阴干。

性味功效　花蕾：味辛，性温。有小毒。有泻水逐饮、祛痰、解毒、杀虫的功效。根：味辛，性温。有小毒。有祛风除湿、消肿、活血、止痛的功效。

主治用法　花蕾：用于痰饮癖积、咳喘、水肿、胁痛、胸腹积水、二便不利、食物中毒、疟疾、痈肿、急性乳腺炎。水煎服或捣烂敷患处。根：用于水肿、瘰疬、乳痈、痔瘘、疥疮、风湿筋骨痛、胃痛、关节炎、跌打损伤。水煎服或捣烂敷患处。

用　量　花蕾：2.5 ~ 5.0 g。根：2.5 ~ 7.5 g。

附　方　治精神分裂症：荛花花蕾研粉，每日 5.0 ~ 7.5 g，饭前顿服，10 ~ 20 d 为一个疗程。

◎参考文献◎

[1] 江苏新医学院．中药大辞典（上册）[M]．上海：上海科学技术出版社，1977：1047-1049.
[2]《全国中草药汇编》编写组．全国中草药汇编（上册）[M]．北京：人民卫生出版社，1975：763-764.
[3] 钱信忠．中国本草彩色图鉴（第四卷）[M]．北京：人民卫生出版社，2003：532-533.

▲东北瑞香花序

▲东北瑞香果实

东北瑞香 *Daphne pseudo-mezereum* A. Gray

别　　名　长白瑞香　朝鲜瑞香　假欧瑞香

俗　　名　辣根草

药用部位　瑞香科东北瑞香的根及枝条。

原 植 物　落叶灌木，高 15 ~ 40 cm。叶互生，常簇生于当年生枝顶部，膜质，披针形至长圆状披针形或倒披针形，长 4 ~ 10 cm，宽 0.8 ~ 2.0 cm，全缘，不反卷，中脉在上面扁平或稍隆起，下面隆起，侧脉 8 ~ 12 对，近边缘 1/4 处分叉而互相网结，纤细，不规则分叉，在两面稍隆起，小脉网状，纤细，两面均明显可见；叶柄短，两侧翼状，长 3 ~ 10 mm。花黄绿色，侧生于小枝顶端或侧生于当年生小枝下部，通常数花簇生；无苞片；花萼筒筒状，长 6 ~ 8 mm，裂片长为花萼筒的 1/2 或与之等长，下轮雄蕊着生于花萼筒的中部，上轮雄蕊着生于花萼筒的喉部；花盘环状。花期 4—5 月，果期 8—9 月。

生　　境　生于针阔叶混交林下阴湿的藓褥上。

分　　布　黑龙江宁安、东宁等地。吉林长白、抚松、安图、和龙、临江等地。辽宁桓仁、本溪等地。朝鲜。

采　　制　春、秋季采挖根，除去泥土，切段，洗净，晒干。

▲东北瑞香植株

夏、秋季采收全株，切段，洗净，阴干。

性味功效 味辛，性热。有温中散寒、舒筋活络、活血化瘀、止痛的功效。

主治用法 用于冠心病、心绞痛、慢性冠状动脉供血不足、脱疽、风湿性关节痛、血栓闭塞性脉管炎、心腹痛、冻疮、冷伤等。临床用作注射液。

用　　量 每日 2 ~ 4 ml，每日 2 次。

附　　方

（1）治冠心病心绞痛：东北瑞香注射液，每日肌肉注射 2 ~ 4 ml，一个月为一个疗程。

（2）治血栓闭塞性脉管炎：东北瑞香注射液，肌肉注射 2 ~ 4 ml，每日 2 次，2 个月为一个疗程。坏死感染严重者可用一般抗生素，对溃疡和创面均按血管外科处理原则进行处理，无效者改用其他方法治疗。

（3）治单纯性关节炎（通称“老寒腿”）：东北瑞香注射液 4 ml，肌肉注射，每日 1 次，10 d 为一个疗程。

附　　注 全草制成注射液，用作肌肉注射，可治疗冠心病、风湿性关节炎及血栓闭塞性脉管炎。

◎参考文献◎

[1] 朱有昌．东北药用植物 [M]．哈尔滨：黑龙江科学技术出版社，1989: 758-759.

[2] 中国药材公司．中国中药资源志要 [M]．北京：科学出版社，1994: 754.

[3] 江纪武．药用植物辞典 [M]．天津：天津科学技术出版社，2005: 246.

▲东北瑞香种子

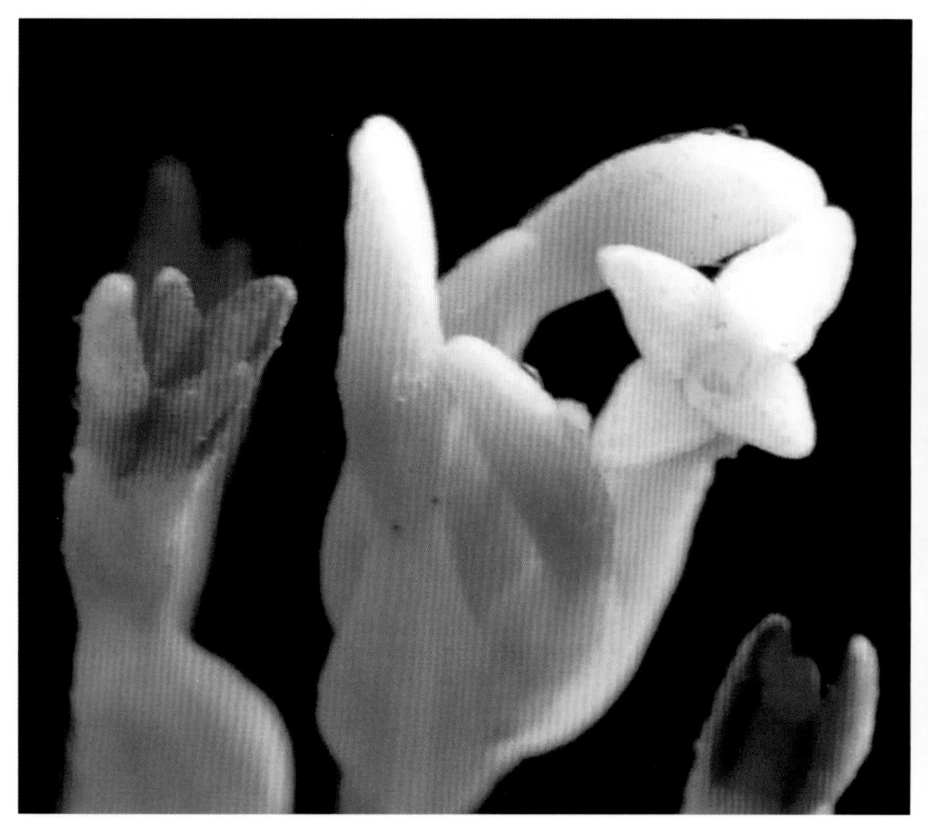

▲草瑞香花

▲草瑞香果实

草瑞香属 *Diarthron* Turcz.

草瑞香 *Diarthron linifolium* Turcz.

别　　名　粟麻　元棍条

药用部位　瑞香科草瑞香的根皮及茎皮。

原 植 物　一年生草本，高 10 ~ 40 cm，多分枝，扫帚状，小枝纤细，茎下部淡紫色。叶互生，散生于小枝上，草质，线形至线状披针形或狭披针形，长 7 ~ 15 mm，宽 1 ~ 3 mm，先端钝圆形，基部楔形或钝形，边缘全缘，微反卷。花绿色，顶生总状花序；无苞片；花梗短，长约 1 mm，顶端膨大，花萼筒细小，筒状，长 2.2 ~ 3.0 mm，裂片 4，卵状椭圆形，长约 0.8 mm，渐尖，直立或微开展；雄蕊 4 枚，一轮，着生于花萼筒中部以上，不伸出，花丝长约 0.5 mm，花药极小，宽卵形；花盘不明显；子房具柄，椭圆形，无毛，长约 0.8 mm，花柱纤细，长 0.8 ~ 1.0 mm，柱头棒状略膨大。花期 5—7 月，果期 6—8 月。

生　　境　生于石砾质地、沙质荒地、干燥山坡及灌丛中等处。

分　　布　黑龙江安达、泰来、肇东、肇源、大庆市区、杜尔伯特等地。吉林通榆、镇赉、洮南、大安、前郭、长岭、双辽、梅河口等地。辽宁本溪、桓仁、凤城、鞍山、瓦房店、长海、建平、建昌、凌源等地。内蒙古克什克腾旗、林西等地。河北、山西、陕西、甘肃、新疆、江苏。俄罗斯（西伯利亚）。

采　　制　秋季采挖根，剥取根皮，晒干。秋季采收全草，剥取茎皮，晒干。

性味功效　有活血止痛的功效。

主治用法　用于风湿痛等。

用　　量　适量。

◎参考文献◎

[1] 中国药材公司．中国中药资源志要 [M]．北京：科学出版社，1994: 755.

[2] 江纪武．药用植物辞典 [M]．天津：天津科学技术出版社，2005: 260.

▲草瑞香植株

▲狼毒植株

▲狼毒花序（黄色）

▲狼毒花序

狼毒属 *Stellera* L.

狼毒 *Stellera chamaejasme* L.

别　　名　棉大戟　瑞香狼毒

俗　　名　火柴头花　洋火头花　红狼毒　断肠草　一把香　软条　红火柴头花

药用部位　瑞香科狼毒的根及全草。

原 植 物　多年生草本，高 20 ~ 50 cm；茎丛生，不分枝。叶散生，长圆状披针形，长 12 ~ 28 mm，宽 3 ~ 10 mm，先端渐尖或急尖，基部圆形至钝形或楔形，全缘，中脉在上面扁平，侧脉 4 ~ 6 对；叶柄短，基部具关节。花白色、黄色至带紫色，芳香，多花的头状花序顶生，圆球形；具绿色叶状总苞片；无花梗；花萼筒细瘦，长 9 ~ 11 mm，具明显纵脉，裂片 5，卵状长圆形，长 2 ~ 4 mm，宽约 2 mm，顶端圆形，常具紫红色的网状脉纹；雄蕊 10，2 轮，花药微伸出，花丝极短，花药黄色，线状椭圆形；花盘一侧发达，线形；子房椭圆形，花柱短，柱头头状，顶端微被黄色柔毛。花期 6—7 月，果期 8—9 月。

生　境　生于干燥而向阳的高山草坡、草坪及河滩台地等处。

分　布　黑龙江黑河、安达、泰来、肇东、肇源、大庆市区、杜尔伯特等地。吉林通榆、镇赉、洮南、大安、前郭、长岭、双辽、梅河口等地。辽宁建平、彰武等地。内蒙古额尔古纳、牙克石、阿尔山、通辽、赤峰、锡林郭勒盟等地。华北、西北、西南。蒙古、俄罗斯（西伯利亚中东部）。

采　制　春、秋季采挖根，除去泥土，切段，洗净，晒干。夏、秋季采收全草，切段，洗净，阴干。

性味功效　味辛、苦，性平。有大毒。有散结、逐水、止痛、杀虫的功效。

主治用法　用于水气肿胀、淋巴结结核、疥癣、皮肤结核、皮肤顽固性溃疡、骨结核等。煎水洗或研粉敷患处。

用　量　1.0 ~ 1.5 g。

附　注　本品有大毒，中毒则腹痛、腹泻、里急后重，孕妇可致流产。冲捣时须戴口罩，否则易引起过敏性皮炎。

◎参考文献◎

[1] 江苏新医学院．中药大辞典（下册）[M]．上海：上海科学技术出版社，1977: 1898-1900.

[2] 朱有昌．东北药用植物 [M]．哈尔滨：黑龙江科学技术出版社，1989: 760-761.

[3] 《全国中草药汇编》编写组．全国中草药汇编（上册）[M]．北京：人民卫生出版社，1975: 699.

▲狼毒花蕾

▲狼毒植株（花黄色）

▼狼毒植株（花白色）

▼狼毒植株（侧）

▲狼毒群落

▲沙枣植株

▼沙枣花

▼沙枣坚果

胡颓子科 Elaeagnaceae

本科共收录 2 属、4 种。

胡颓子属 *Elaeagnus* L.

沙枣 *Elaeagnus angustifolia* L.

别　　名　银柳胡颓子　桂香柳

俗　　名　银柳　沙枣子　红豆　金铃花　七里香

药用部位　胡颓子科沙枣的果实及树皮。

原 植 物　落叶乔木或小乔木，高 5 ~ 10 m，无刺或具刺，刺长 30 ~ 40 mm，棕红色，发亮；幼枝密被银白色鳞片，老枝鳞片脱落，红棕色，光亮。叶线状披针形，长 3 ~ 7 cm，宽 1.0 ~ 1.3 cm，全缘；叶柄纤细，银白色。花银白色，密被银白色鳞片，芳香，常 1 ~ 3 花簇生于新枝基部最初 5 ~ 6 片叶的叶腋；花梗长 2 ~ 3 mm；萼筒钟形，在子房

▲沙枣枝条（花期）

上骤收缩，裂片宽卵形或卵状矩圆形，长 3 ~ 4 mm，顶端钝渐尖；雄蕊几无花丝，花药淡黄色，矩圆形，长 2.2 mm；花柱直立，上端甚弯曲；花盘明显，圆锥形，包围花柱的基部。果实椭圆形，粉红色，密被银白色鳞片；果梗短，粗壮。花期 5—6 月，果期 9—10 月。

生　　境　生于干涸河床地或山坡、多砾石或沙质土壤上。

分　　布　内蒙古科尔沁右翼前旗、克什克腾旗等地。河北、山西、河南、陕西、甘肃、宁夏、新疆、青海。俄罗斯、蒙古、印度。亚洲西部、地中海沿岸。

采　　制　秋季采收成熟果实，洗净鲜用，或干燥备用。四季剥取树皮，刮去外层老皮，留下内皮，晒干备用。

性味功效　树皮：味酸、微苦、涩，性凉。有清热凉血、收敛止痛的功效。果实：味酸、微甘、涩，性平。有强壮、镇静、健胃、固精、止泻、调经、利尿的功效。

主治用法　树皮：用于慢性气管炎、胃痛、肠炎、白带异常、烧烫伤、外伤出血等。水煎服。外用煎浓汁涂患处。果实：用于消化不良、胃痛、腹泻、身体虚弱、肺热咳嗽等。水煎服。

用　　量　树皮：15 ~ 25 g。外用适量。果实：25 ~ 50 g。

附　　方

（1）白带异常：沙枣树皮 25 g。水煎服。

▲沙枣花（侧）

▲沙枣枝条（果期）

▲沙枣居群

▲沙枣果实 （黄色）

（2）烧烫伤：沙枣树皮 200 g，黄檗 50 g。加水 1500 ml 煎至 300 ml，过滤，用药液喷洒或湿敷创面。每日 1 ~ 2 次。

（3）外伤出血：沙枣树皮适量。研粉外敷。

附　注　花入药，可治疗慢性支气管炎。茎枝胶汁干燥品可治疗骨折。

◎参考文献◎

［1］江苏新医学院．中药大辞典（上册）[M]．上海：上海科学技术出版社，1977: 1162，1164．

［2］《全国中草药汇编》编写组．全国中草药汇编（上册）[M]．北京：人民卫生出版社，1975: 396．

［3］中国药材公司．中国中药资源志要 [M]．北京：科学出版社，1994: 758．

▼沙枣果实（橙红色）

▲牛奶子枝条（花期）

▲牛奶子果实

▲牛奶子花

牛奶子 *Elaeagnus umbellata* Thunb.

别　　名　秋胡颓子　伞花胡颓子　阳春子

俗　　名　野樱桃　羊母奶子　灰枣树　灰枣　沙枣

药用部位　胡颓子科牛奶子的根、叶及果实。

原 植 物　落叶灌木，高 1 ~ 4 m，具长 1 ~ 4 cm 的刺；小枝多分枝，芽银白色或褐色至锈色。叶纸质或膜质，卵状椭圆形，长 3 ~ 8 cm，宽 1.0 ~ 3.2 cm，顶端渐尖，基部圆形，全缘或皱卷至波状；叶柄白色，长 5 ~ 7 mm。花较叶先开放，黄白色，芳香，1 ~ 7 花簇生于新枝基部，单生或成对生于幼叶腋；花梗白色，长 3 ~ 6 mm；萼筒圆筒状漏斗形，在裂片下面扩展，向基部渐窄狭，在子房上略收缩，裂片卵状三角形，长 2 ~ 4 mm，顶端钝尖；雄蕊的花丝极短，长约为花药的一半，花药矩圆形；花柱直立，柱头侧生。果实几球形或卵圆形，成熟时红色；果梗直立，粗壮。花期 5—6 月，果期 9—10 月。

生　　境　生于向阳的林缘、灌丛中、荒坡上及沟边等处。

分　　布　辽宁大连市区、长海、葫芦岛、丹东、桓仁等地。华北、华东、西南。陕西、宁夏、甘肃、青海、湖北、湖南等。朝鲜、日本、印度。

采　　制　春、夏、秋三季采挖根，除去泥土，洗净，晒干。春季采摘叶，除去杂质，洗净，晒干。秋季采收成熟果实，洗净鲜用，或干燥备用。

性味功效 味酸、苦，性凉。有清热止咳、利湿解毒的功效。

主治用法 用于肺热咳嗽、泄泻、痢疾、淋病、带下、崩漏、麻疹、乳痈、疔疮等。水煎服。外用鲜叶捣烂敷患处。

用　　量 根：6 ~ 10 g。叶：3 ~ 6 g。外用适量。果实：15 ~ 30 g。外用适量。

附　　方

（1）治水泻：牛奶子根 40 g。水煎服。或用果 7.5 g，捣烂，兑红糖用开水冲服。

（2）治痢疾：牛奶子 7.5 g，马齿苋 7.5 g。水煎服。或用伞花胡颓子叶 7.5 g，大蒜一小头，水煎服。

（3）治干咳：牛奶子 50 g，半夏 5 g，沙参 25 g。水煎兑蜂蜜服。

（4）治淋病：牛奶子根 15 ~ 25 g。水煎服。

（5）治崩带：牛奶子根 25 ~ 50 g。水煎服，或煮鸡蛋食。

（6）治乳痈：牛奶子根 100 g，银花 25 g，蒲公英 50 g。水煎服。

◎参考文献◎

[1] 江苏新医学院．中药大辞典（上册）[M]．上海：上海科学技术出版社，1977: 422.

[2] 朱有昌．东北药用植物 [M]．哈尔滨：黑龙江科学技术出版社，1989: 760-762.

[3] 钱信忠．中国本草彩色图鉴（第一卷）[M]．北京：人民卫生出版社，2003: 679.

▲牛奶子树干

牛奶子枝条（果期）▶

▼牛奶子植株

▲木半夏植株

▲木半夏树干

▲木半夏花序（侧）

木半夏 *Elaeagnus multiflora* Thunb.

别　　名　多花胡颓子

药用部位　胡颓子科木半夏的果实、根、根皮及叶。

原 植 物　落叶灌木，高 2 ~ 3 m。叶膜质或纸质，椭圆形或卵形至倒卵状阔椭圆形，长 3 ~ 7 cm，宽 1.2 ~ 4.0 cm，顶端钝尖或骤渐尖，基部钝形，全缘，侧脉 5 ~ 7 对；叶柄锈色，长 4 ~ 6 mm。花白色，常单生于新枝基部叶腋；花梗纤细，长 4 ~ 8 mm；萼筒圆筒形，长 5.0 ~ 6.5 mm，在裂片下面扩展，在子房上收缩，裂片宽卵形，长 4 ~ 5 mm，顶端圆形或钝形，内面具极少数白色星状短柔毛，包围子房的萼管卵形，深褐色，长约 1 mm；雄蕊着生花萼筒喉部稍下面，花丝极短，花药细小，矩圆形，花柱直立，微弯曲，稍伸出萼筒喉部，长不超过雄蕊。果实椭圆形，密被锈色鳞片，成熟时红色。花期 5 月，果期 6—7 月。

生　　境　生于山坡、林缘及路旁等处。

分　　布　辽宁大连。河北、山东、浙江、安徽、江西、福建、陕西、湖北、四川、贵州。日本。

采　　制　秋季采收成熟果实，洗净鲜用或干燥备用。春、夏、秋三季采挖根，除去泥土，洗净，晒干。夏、

▲木半夏枝条

秋季采摘叶，除去杂质，晒干。

性味功效 果实：味酸、涩，性温。有活血行气、收敛的功效。根及根皮：味淡、涩，性微温。有活血、行气、补虚损的功效。叶：味淡、涩，性微温。有活血、行气、补虚损的功效。

主治用法 果实：用于咳嗽气喘、疥癣、痢疾、痔疮、跌打损伤等。水煎服。外用鲜叶捣烂敷患处。根及根皮：用于跌打损伤、痔疮、疮疽肿毒等。水煎服。外用煎水洗。叶用于跌打损伤、痢疾、哮喘。水煎服。外用捣烂敷患处。

用　　量 果实：15 ~ 25 g。外用适量。根及根皮：15 ~ 40 g。外用适量。叶：15 ~ 40 g。外用适量。

附　　方 治跌打损伤、关节神经痛：木半夏果实 15 ~ 40 g。水煎服。

▲木半夏花序

◎参考文献◎

[1] 江苏新医学院．中药大辞典（上册）[M]．上海：上海科学技术出版社，1977: 361-362，371.

[2] 钱信忠．中国本草彩色图鉴（第一卷）[M]．北京：人民卫生出版社，2003: 423-424.

[3] 中国药材公司．中国中药资源志要[M]．北京：科学出版社，1994: 760.

▲中国沙棘群落

沙棘属 *Hippophae* L.

中国沙棘 *Hippophae rhamnoides* subsp. *sinensis* Rous

别　　名　醋柳　沙棘

俗　　名　酸刺　黑刺

药用部位　胡颓子科中国沙棘的干燥果实（入药称“醋柳果”）。

原 植 物　落叶灌木或乔木，高 1 ~ 5 m，棘刺较多，粗壮；嫩枝褐绿色，密被银白色带褐色鳞片，老枝灰黑色，粗糙；芽大，金黄色或锈色。单叶近对生，与枝条着生相似，纸质，狭披针形或矩圆状披针形，长 30 ~ 80 mm，宽 4 ~ 13 mm，两端钝形，基部最宽，上面绿色，初被白色盾形毛或星状柔毛，下面银白色或淡白色，被鳞片，无星状毛；叶柄极短，几无或长 1.0 ~ 1.5 mm。花先叶开放，雌雄异株；短总状花序腋生于头年枝，花小，淡黄色，花被 2 裂；雄花花序轴常脱落，雄蕊 4；雌花比雄花后开放，具短梗，花被筒囊状，顶端 2 列。果实圆球形，橙黄色或橘红色。花期 5 月，果期 9—10 月。

生　　境　生于山坡、沟谷、沙丘、多砾石或沙质土壤上。

▲中国沙棘花

▲中国沙棘枝条（花期）

分　布　吉林珲春。辽宁建平。内蒙古克什克腾旗、西乌珠穆沁旗、正蓝旗、镶黄旗、正镶白旗等地。河北、山西、陕西、四川、甘肃、青海。朝鲜、俄罗斯（西伯利亚）、蒙古、印度、伊朗。欧洲。

采　制　秋季采摘成熟果实，除去杂质，洗净，晒干。

性味功效　味酸、涩，性温。有止咳化痰、消食化滞、活血散瘀的功效。

主治用法　用于咳嗽痰多、气管炎、肺结核、肺脓肿、咽喉肿痛、消化不良、胃痛、胃溃疡、食积腹痛、

▲中国沙棘植株

▲中国沙棘枝条（果期）

▲市场上的中国沙棘果实

▲中国沙棘种子

▲中国沙棘果实（橙色）

▲中国沙棘果实（红色）

月经不调、经闭、跌打损伤等。水煎服。

用　　量　15 ~ 25 g。

附　　注　本品为《中华人民共和国药典》（2020 年版）收录的药材。

◎参考文献◎

[1] 江苏新医学院．中药大辞典（下册）[M]．上海：上海科学技术出版社，1977: 2602.

[2] 中国药材公司．中国中药资源志要 [M]．北京：科学出版社，1994: 761.

[3] 江纪武．药用植物辞典 [M]．天津：天津科学技术出版社，2005: 394.

▲吉林省三岔子林业局龙湾林场四海龙湾湿地秋季景观

▲双花堇菜植株

▼双花堇菜花

堇菜科 Violaceae

本科共收录 1 属、18 种、1 变种、1 变型。

堇菜属 *Viola* L.

双花堇菜 *Viola biflora* L.

别　　名　短距堇菜　双花黄堇菜　孪生堇菜

药用部位　堇菜科双花堇菜的全草。

原 植 物　多年生草本。地上茎较细弱，高 10 ~ 25 cm，簇生，具节 3 ~ 5。基生叶 2 至数枚，具长 4 ~ 8 cm 的长柄，叶片肾形，长 1 ~ 3 cm，宽 1.0 ~ 4.5 cm，边缘具钝齿；茎生叶具短柄，叶片较小；托叶与叶柄离生。花黄色或淡黄色，在开花末期有时变淡白色；花梗细弱，长 1 ~ 6 cm，上部有 2 枚披针形小苞片；萼片线状披针形或披针形，长 3 ~ 4 mm，先端急尖，基部附属物极短，具膜质缘；花瓣长圆状倒卵形，长 6 ~ 8 mm，具紫色脉纹，下方花瓣连距长约 1 cm；距短筒状，长 2.0 ~ 2.5 mm；下方雄蕊之距呈短角状；花柱棍棒状，基部微膝屈，上半部 2 深裂，裂片斜展。花期 6—7 月，果期 8—9 月。

生　　境　生于暗针叶林和岳桦林的草地、林缘、林下及高山冻原带上。

分　　布　黑龙江尚志、五常等地。吉林长白、抚松、安图、敦化等地。内蒙古牙克石、扎兰屯、阿尔山、科尔沁右翼前旗、东乌珠穆沁旗等地。河北、山西、陕西、山东、台湾、河南、四川、甘肃、青海、云南、新疆、西藏。朝鲜、俄罗斯、日本、印度、马来西亚。喜马拉雅山地区、欧洲、北美洲。

采　　制　花果期采收全草，除去杂质，洗净，鲜用或晒干。

性味功效　味苦，性寒。有祛瘀消肿、止血的功效。

主治用法　用于跌打损伤、瘀血肿痛、吐血、血滞经闭、月经不调、创伤、骨折等。水煎服。外用鲜草捣烂敷患处。

用　　量　6 ~ 15 g。外用适量。

◎参考文献◎

[1] 钱信忠. 中国本草彩色图鉴（第一卷）[M]. 北京：人民卫生出版社，2003: 635-636.

[2] 中国药材公司. 中国中药资源志要 [M]. 北京：科学出版社，1994: 765-766.

[3] 江纪武. 药用植物辞典 [M]. 天津：天津科学技术出版社，2005: 851.

▼双花堇菜果实

▲东方堇菜群落

▼东方堇菜花（侧）

▼东方堇菜果实

东方堇菜 *Viola orientalis*（Maxim.）W. Beck.

别　　名　黄花堇菜 小堇菜

药用部位　堇菜科东方堇菜的全草。

原 植 物　多年生草本。地上茎直立，高 6 ~ 10 cm。基生叶卵形，长 2 ~ 4 cm，宽 1.5 ~ 3.0 cm，叶柄长 3 ~ 10 cm；茎生叶 3 或 4 枚，上方 2 枚具短柄，呈对生状，下方 1 枚叶柄较长，长 1 ~ 5 cm，与上方叶疏离，托叶小，仅基部与叶柄合生，分离部分卵形，长 1 ~ 2 mm，全缘或疏生细锯齿。花黄色，直径约 2 mm，通常 1 ~ 3，生于茎生叶叶腋；花梗长 1 ~ 3 cm；小苞片 2，小型，位于花梗上部，通常对生；萼片披针形或长圆状披针形，长 5 ~ 7 mm，先端尖；花瓣倒卵形，上方花瓣与侧方花瓣向外翻转，上方花瓣里面有暗紫色纹，下方花瓣较短，连距长 10 ~ 15 mm；具囊状短距。花期 4—5 月，果期 5—6 月。

生　　境　生于山地疏林下、林缘、灌丛及山坡草地等处。

分　　布　黑龙江尚志、五常等地。吉林通化、集安、安图、汪清、珲春等地。辽宁丹东市区、凤城、东港、本溪、庄河等地。朝鲜、俄罗斯（西伯利亚中东部）、日本。

▲东方堇菜植株

采　　制　花果期采收全草，除去杂质，洗净，鲜用或晒干。

性味功效　味苦，性寒。有清热解毒、凉血消肿的功效。

主治用法　用于疔疮、痈肿、丹毒、目赤咽肿、喉痹、乳腺炎、腮腺炎、阑尾炎、黄疸性肝炎、肠炎、痢疾、麻疹热毒、结膜炎、前列腺炎、淋巴结结核、化脓性感染、毒蛇咬伤及跌打损伤等。水煎服。外用鲜草捣烂敷患处。阳虚者忌服，阴疽者忌用。

▲东方堇菜花

▲东方堇菜植株（侧）

用　　量　15 ~ 50 g。外用适量。

◎参考文献◎

[1] 中国药材公司．中国中药资源志要 [M]．北京：科学出版社，1994: 771.

[2] 江纪武．药用植物辞典 [M]．天津：天津科学技术出版社，2005: 852.

▲奇异堇菜植株

奇异堇菜 *Viola mirabilis* L.

别　　名　伊吹堇菜

药用部位　堇菜科奇异堇菜的全草。

原 植 物　多年生草本，高 6 ~ 23 cm。茎直立，中部通常仅 1 枚叶片，上部密生叶片。叶片宽心形，长 3 ~ 5 cm，宽 4 ~ 6 cm，边缘具浅圆齿，在花期两侧常内卷；基生叶柄长 5 ~ 15 cm，茎生叶的叶柄长短不等；托叶大，卵形，上部者宽披针形，长 0.8 ~ 1.7 cm，茎生叶者披针形。花较大，淡紫色或紫堇色，生于基生叶叶腋者通常不结实，生于茎生叶叶腋之花结实；萼片长圆状披针形；花瓣倒卵形，下瓣连距长达 2 cm；距较粗，长约 5 mm，通常向上弯，稀直，末端钝；花柱基部近直立或微向前曲，上部稍增粗，顶端微弯具短喙，无乳头状突起，喙端微向上吸，柱头孔较狭。花期 5—6 月，果期 7—8 月。

生　　境　生于阔叶林或针阔混交林下、林缘、山地灌丛及草坡等处。

分　　布　黑龙江呼玛、尚志、五常、东宁、虎林等地。吉林通化、集安、柳河、辉南、九台等地。辽宁本溪、桓仁、凤城、沈阳等地。内蒙古额尔古纳、根河、陈巴尔虎旗、牙克石、鄂伦春旗、阿尔山等地。甘肃。朝鲜、俄罗斯、日本。欧洲。

采　　制　花果期采收全草，除去杂质，洗净，鲜用或晒干。

性味功效　味苦，性寒。有清热解毒、凉血消肿的功效。

主治用法　用于疔疮、痈肿、丹毒、目赤咽肿、喉痹、乳腺炎、腮腺炎、阑尾炎、黄疸性肝炎、肠炎、痢疾、麻疹热毒、结膜炎、前列腺炎、淋巴结结核、化脓性感染、毒蛇咬伤及跌打损伤等。水煎服。外用

▲奇异堇菜果实

鲜草捣烂敷患处。阳虚者忌服，阴疽者忌用。

用　　量　15 ~ 50 g。外用适量。

◎参考文献◎

[1] 中国药材公司. 中国中药资源志要 [M]. 北京：科学出版社，1994: 771.

[2] 江纪武. 药用植物辞典 [M]. 天津：天津科学技术出版社，2005: 852.

▼奇异堇菜花(侧)

▲鸡腿堇菜幼苗

鸡腿堇菜 *Viola acuminata* Ledeb.

别　　名　胡森堇菜

俗　　名　鸡腿菜 鸡蹬菜 鸽子腿 鸡裤腿 夹皮草

药用部位　堇菜科鸡腿堇菜的叶（入药称“走边疆”）。

原 植 物　多年生草本，通常无基生叶。茎直立，通常2～4条丛生，高10～40 cm。叶片卵状心形，长1.5～5.5 cm，宽1.5～4.5 cm，叶柄下部者长达6 cm，上部者较短；托叶叶状，通常羽状深裂呈流苏状。花淡紫色或近白色，具长梗；花梗细，通常均超出叶；萼片线状披针形，长7～12 mm，宽1.5～2.5 mm，外面3片较长而宽，先端渐尖；花瓣有褐色腺点，上方花瓣与侧方花瓣近等长，下瓣里面常有紫色脉纹；距通常直，长1.5～3.5 mm，呈囊状，末端钝；下方2枚雄蕊之距短而钝；子房圆锥状，花柱基部微向前膝屈，先端具短喙，喙端微向上噘，具较大的柱头孔。花期5—6月，果期7—8月。

生　　境　生于山坡、林缘、草地、灌丛及河谷湿地等处。

▲鸡腿堇菜种子

▲鸡腿堇菜植株

▲鸡腿堇菜果实

▲鸡腿堇菜花（蓝色）

▲鸡腿堇菜幼株

▲鸡腿堇菜花（背）

▲鸡腿堇菜花

分　　布　黑龙江哈尔滨、伊春、牡丹江、黑河、鸡西、七台河、漠河、呼玛等地。吉林长白山各地及长春、长岭等地。辽宁丹东市区、凤城、宽甸、本溪、桓仁、抚顺、新宾、清原、西丰、开原、沈阳、鞍山市区、岫岩、海城、盖州、庄河、朝阳、北镇、凌源、建昌等地。内蒙古额尔古纳、牙克石、鄂伦春旗、扎兰屯、阿尔山、科尔沁右翼前旗、东乌珠穆沁旗等地。河北、山西、山东、江苏、安徽、浙江、河南、陕西、甘肃。朝鲜、俄罗斯（西伯利亚）、日本。

采　　制　夏、秋季采摘叶，除去杂质，洗净，晒干。

性味功效　味淡，性寒。有清热解毒、消肿止痛的功效。

主治用法　用于肺热咳嗽、跌打肿痛、疮疖肿毒等。水煎服。外用鲜品捣烂敷患处。

用　　量　15 ~ 25 g。外用适量。

◎参考文献◎

[1] 江苏新医学院. 中药大辞典（上册）[M]. 上海：上海科学技术出版社，1977: 1087.
[2] 朱有昌. 东北药用植物 [M]. 哈尔滨：黑龙江科学技术出版社，1989: 749-750.
[3] 中国药材公司. 中国中药资源志要 [M]. 北京：科学出版社，1994: 765.

▲库页堇菜植株

库页堇菜 *Viola sacchalinensis* De Boiss.

药用部位　堇菜科库页堇菜的全草。

原 植 物　多年生草本，高可达 20 余厘米。叶片心形，长与宽均为 1.0 ~ 2.5 cm，边缘具钝锯齿；叶柄细，下部者长 4.5 cm，上部者较短；托叶卵状披针形，长 0.8 ~ 1.0 cm，宽 2 ~ 4 mm，边缘密生流苏状细齿。花淡紫色，生于茎上部叶的叶腋，具长梗；花梗超出叶，长达 5.5 cm，中部以上靠近花处有 2 枚线形苞片；萼片披针形，长约 5 mm，先端渐尖；侧瓣长圆状，下瓣连距长 1.3 ~ 1.6 cm，距较短，长约 3 mm，平伸或稍向上弯；子房无毛，常有腺点，花柱基部稍向前方膝屈，向上渐增粗，呈棍棒状，由顶部至喙端有乳头状附属物；喙呈钩状，喙端具向上倾斜且较大的柱头孔。花期 6—7 月，果期 8—9 月。

生　　境　生于山地林下、林缘及高山苔原带上。

分　　布　黑龙江塔河、呼玛、虎林、密山等地。吉林长白、抚松、安图、和龙、临江等地。内蒙古额尔古纳、根河、牙克石、鄂伦春旗、科尔沁右翼前旗等地。朝鲜、俄罗斯（西伯利亚中东部）、日本。

▲库页堇菜花

▲库页堇菜花（背）

▲库页堇菜幼株

采　　制　花果期采收全草，除去杂质，洗净，鲜用或晒干。

性味功效　有清热解毒的功效。

主治用法　用于黏膜炎。水煎服。

用　　量　适量。

附　　注　在东北尚有 1 变种：

高山库页堇菜 var. *alpicola* P. Y. Fu. et Y. C. Teng，植株矮小，高 4 ~ 7 cm；根状茎较粗而长，长 3 ~ 7 cm，粗 8 mm；侧瓣无毛，柱头面上无乳头状毛。

◎参考文献◎

[1] 江纪武．药用植物辞典 [M]．天津：天津科学技术出版社，2005: 853.

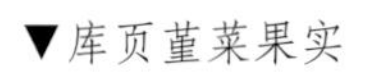

▼库页堇菜果实

▲高山库页堇菜植株

▲库页堇菜居群

▲库页堇菜花（侧）

▼库页堇菜植株（侧）

▲裂叶堇菜花

▲裂叶堇菜植株

裂叶堇菜 *Viola dissecta* Ledeb.

别　　名　深裂叶堇菜

俗　　名　疔毒草

药用部位　堇菜科裂叶堇菜的全草（入药称“疔毒草”）。

原 植 物　多年生草本，无地上茎，花期高 3 ~ 17 cm，果期高 4 ~ 34 cm。基生叶叶片轮廓呈圆形、肾形或宽卵形，长 1.2 ~ 9.0 cm，宽 1.5 ~ 10.0 cm，两侧裂片具短柄，常 2 深裂，中裂片 3 深裂，裂片线形；托叶近膜质，约 2/3 以上与叶柄合生。花较大，淡紫色至紫堇色；花梗通常与叶等长或稍超出叶，果期通常比叶短；萼片卵形、长圆状卵形或披针形，长 4 ~ 7 mm；上方花瓣长倒卵形，长 8 ~ 13 mm，侧方花瓣长圆状倒卵形，长 7 ~ 10 mm，下方花瓣连距长 1.4 ~ 2.2 cm；距明显，圆筒形；花药下方雄蕊之距细长，长 3 ~ 5 mm；子房卵球形，花柱棍棒状，基部稍细并微向前方膝屈。花期 5—6 月，果期 8—9 月。

生　　境　生于林缘、灌丛、河岸及山坡等处。

分　　布　黑龙江塔河、呼玛、虎林等地。吉林长白、抚松、安图、集安、通化、梨树、通榆、镇赉、洮南、长岭、前郭等地。辽宁丹东市区、宽甸、凤城、东港、本溪、桓仁、新宾、开原、西丰、岫岩、庄河、盖州、大连市区、沈阳、北镇、凌源等地。内蒙古根河、陈巴尔虎旗、牙克石、扎兰屯、科尔沁右翼前旗、东乌珠穆沁旗、西乌珠穆沁旗等地。河北、山西、陕西、山东、浙江、四川、甘肃、西藏。朝鲜、俄罗斯（西伯利亚）、蒙古。亚洲（中部）。

▲裂叶堇菜果实

采　　制　花果期采收全草，除去杂质，洗净，鲜用或晒干。

性味功效　味苦，性寒。有清热解毒、消肿散结的功效。

主治用法　用于毒蛇咬伤、无名肿毒、疮疖、淋浊、白带异常、肾炎等。水煎服。外用鲜草捣烂敷患处。

用　　量　15 ~ 25 g。外用适量。

▲裂叶堇菜花（侧）

附　　方

（1）治各种疮毒、疖肿：裂叶堇菜鲜草适量，白矾少许，共捣如泥，敷患处（吉林西部地区民间方）。

（2）治麻疹热毒：裂叶堇菜 15 g，金银花 15 g。水煎，日服 2 次。

（3）治无名肿毒：裂叶堇菜鲜草捣汁。每次 1 酒杯，日服 2 次。

（4）治白带异常：裂叶堇菜配仙鹤草、龙葵炖肉吃。

◎参考文献◎

[1] 江苏新医学院．中药大辞典（上册）[M]．上海：上海科学技术出版社，1977: 1159-1160.

[2] 朱有昌．东北药用植物 [M]．哈尔滨：黑龙江科学技术出版社，1989: 754-756.

[3] 钱信忠．中国本草彩色图鉴（第五卷）[M]．北京：人民卫生出版社，2003: 61-62.

南山堇菜 *Viola chaerophylloides* (Regel) W. Beck.

别　　名　胡堇草　胡堇菜　细芹叶堇

药用部位　堇菜科南山堇菜的全草。

原 植 物　多年生草本，无地上茎，花期高 4 ~ 20 cm，果期高可达 30 cm。基生叶 2 ~ 6，具长柄；叶片 3 全裂，裂片具明显的短柄，侧裂片 2 深裂，中央裂片 2 ~ 3 深裂，最终裂片变异幅度较大，卵状披针形、披针形、长圆形、线状披针形，边缘具不整齐的缺刻状齿或浅裂，有时深裂，先端钝或尖；托叶膜质。花较大，花径 2.0 ~ 2.5 cm，白色、乳白色或淡紫色，有香味；花梗通常呈淡紫色；小苞片线形或线状披针形；萼片长圆状卵形或狭卵形，长 10 ~ 14 mm；花瓣宽倒卵形，上方花瓣长 13 ~ 15 mm，侧方花瓣长约 15 mm，下方花瓣有紫色条纹，连距长 16 ~ 20 mm；距长而粗。花期 5—6 月，果期 7—8 月。

生　　境　生于山地阔叶林下或林缘、溪谷阴湿处、阳坡灌丛及草坡等处。

分　　布　吉林通化、集安等地。辽宁本溪、宽甸、凤城、鞍山、庄河、大连市区等地。内蒙古翁牛特旗。河北、山西、陕西、山东、江苏、安徽、浙江、江西、河南、湖北、四川、甘肃、青海等。朝鲜、俄罗斯（西伯利亚中东部）、日本。

▲南山堇菜植株（前期）

▲南山堇菜花

▲南山堇菜花（侧）

▲南山堇菜植株（后期）

采　　制　花果期采收全草，除去杂质，洗净，鲜用或晒干。

性味功效　有清热、止血、止咳化痰的功效。

主治用法　用于风热咳嗽、气喘无痰、跌打肿痛、外伤出血等。水煎服。外用鲜草捣烂敷患处。

用　　量　适量。

◎参考文献◎

[1] 中国药材公司．中国中药资源志要 [M]．北京：科学出版社，1994: 766.

[2] 江纪武．药用植物辞典 [M]．天津：天津科学技术出版社，2005: 851.

▲南山堇菜种子

▲南山堇菜果实

▲球果堇菜植株（果期）

球果堇菜 *Viola collina* Bess.

别　　名　毛果堇菜 圆叶毛堇菜

俗　　名　山葫芦苗　大细辛　土细辛　山葫芦　山茄子

药用部位　堇菜科球果堇菜的全草(入药称“地核桃”)。

原 植 物　多年生草本，花期高 4 ~ 9 cm，果期高可达 20 cm。叶基生，呈莲座状；叶片宽卵形或近圆形，长 1.0 ~ 3.5 cm，宽 1 ~ 3 cm，果期叶片显著增大，长可达 8 cm，宽约 6 cm，基部心形；叶柄具狭翅，花期长 2 ~ 5 cm，果期长达 19 cm；花淡紫色，长约 1.4 cm，具长梗；萼片长圆状披针形或披针形，长 5 ~ 6 mm；花瓣基部微带白色，上方花瓣及侧方花瓣先端钝圆，侧方花瓣里面有须毛或近无毛；下方花瓣的距白色，较短，长约 3.5 mm，平伸而稍向上方弯曲，末端钝；子房被毛，花柱基部膝屈，向上渐增粗，常疏生乳头状突起，顶部向下方弯曲成钩状喙，喙端具较细的柱头孔。花期 5—6 月，果期 7—8 月。

▲球果堇菜果实（未全部开裂）

▲球果堇菜花

▲球果堇菜植株（花期）

▲球果堇菜果实（全部开裂）

球果堇菜种子▶

生　　境　生于林下、林缘、灌丛、草坡、沟谷及路旁较阴湿地等处。

分　　布　黑龙江尚志、五常、虎林、勃利、伊春、七台河等地。吉林长白山各地。辽宁本溪、桓仁、宽甸、凤城、庄河、鞍山、营口、沈阳等地。内蒙古扎兰屯、科尔沁右翼前旗、阿尔山、东乌珠穆沁旗等地。河北、山西、陕西、宁夏、山东、江苏、安徽、浙江、河南、四川、甘肃。朝鲜、俄罗斯（西伯利亚）、日本。欧洲。

采　　制　花果期采收全草，除去杂质，洗净，鲜用或晒干。

性味功效　味苦、涩，性凉。有清热解毒、消肿止痛、止血的功效。

主治用法　用于痈疽疮毒、肺痈、跌打损伤、刀伤出血等。水煎服。外用鲜品捣烂敷患处。

用　　量　15 ~ 25 g（鲜品 50 ~ 100 g）。外用适量。

附　　方

（1）治刀伤出血：球果堇菜捣烂敷患处。

（2）治跌打损伤：球果堇菜 15 ~ 25 g。捣汁兑温酒服，并取渣敷患处。

◎参考文献◎

[1] 江苏新医学院．中药大辞典（上册）[M]．上海：上海科学技术出版社，1977：823-824.

[2] 朱有昌．东北药用植物 [M]．哈尔滨：黑龙江科学技术出版社，1989：753-754.

[3] 中国药材公司．中国中药资源志要 [M]．北京：科学出版社，1994：766.

▲辽宁堇菜植株（侧）

▲辽宁堇菜花

辽宁堇菜 *Viola rossii* Hemsl. ex Forbes et Hemsl.

别　　名　洛氏堇菜　洛雪堇菜　庐山堇菜

俗　　名　地丁草

药用部位　堇菜科辽宁堇菜的全草。

原 植 物　多年生草本，无地上茎。叶基生，叶片宽卵形或近肾形，长 2 ~ 6 cm，宽 2 ~ 5 cm，耳部常向内卷，边缘有多数细锯齿；叶柄柔软，具极狭的翅，花后长可达 14 cm；花较大，淡紫色，具长梗；花梗与叶近等长，中部稍上处有 2 枚对生的披针形小苞片；萼片卵形或长圆状卵形，长约 7 mm，基部附属物短，末端钝或截形，具疏齿；花瓣倒卵形，侧方花瓣里面基部有少量须毛，下方花瓣匙形，连距长 1.8 ~ 2.0 cm；距囊状，长 3 ~ 4 mm，粗约 4 mm；下方 2 枚雄蕊之距较短，与花药近等长，长约 3 mm，粗约 1.5 mm，末端变细；花柱基部稍膝屈，顶部两侧具稍肥厚的缘边。花期 5—6 月，果期 7—8 月。

生　　境　生于阔叶林林下、山地灌丛间及山坡草地等处。

分　　布　吉林集安。辽宁丹东市区、凤城、本溪、岫岩、庄河等地。山东、江苏、安徽、浙江、江西、甘肃。朝鲜、日本。

采　　制　花果期采收全草，除去杂质，洗净，鲜用或晒干。

性味功效 味苦、辛，性凉。有清热解毒、止血的功效。

主治用法 用于疮疖肿毒、针眼、肺痨、毒蛇咬伤、外伤出血等。水煎服。外用鲜草捣烂敷患处。

用　　量 适量。

◎参考文献◎

[1] 中国药材公司. 中国中药资源志要[M]. 北京：科学出版社，1994: 769.

[2] 江纪武. 药用植物辞典 [M]. 天津：天津科学技术出版社，2005: 853.

▲辽宁堇菜花（侧）

▼辽宁堇菜植株

▲东北堇菜植株（花期）

东北堇菜 *Viola mandshurica* W. Beck.

▲东北堇菜花

▲东北堇菜花（背）

别　　名　紫花地丁

俗　　名　地丁　地丁草

药用部位　堇菜科东北堇菜的全草。

原 植 物　多年生草本，无地上茎，高 6 ~ 18 cm。基生叶 3 或 5；叶片长圆形，下部者呈狭卵形，长 2 ~ 6 cm，宽 0.5 ~ 1.5 cm，花期后叶片渐增大，呈长三角形，长可达 10 cm，宽达 5 cm，最宽处位于叶的最下部；叶柄长 2.5 ~ 8.0 cm，上部具狭翅。花紫堇色或淡紫色，较大，直径约 2 cm；花梗细长，通常在中部以下或近中部处具 2 枚线形苞片；萼片卵状披针形或披针形，长 5 ~ 7 mm；上方花瓣倒卵形，长 11 ~ 13 mm，侧方花瓣长圆状倒卵形，长 11 ~ 15 mm，下方花瓣连距长 15 ~ 23 mm，距圆筒形；雄蕊的药隔顶端附属物长约 1.5 mm；子房卵球形，花柱棍棒状，基部细而向前方膝屈。花期 5—6 月，果期 8—9 月。

生　　境　生于向阳山坡草地、林缘、灌丛、路旁、荒地及疏林地，常聚集成片生长。

分　　布　黑龙江伊春、齐齐哈尔、牡丹江、鸡西、七台河、大庆、黑河、加格达奇、漠河、呼玛、塔河、尚志、五常等地。吉林省各地。辽宁丹东市区、宽甸、凤城、东港、本溪、桓仁、新宾、西丰、开原、鞍山、岫岩、长海、庄河、大连市区、沈阳、北镇等地。内蒙古额尔

▲东北堇菜植株（果期）

▲白花东北堇菜花

▲东北堇菜果实

▲东北堇菜种子

古纳、根河、牙克石、扎兰屯、阿尔山等地。河北、山西、陕西、山东、台湾、甘肃。朝鲜、俄罗斯（西伯利亚中东部）、日本。

采　　制　花果期采收全草，除去杂质，洗净，鲜用或晒干。

性味功效　味苦、辛，性寒。有清热解毒、凉血消肿的功效。

主治用法　用于结膜炎、咽炎、黄疸性肝炎、淋巴结结核、疮疡肿毒、毒蛇咬伤等。水煎服。鲜草捣烂敷患处。

用　　量　干品 15 ~ 25 g。鲜品 50 ~ 100 g。外用适量。

附　　注　本区尚有 1 变型：

白花东北堇菜 f. *albiflora* P. Y. Fu et Y. C. Teng，花白色，花瓣有紫色脉。其他与原种同。

◎参考文献◎

[1]《全国中草药汇编》编写组. 全国中草药汇编 [M]（上册）. 北京：人民卫生出版社，1975: 837-839.

[2] 江纪武. 药用植物辞典 [M]. 天津：天津科学技术出版社，2005: 852.

▲紫花地丁植株

▲紫花地丁种子

紫花地丁 *Viola philippica* Cav.

别　　名　地丁　箭头草　辽堇菜　光瓣堇菜

俗　　名　地丁草　小角子花　山茄菜

药用部位　堇菜科紫花地丁的全草。

原 植 物　多年生草本，无地上茎，高 4 ~ 14 cm，果期高可达 20 cm。叶多数，基生，莲座状；叶片下部者通常较小，呈三角状卵形，上部者较长，呈长圆状卵形，长 1.5 ~ 4.0 cm，宽 0.5 ~ 1.0 cm；叶柄在花期通常长于叶片 1 ~ 2 倍，上部具极狭的翅，果期长可达 10 余厘米；托叶膜质。花中等大，紫堇色或淡紫色，稀呈白色，喉部色较淡并带有紫色条纹；萼片卵状披针形；花瓣倒卵形或长圆状倒卵形，侧方花瓣长 1.0 ~ 1.2 cm，下方花瓣连距长 1.3 ~ 2.0 cm，里面有紫色脉纹；距细管状，长 4 ~ 8 mm，末端圆；子房卵形，花柱棍棒状，比子房稍长，基部稍膝屈，柱头三角形，前方具短喙。花期 5—6 月，果期 8—9 月。

生　　境　生于山坡草地、灌丛、林缘、路旁及沙质地，常聚集成片生长。

▲紫花地丁果实（果皮开裂）

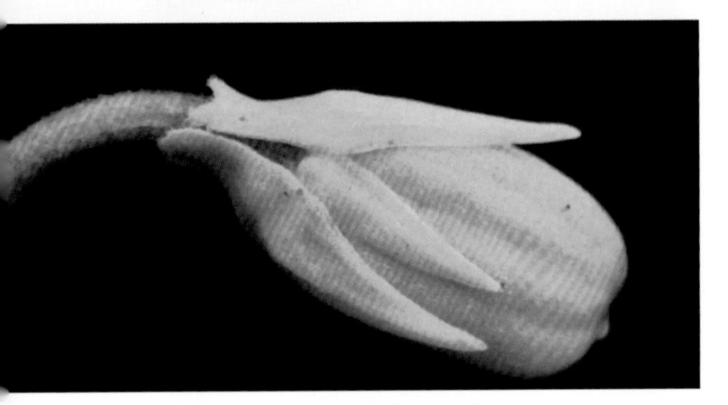

▲紫花地丁果实（果皮未开裂）

分　　布　黑龙江伊春、齐齐哈尔、牡丹江、鸡西、七台河、大庆、黑河、加格达奇、漠河、呼玛、塔河、尚志、五常等地。吉林省各地。辽宁丹东市区、宽甸、凤城、东港、本溪、桓仁、抚顺、新宾、西丰、开原、鞍山市区、岫岩、长海、庄河、大连市区、沈阳、阜新、北镇、凌源、建昌、建平、葫芦岛市区、彰武等地。内蒙古扎兰屯、阿尔山、科尔沁右翼前旗等地。河北、山西、陕西、山东、江苏、安徽、浙江、江西、福建、台湾、河南、湖北、湖南、广西、四川、贵州、甘肃、云南。朝鲜、俄罗斯（西伯利亚中东部）、日本。

采　　制　花果期采收全草，除去杂质，洗净，鲜用或晒干。

性味功效　味苦、辛，性寒。有清热解毒、凉血消肿的功效。

主治用法　用于疔疮、痈肿、丹毒、目赤咽肿、喉痹、乳腺炎、腮腺炎、阑尾炎、黄疸性肝炎、肠炎、痢疾、麻疹热毒、结膜炎、前列腺炎、淋巴结结核、化脓性感染、毒蛇咬伤、跌打损伤等。水煎服。外用鲜草捣烂敷患处。阳虚者忌服，阴疽者忌用。

用　　量　25 ~ 50 g（鲜品 100 ~ 150 g）。外用适量。

▼紫花地丁花（侧）

附　方

（1）治化脓性感染：紫花地丁、蒲公英、半边莲各 25 g。水煎服，药渣外敷。又方：鲜紫花地丁、鲜野菊花各 100 g。共捣汁分两次服，药渣敷患处。或鲜紫花地丁、鲜芙蓉花各等量，加食盐少许，共捣烂敷患处；同时，用鲜紫花地丁 100 ～ 150 g，水煎服。

（2）治眼结膜炎、喉炎：鲜紫花地丁 50 ～ 100 g。水煎服。

（3）治急性出血性坏死性小肠炎：紫花地丁、凤尾草、奇蒿、大血藤、地榆各 25 g，仙鹤草 50 g。腹痛加延胡索、乌药各 15 g；腹胀加枳壳 10 g，川朴、大黄各 15 g；体虚者加羊乳 25 g，大枣 7 个。

（4）治咽炎、眼结膜炎、疔疮肿毒：鲜紫花地丁 50 ～ 100 g。水煎服。

（5）治痈疽发背、诸无名肿：紫花地丁花三伏时收，以白面和成，盐醋浸一夜贴之。

（6）治乳腺炎并一切毒：蒲公英、紫花地丁各 400 g。以长流水洗净，用水熬汁去渣，再熬成膏摊贴。

（7）治黄疸内热：紫花地丁末，酒服 15 g。

（8）治小儿走马牙疳、溃烂腥臭：紫花地丁根适量。用新瓦焙，为末，擦患处。

（9）治毒蛇咬伤：鲜紫花地丁捣汁一杯，内服；药渣加雄黄少许，调敷患处。

（10）治化脓性感染、淋巴结结核：紫花地丁、野菊花鲜品各 100 g。共捣汁分 2 次服用，药渣外敷患处。

附　注　本品为《中华人民共和国药典》（2020 年版）收录的药材。

◎参考文献◎

[1] 江苏新医学院．中药大辞典（上册）[M]．上海：上海科学技术出版社，1977: 800-802.

[2] 朱有昌．东北药用植物 [M]．哈尔滨：黑龙江科学技术出版社，1989: 750-752.

[3] 《全国中草药汇编》编写组．全国中草药汇编（上册）[M]．北京：人民卫生出版社，1975: 837-839.

▼紫花地丁花

▲深山堇菜植株（侧）

▲深山堇菜花（侧）

深山堇菜 *Viola selkirkii* Pursh ex Gold

别　　名　一口血

药用部位　堇菜科深山堇菜的全草。

原 植 物　多年生草本，无地上茎和匍匐枝，高 5 ~ 16 cm。叶基生，呈莲座状；叶片心形或卵状心形，长 1.5 ~ 5.0 cm，宽 1.3 ~ 3.5 cm，果期长约 6 cm，宽约 4 cm，两侧垂片发达；叶柄长 2 ~ 7 cm；托叶淡绿色，1/2 与叶柄合生。花淡紫色，具长梗；花梗长 4 ~ 7 cm，通常在中部有 2 枚小苞片；小苞片线形，长 5 ~ 7 mm；萼片卵状披针形，长 6 ~ 7 mm；花瓣倒卵形，下方花瓣连距长 1.5 ~ 2.0 cm；距较粗，长 5 ~ 7 mm，粗 2 ~ 3 mm，末端圆、直或稍向上弯；子房无毛，花柱棍棒状，基部稍向前膝屈，上部明显增粗，柱头顶部平坦，两侧具窄缘边，前方具明显短喙，喙端具向上柱头孔。花期 5—6 月，果期 6—7 月。

生　　境　生于针阔混交林、落叶阔叶林及灌丛下腐殖层

▲深山堇菜植株

较厚的土壤上、溪谷及沟旁阴湿处。

分　　布　黑龙江尚志、五常、海林、密山、虎林等地。吉林珲春、抚松等地。辽宁本溪、宽甸、凤城、铁岭、鞍山、大连等地。内蒙古阿尔山、科尔沁右翼前旗、扎鲁特旗等地。河北、山西、陕西、江苏、安徽、浙江、江西、四川、甘肃。朝鲜、俄罗斯、日本、蒙古。欧洲、北美洲。

采　　制　花果期采收全草，除去杂质，洗净，鲜用或晒干。

性味功效　有清热解毒、消炎、消肿的功效。

主治用法　用于无名肿毒、暑热。水煎服。外用鲜草捣烂敷患处。

用　　量　适量。

◎参考文献◎

[1] 中国药材公司．中国中药资源志要[M]．北京：科学出版社，1994: 770.

[2] 江纪武．药用植物辞典[M]．天津：天津科学技术出版社，2005: 853.

▲深山堇菜花

▲茜堇菜植株（岩生型）

▲茜堇菜花

茜堇菜 *Viola phalacrocarpa* Maxim.

别　　名　白果堇菜 秃果堇菜

药用部位　堇菜科茜堇菜的全草。

原 植 物　多年生草本，无地上茎，高 6 ~ 17 cm，花期较低矮，果期显著增高。叶均基生，莲座状，叶片最下方者常呈圆形，其余叶片呈卵形或卵圆形，长 1.5 ~ 4.5 cm，宽 1.2 ~ 2.5 cm，果期长 6 ~ 7 cm，宽 5.5 ~ 6.0 cm，先端钝或稍尖，边缘具低而平的圆齿；叶柄长而细，长 4 ~ 13 cm。花紫红色，有深紫色条纹；花梗细弱，通常超出叶或与叶近等长，中部以上有 2 枚线形小苞片；萼片披针形或卵状披针形，连附属物长 6 ~ 7 mm，上方花瓣倒卵形，下方花瓣连距长 1.7 ~ 2.2 mm；雄蕊 5，药隔顶端附属物长约 1.5 mm，子房卵球形，花柱棍棒状，基部膝屈。花期 5—6 月，果期 6—7 月。

生　　境　生于向阳山坡草地、灌丛及林缘等处。

分　　布　黑龙江尚志、五常等地。吉林集安、通化、安图、蛟河等地。辽宁丹东市区、凤城、东港、本溪、桓仁、鞍山、大连、沈阳、北镇、凌源、建昌、绥中等地。河北、山西、陕西、山东、河南、湖北、湖南、四川、宁夏、甘肃。朝鲜、俄罗斯（西伯利亚中东部）、日本。

采　　制　花果期采收全草，除去杂质，洗净，鲜用或晒干。

性味功效　有清热解毒、消肿的功效。

主治用法　用于肠炎、痢疾、湿热黄疸、小儿鼻衄、前列腺炎、疔疮痈肿等。水煎服。外用鲜草捣烂敷患处。

用　　量　适量。

◎参考文献◎

[1] 江纪武. 药用植物辞典 [M]. 天津：天津科学技术出版社，2005: 852.

▲茜堇菜花（侧）

▲茜堇菜植株（林下型）

▲斑叶堇菜植株（花期）

▲斑叶堇菜果实

▼斑叶堇菜花（侧）

斑叶堇菜 *Viola variegata* Fisch ex Link

药用部位 堇菜科斑叶堇菜的全草。

原 植 物 多年生草本，无地上茎，高 3 ~ 12 cm。叶均基生，呈莲座状，叶片圆形或圆卵形，长 1.2 ~ 5.0 cm，宽 1.0 ~ 4.5 cm，边缘具平而圆的钝齿，上面暗绿色，沿叶脉有明显的白色斑纹，下面通常稍带紫红色；叶柄长 1 ~ 7 cm，上部有极狭的翅或无翅；托叶淡绿色或苍白色，近膜质。花红紫色或暗紫色，下部通常色较淡，长 1.2 ~ 2.2 cm；花梗长短不等，在中部有 2 枚线形的小苞片；萼片通常带紫色，长圆状披针形或卵状披针形，长 5 ~ 6 mm；花瓣倒卵形，长 7 ~ 14 mm，下方花瓣基部白色并有堇色条纹，连距长 1.2 ~ 2.2 cm；距筒状，长 3 ~ 8 mm；子房近球形，花柱棍棒状。花期 5—6 月，果期 6—7 月。

生　　境 生于草地、撂荒地、山坡石质地、路旁多石地、灌丛间及林下或阴坡岩石上。

分　　布 黑龙江尚志、五常、东宁、虎林、饶河、萝北、塔河、

▲斑叶堇菜植株（果期）

呼玛、漠河等地。吉林长白山各地及长春、扶余等地。辽宁丹东市区、宽甸、凤城、本溪、桓仁、抚顺、铁岭、西丰、开原、岫岩、绥中、建平等地。内蒙古额尔古纳、牙克石、鄂温克旗、扎兰屯、阿尔山、东乌珠穆沁旗、西乌珠穆沁旗等地。河北、山西、安徽、陕西、甘肃。朝鲜、俄罗斯（西伯利亚中东部）、日本。

采　　制　花果期采收全草，除去杂质，洗净，鲜用或晒干。

性味功效　味甘，性凉。有清热解毒、凉血、止血、除脓消炎的功效。

主治用法　用于创伤出血。水煎服。外用鲜品捣烂敷患处。

用　　量　适量。

◎参考文献◎

[1] 中国药材公司. 中国中药资源志要[M]. 北京：科学出版社，1994: 770.
[2] 江纪武. 药用植物辞典[M]. 天津：天津科学技术出版社，2005: 853.

▲斑叶堇菜种子

▲斑叶堇菜花

▲早开堇菜植株

早开堇菜 *Viola prionantha* Bge.

▲早开堇菜果实（果皮开裂）

别　　名　尖瓣堇菜 早花地丁

俗　　名　地丁 地丁草

药用部位　堇菜科早开堇菜的全草。

原 植 物　多年生草本，无地上茎，花期高 3 ~ 10 cm，果期高可达 20 cm。叶多数，均基生；叶片在花期呈长圆状卵形，长 1.0 ~ 4.5 cm，宽 6 ~ 20 mm，基部微心形，稍下延；果期叶片显著增大，长可达 10 cm，宽可达 4 cm；叶柄较粗壮，花期长 1 ~ 5 cm，果期长达 13 cm。花大，紫堇色或淡紫色，喉部色淡并有紫色条纹，直径 1.2 ~ 1.6 cm；花梗较粗壮，在近中部处有 2 枚线形小苞片；萼片披针形，长 6 ~ 8 mm；上方花瓣倒卵形，长 8 ~ 11 mm，侧方花瓣长圆状倒卵形，下方花瓣连距长 14 ~ 21 mm；药隔顶端附属物长约 1.5 mm，花药下方 2 枚雄蕊背方的距长约 4.5 mm；子房长椭圆形。花期 4—5 月，果期 6—7 月。

生　　境　生于山坡草地、沟边、宅旁等向阳处。

分　　布　黑龙江尚志、五常、东宁、虎林、饶河、萝北等地。吉林长白、抚松、集安、通化、安图、柳河、乾安等地。辽宁本溪、沈阳、鞍山、瓦房店、盖州、大连市区、阜新、朝阳、建平、绥中、凌源等地。内蒙古

▲早开堇菜种子

▲早开堇菜果实（果皮未开裂）

▲早开堇菜花（白色）

牙克石、扎兰屯等地。河北、山西、陕西、山东、江苏、河南、湖北、宁夏、甘肃、云南。朝鲜、俄罗斯（西伯利亚中东部）。

采　　制　花果期采收全草，除去杂质，洗净，鲜用或晒干。

性味功效　味苦，性寒。有清热解毒、凉血消肿的功效。

主治用法　用于疔疮、痈肿、丹毒、目赤咽肿、喉痹、乳腺炎、腮腺炎、阑尾炎、黄疸性肝炎、肠炎、痢疾、麻疹热毒、结膜炎、前列腺炎、淋巴结结核、化脓性感染、毒蛇咬伤、跌打损伤等。水煎服。外用鲜草捣烂敷患处。阳虚者忌服，阴疽者忌用。

用　　量　15 ~ 50 g。外用适量。

◎参参考文献◎参

[1]《全国中草药汇编》编写组．全国中草药汇编（上册）[M]．北京：人民卫生出版社，1975：837-839.

[2] 江纪武．药用植物辞典 [M]．天津：天津科学技术出版社，2005：853.

▲早开堇菜花

▲早开堇菜花（侧）

▲早开堇菜群落

▲堇菜植株

堇菜 *Viola verecunda* A. Gray.

别　　名　堇堇菜　葡堇菜　如意草

俗　　名　地黄瓜　小犁头草　鸡爪子菜

药用部位　堇菜科堇菜的全草（入药称“消毒药”）。

原 植 物　多年生草本，高5～20 cm。根状茎短粗；地上茎通常数条丛生，直立或斜升。基生叶叶片宽心形、卵状心形或肾形，长1.5～3.0 cm，宽1.5～3.5 cm；茎生叶少，疏列，与基生叶相似，但基部的弯缺较深；叶柄长1.5～7.0 cm。花小，白色或淡紫色，生于茎生叶的叶腋；花梗远长于叶片；萼片卵状披针形，长4～5 mm，先端尖；上方花瓣长倒卵形，长约9 mm，侧方花瓣长圆状倒卵形，长约1 cm，下方花瓣连距长约1 cm；距呈浅囊状，长1.5～2.0 mm；雄蕊的花药长约1.7 mm；距呈三角形，长约1 mm；花柱棍棒状，基部细且明显向前膝屈，柱头2裂，裂片稍肥厚而直立。蒴果长圆形或椭圆形，长约8 mm。种子卵球形，淡黄色，长约1.5 mm。花期6—7月，果期8—9月。

生　　境　生于湿草地、山坡草丛、灌丛、杂木林林缘、田野及宅旁等处。

分　　布　黑龙江尚志、五常、东宁、虎林、饶河、密山、穆棱、林口、宁安、方正、延寿、海林、阿城、宾县、通河、依兰、桦南、汤原、伊春市区、嘉荫、铁力、绥棱、庆安等地。吉林长白山各地及通榆、扶余、伊通等地。辽宁丹东市区、凤城、桓仁、宽甸、岫岩、庄河、本溪、新宾、抚顺、清原、铁岭、西丰、开原、鞍山市区、海城、营口市区、盖州、北镇、义县、兴城、绥中、建平、建昌、喀左、凌源等地。内蒙古额尔古纳。河北、陕西、甘肃、江苏、安徽、浙江、

▲堇菜花（侧）

江西、福建、台湾、河南、湖北、湖南、广东、广西、四川、贵州、云南等。朝鲜、日本、蒙古、俄罗斯（西伯利亚中东部）。

采　制　花果期采收全草，除去杂质，洗净，鲜用或晒干。

性味功效　味微苦，性凉。有清热解毒、止咳、止血的功效。

主治用法　用于肺热咳血、扁桃体炎、结膜炎、腹泻、疮疖肿毒、外伤出血、毒蛇咬伤。水煎服。外用鲜草捣敷患处或研末调敷。

用　量　50 ~ 100 g。外用适量。

附　方

（1）治刀伤：消毒药适量，捣烂敷患处。

（2）治无名肿毒：消毒药兑淘米水，捣烂，敷患处。

（3）治扁桃体炎（喉蛾）：鲜消毒药捣烂，泡淘米水，含口中，随时更换。另取一部分外敷颈项下，干则更换，直到消肿为止。

▲堇菜花

▲堇菜果实

◎参考文献◎

[1] 江苏新医学院．中药大辞典（下册）[M]．上海：上海科学技术出版社，1977：1923．

[2] 朱有昌．东北药用植物 [M]．哈尔滨：黑龙江科学技术出版社，1989：756-757．

[3] 钱信忠．中国本草彩色图鉴（第四卷）[M]．北京：人民卫生出版社，2003：99-100．

▼堇菜花（背）

▲大叶堇菜植株（后期）

大叶堇菜 *Viola diamantiaca* Nakai

别　　名　寸节七　大铧头草

俗　　名　白铧头草

药用部位　堇菜科大叶堇菜的干燥全草(入药称“寸节草”)。

原 植 物　多年生草本，无地上茎。基生叶1，稀2或3，自根状茎的顶端发出；叶片绿色，质地较薄，心形或卵状心形，长7～9 cm，宽5～7 cm，边缘具钝齿，齿端有明显的腺体；叶柄细，长可达20余厘米，有翅，通常上部被细毛，下部无毛；托叶离生，淡绿色，干后近膜质，披针形或狭卵状披针形，长约1 cm，先端渐尖，边缘疏生细齿。花大，淡紫堇色或苍白色，具长梗；花梗单一，细弱，中部稍上处有2枚较小的披针形小苞片；萼片卵状披针形，无毛，基部附属物短；侧瓣长1.5～1.7 cm，里面无须毛，下瓣连距长1.8～2.0 cm；距较短粗，长约4 mm，末端钝。花期5—6月，果期6—7月。

生　　境　生于阔叶林下、林缘等土质较肥沃的地方，常聚集成片生长。

▲大叶堇菜果实

▲大叶堇菜种子

▲大叶堇菜花（背）

▲大叶堇菜花

分　　布　吉林集安、通化、靖宇等地。辽宁本溪、桓仁、凤城等地。陕西。朝鲜。

采　　制　花果期采收全草，除去杂质，洗净，鲜用或晒干。

性味功效　味苦、辛，性凉。有清热解毒、止血的功效。

主治用法　用于疮疖肿毒、睑腺炎、肺结核、外伤出血、跌打损伤、毒蛇咬伤等。水煎服。外用鲜草捣烂敷患处。

用　　量　10 ~ 15 g。外用适量。

◎参考文献◎

[1] 江苏新医学院．中药大辞典（上册）[M]．上海：上海科学技术出版社，1977: 164.

[2] 钱信忠．中国本草彩色图鉴（第一卷）[M]．北京：人民卫生出版社，2003: 169-170.

[3] 江纪武．药用植物辞典 [M]．天津：天津科学技术出版社，2005: 851.

▼大叶堇菜植株（前期）

▲蒙古堇菜花

▲蒙古堇菜果实

蒙古堇菜 *Viola mongolica* Franch.

别　　名　白花堇菜

药用部位　堇菜科蒙古堇菜的全草。

原 植 物　多年生草本，无地上茎，高 5 ~ 9 cm，果期高可达 17 cm。叶基生；叶片卵状心形，长 1.5 ~ 3.0 cm，宽 1 ~ 2 cm，果期叶片较大，长 2.5 ~ 6.0 cm，宽 2 ~ 5 cm，边缘具钝锯齿；叶柄具狭翅，长 2 ~ 7 cm；托叶 1/2 与叶柄合生，离生部分狭披针形，边缘疏生细齿。花白色；花梗细，通常高出于叶，近中部有 2 枚线形小苞片；萼片椭圆状披针形；侧方花瓣里面近基部稍有须毛，下方花瓣连距长 1.5 ~ 2.0 cm，中下部有时具紫色条纹，距管状，长 6 ~ 7 mm，稍向上弯，末端钝圆；子房无毛，花柱基部稍向前膝屈，柱头两侧及后方具较宽的缘边，前方具短喙，喙端具微上向的柱头孔。花期 5—6 月，果期 6—7 月。

生　　境　生于阔叶林、针叶林林下、林缘及石砾地等处。

分　　布　黑龙江呼玛、饶河、虎林等地。吉林磐石、集安、通化等地。辽宁本溪、丹东市区、凤城、东港、新宾、西丰、庄河、瓦房店、大连市区、绥中、喀左等地。内蒙古扎兰屯、科尔沁右翼前旗、翁牛特旗等地。河北、甘肃。朝鲜。

采　　制　花果期采收全草，除去杂质，洗净，鲜用或晒干。

性味功效　味苦，性寒。有清热解毒、凉血消肿的功效。

主治用法　用于疔疮、痈肿、丹毒、目赤咽肿、喉痹、乳腺炎、腮腺炎、阑尾炎、黄疸性肝炎、肠炎、痢疾、麻疹热毒、结膜炎、前列腺炎、淋巴结结核、化脓性感染、毒蛇咬伤、跌打损伤等。水煎服。外用鲜草捣烂敷患处。阳虚者忌服，阴疽者忌用。

用　　量　15 ~ 50 g。外用适量。

◎参考文献◎

[1] 中国药材公司．中国中药资源志要 [M]．北京：科学出版社，1994: 771.

[2] 江纪武．药用植物辞典 [M]．天津：天津科学技术出版社，2005: 852.

▲蒙古堇菜植株

▲蒙古堇菜花（背）

▲红砂植株（花期，侧）

▲红砂花

柽柳科 Tamaricaceae

本科共收录 2 属、2 种。

红砂属 *Reaumria* L.

红砂 *Reaumuria songarica*（Pall.）Maxim.

别　　名　批把柴　红沙

俗　　名　红虱

药用部位　柽柳科红砂的全株。

原 植 物　落叶小灌木，仰卧，高 10 ~ 70 cm，多分枝。叶肉质，短圆柱形，鳞片状，上部稍粗，长 1 ~ 5 mm，宽 0.5 ~ 1.0 mm。花单生叶腋或在幼枝上端集为少花的总状花序状；花无梗；直径约 4mm；苞片 3，披针形，先端尖，长 0.5 ~ 0.7 mm；花萼钟形，下部合生，长 1.5 ~ 2.5 mm，裂片 5，三角形；花瓣 5，白色略带淡红，长圆形，长约 4.5 mm，宽约 2.5 mm，先端钝，基部楔状变狭，张开，上部向外反折；雄蕊 6 ~ 12，分离，花丝基部变宽，几与花瓣等长；子房椭圆形，花柱 3，具狭尖之柱头。蒴果长椭圆形或纺锤形，或三棱锥形，长 4 ~ 6 mm，宽约 2 mm，高出花萼 2 ~ 3 倍，具 3 棱，3 瓣裂，通常具 3 ~ 4 枚种子。种子长圆形，长 3 ~ 4 mm，先端渐尖，基部变狭，全部被黑褐色毛。花期 7—8 月，果期 8—9 月。

生　　境　生于荒漠、半荒漠的山麓洪积平原、山地丘陵、风蚀残丘、山前沙砾质及砾质洪积扇等处。

分　　布　内蒙古苏尼特左旗、苏尼特右旗、二连浩特等地。陕西、宁夏、甘肃、青海、新疆等。俄罗斯、蒙古。

采　　制　秋季采收全株，除去杂质，洗净，切段，鲜用或晒干。

性味功效　有除湿、消炎的功效。

主治用法　用于湿疹、皮炎等。

用　　量　适量。

◎参考文献◎

[1] 中国药材公司. 中国中药资源志要 [M]. 北京：科学出版社，1994: 248.
[2] 江纪武. 药用植物辞典 [M]. 天津：天津科学技术出版社，2005: 766.

▼红砂植株（果期）

▲红砂群落

▲红砂植株

▲红砂花序

▲红砂枝条

▲柽柳植株

柽柳属 *Tamarix* L.

▲柽柳花

柽柳 *Tamarix chinensis* Lour.

别　　名　中国柽柳　华北柽柳　桧柽柳　西河柳

俗　　名　山川柳　钻天柳　红荆条

药用部位　柽柳科柽柳的嫩枝叶及花。

原 植 物　落叶乔木或灌木，高 3 ~ 6 m；老枝直立，暗褐红色，叶鲜绿色，绿色营养枝上的叶长圆状披针形，长 1.5 ~ 1.8 mm；上部绿色营养枝上的叶钻形或卵状披针形，半贴生，长 1 ~ 3 mm。每年开花两三次。春季开花：总状花序侧生在上年生木质化的小枝上，花大而少；花梗纤细，较萼短；花 5 出；萼片 5，狭长卵形，具短尖头，外面 2 片，长 0.75 ~ 1.25 mm；花瓣 5，粉红色，通常卵状椭圆形或椭圆状倒卵形，长约 2 mm；花盘 5 裂，紫红色，肉质；雄蕊 5；子房圆锥状瓶形，花柱 3。夏、秋季开花：生于当年生幼枝顶端，顶生大圆锥花序；密生；花萼三角状卵形。花期 5—9 月，果期 6—10 月。

生　　境　喜生于海滨、滩头、潮湿盐碱地及沙荒地上。

分　　布　吉林通榆、镇赉、洮南、大安、前郭等地。辽宁盘山、大连市区、营口市区、庄河、海城、盖州、锦州市区、北镇、义县、北票、阜新、彰武、新民、法库、康平、凌源、建平等地。河北、河南、山东、江苏、安徽、广东、广西、云南。

采　　制　5—6 月间开花时，采收嫩枝叶，切段，晒干。花期采摘花序，除去杂质，阴干。

▲柽柳枝条（花序浅粉色）

性味功效 枝叶：味甘、咸，性平。有疏风、解表、透疹、解毒的功效。花：性平。有清热解毒的功效。

主治用法 枝叶：用于风热感冒、麻疹初起、疹出不透、风湿痹痛、皮肤瘙痒、咳嗽。水煎服或入散。外用煎汤擦洗。花：用于中风、麻疹。水煎服。树脂（入药称“柽乳”）：用于金疮。

用　　量 枝叶：50 ~ 100 g。外用适量。花：5 ~ 15 g。外用适量。

附　　方

（1）治感冒：柽柳 15 g，薄荷、荆芥各 10 g。生姜 5 g。水煎服。

（2）治麻疹不透：柽柳、芫荽、浮萍、樱桃核各 10 g。水煎服。

（3）治小儿痧疹不出、喘咳、烦闷、躁乱：柽柳叶风干为末，水调 20 g，顿服。又方：柽柳煎汤，去渣，半温，用芫荽蘸水擦之，但勿洗头面；乳母及儿仍以西河柳煎服。

（4）治斑疹麻不出或因风而闭者：柽柳叶，樱桃核。煎汤洗之。

▲柽柳花序

（5）治疹后痢：柽柳末，砂糖调服。

（6）治感冒：柽柳 25 g，霜桑叶 15 g，生姜 3 片。水煎服。

（7）治吐血：鲜柽柳叶 100 g，茜草根 25 g。水煎服。

（8）治慢性气管炎（单纯型）：鲜柽柳 100 g（干品减半），白矾 3 g。水煎两次（白矾分两次入煎），药液混合，早晚分服。

附　注　本品为《中华人民共和国药典》（2020 年版）收录的药材。

▲柽柳居群

▲柽柳枝条（花序深粉色）

◎参考文献◎

[1] 江苏新医学院．中药大辞典（下册）[M]．上海：上海科学技术出版社，1977: 1533-1535.

[2] 朱有昌．东北药用植物 [M]．哈尔滨：黑龙江科学技术出版社，1989: 747-748.

[3] 《全国中草药汇编》编写组．全国中草药汇编（上册）[M]．北京：人民卫生出版社，1975: 329-330.

▲中华秋海棠花

▲中华秋海棠花（背）

秋海棠科 Begoniaceae

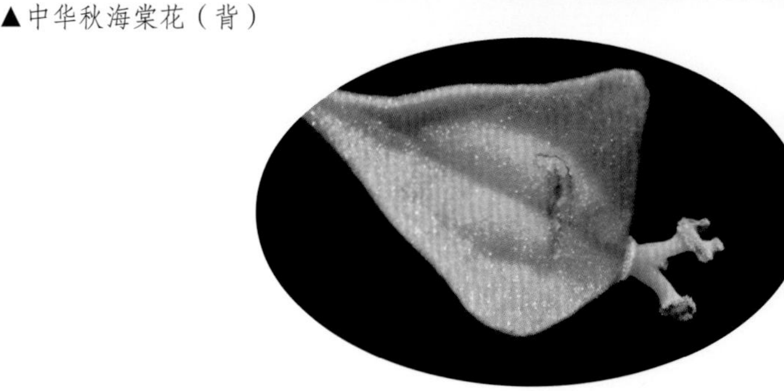

▲中华秋海棠果实

本科共收录 1 属、1 种。

秋海棠属 *Begonia* L.

中华秋海棠 *Begonia grandis* Dry subsp. *sinensis*（A. DC.）Irmsch.

别　　名　珠芽秋海棠

药用部位　秋海棠科中华秋海棠的块茎（入药称“红黑二丸”）。

原 植 物　中型草本。茎高 20 ~ 40 cm，几无分枝，外形似金字塔形。叶较小，椭圆状卵形至三角状卵形，长 5 ~ 20 cm，宽 3.5 ~ 13.0 cm，先端渐尖，下面色淡，偶带红色，基部心形，宽侧下延呈圆形，长 0.5 ~ 4.0 cm，宽 1.8 ~ 7.0 cm。花序较短，呈伞房状至圆锥状二歧聚伞花序；花小，雄蕊多数，短于 2 mm，整体呈球状；花柱基部合生或微合生，有分枝，柱头呈螺旋状扭曲，稀呈 U 形。蒴果具 3 不等大之翅。花期 7—8 月，果期 8—9 月。

生　　境　喜生于海滨、滩头、潮湿盐碱地及沙荒地上。

分　　布　辽宁凌源、朝阳等地。山东、河南、山西、江苏、浙江、福建、湖北、湖南、甘肃、陕西、四川、贵州、广西。

采　　制　春、秋季采收块茎，洗净，去除杂质，晒干。

性味功效　味甘、苦，性寒。有活血散瘀、清热、止痛、止血的功效。

主治用法　用于跌打损伤、吐血、咯血、崩漏、带下病、内痔、筋骨痛、毒蛇咬伤等。水煎服，浸酒或炖肉服。外用鲜草捣烂敷患处。

用　　量　25 ~ 50 g。外用适量。

附　　方

（1）治跌打损伤：红黑二丸 50 g。泡酒服。

（2）治妇女红崩白带：红黑二丸 25 g。炖肉服。

（3）治痢疾、瘀血腹痛：红黑二丸 15 g。水煎服或嚼服。

◎参考文献◎

[1] 江苏新医学院．中药大辞典（上册）[M]．上海：上海科学技术出版社，1977：1017-1018.

[2] 中国药材公司．中国中药资源志要 [M]．北京：科学出版社，1994：781.

[3] 江纪武．药用植物辞典 [M]．天津：天津科学技术出版社，2005：100.

▲中华秋海棠植株

▲黑龙江东方红湿地国家级自然保护区夏季景观

▲盒子草花序

葫芦科 Cucubitaceae

本科共收录 4 属、4 种。

盒子草属 *Actinostemma* Griff.

盒子草 *Actinostemma tenerum* Griff.

别　　名　合子草

俗　　名　汤罐头草　野癞瓜　野西瓜秧　拉拉秧

药用部位　葫芦科盒子草的干燥全草、叶及成熟种子（入药称“合子草”）。

原 植 物　柔弱草本；枝纤细。叶柄细，长 2 ~ 6 cm；叶形变异大，不分裂、3 ~ 5 裂或仅在基部分裂，边缘波状、具小圆齿或具疏齿，裂片顶端狭三角形，顶端有小尖头，长 3 ~ 12 cm，宽 2 ~ 8 cm；卷须细，2 歧。雄花总状，有时圆锥状；花序轴细弱，苞片线形，花萼裂片线状披针形，边缘有疏小齿，花冠裂片披针形，先端尾状钻形，雄蕊 5；雌花单生、双生或雌雄同序。果实绿色，卵形、阔卵形，长圆状椭圆形，长 1.6 ~ 2.5 cm，直径 1 ~ 2 cm，疏生暗绿色鳞片状突起，自近中部盖裂，果盖锥形，具种子 2 ~ 4。种子表面有不规则雕纹，长 11 ~ 13 mm，宽 8 ~ 9 mm。花期 7—8 月，果期 9—10 月。

生　　境　生于水边草丛中。

分　　布　黑龙江尚志、五常、东宁、密山、虎林、饶河、宝清、抚远、同江、佳木斯、安达、大庆等地。吉林长白山各地及通榆、镇赉、洮南、前郭、长岭、大安等地。辽宁沈阳市区、新民、铁岭、开原、辽阳、营口等地。内蒙古鄂伦春旗、扎赉特旗、科尔沁右翼中旗、科尔沁左翼后旗、科尔沁左翼中旗。河北、河南、山东、江苏、浙江、安徽、湖南、广西、

▲盒子草植株（果期）

▲盒子草植株（花期）

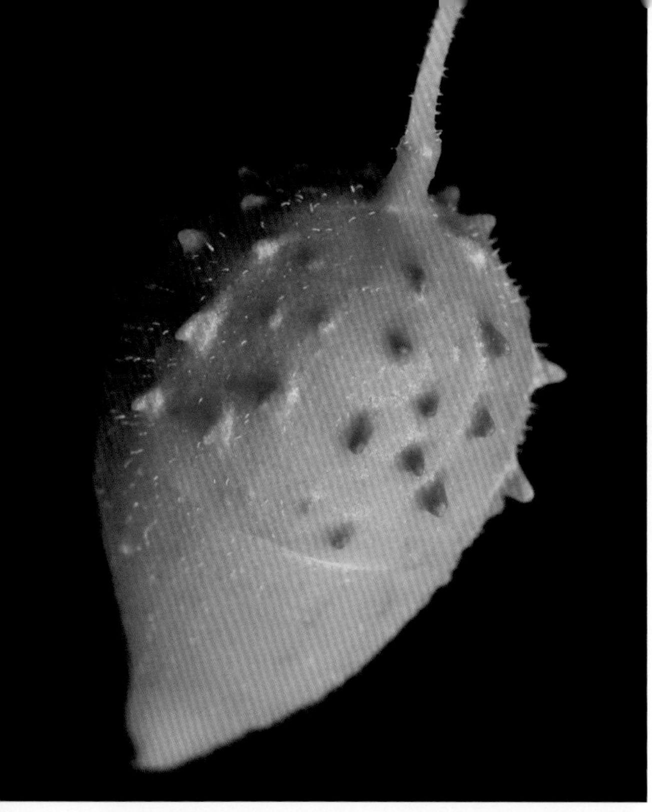

▲盒子草果实

▲盒子草花

▲盒子草花 （背）

江西、福建、台湾、四川、西藏、云南。朝鲜、日本、印度。中南半岛。

采　　制　夏、秋季采收全草和叶。秋季采摘果实，获取种子，晒干药用。

性味功效　味苦，性寒。有利尿消肿、清热解毒、祛湿的功效。

主治用法　用于肾炎水肿、腹腔积液肿胀、湿疹、疮疡肿毒、疳积、毒蛇咬伤等。水煎服。外用鲜草捣烂敷患处或煎水熏洗。

用　　量　25 ~ 50 g。外用适量。

附　　方

（1）治肾炎水肿、腹腔积液肿胀：盒子草 25 ~ 50 g。煎服。也可用 20 ~ 25 g。煎汤熏洗。

（2）治急性肾炎：盒子草注射液，肌肉注射，每日 1 ~ 2 次，每次 2 ~ 5 ml，7 d 为一个疗程。盒子草注射液：取鲜品 2 000 g，洗净，加水蒸馏，收集蒸馏液 2 000 ml，再次蒸馏，得 1 000 ml，然后加质量分数为 0.5% 的氯化钠或体积分数为 0.2% 的苯甲醇，过滤，灌封，灭菌即得。

◎参考文献◎

[1] 江苏新医学院．中药大辞典（上册）[M]．上海：上海科学技术出版社，1977：936-937.

[2] 朱有昌．东北药用植物 [M]．哈尔滨：黑龙江科学技术出版社，1989：1078-1079.

[3] 钱信忠．中国本草彩色图鉴（第二卷）[M]．北京：人民卫生出版社，2003：537-538.

▲盒子草花（侧）

▲假贝母植株

▲假贝母鳞茎

假贝母属 *Bolbostemma* Franquet

假贝母 *Bolbostemma paniculatum*（Maxim.）Franquet

别　　名　土贝母　大贝母

俗　　名　地龙胆　草贝

药用部位　葫芦科假贝母的鳞茎。

原 植 物　草质藤本。鳞茎肥厚，肉质，乳白色；茎草质，攀援状，枝具棱沟。叶柄纤细，长1.5～3.5 cm，叶片卵状近圆形，长4～11 cm，宽3～10 cm，掌状5深裂，每个裂片再3～5浅裂，侧裂片卵状长圆形，急尖，中间裂片长圆状披针形，渐尖；卷须丝状，单一或2歧。花雌雄异株；雌、雄花序均为疏散的圆锥状，极稀花单生；花序轴丝状，长4～10 cm；花梗纤细，长1.5～3.5 cm；花黄绿色；花萼与花冠相似，裂片卵状披针形，长约2.5 mm，顶端具长丝状尾；雄蕊5，离生；花药长0.5 mm；子房近球形，3室，每室2胚珠，花柱3，柱头2裂。果实圆柱状，具种子6。花期6—8月，果期8—9月。

生　　境　生于林缘、田边、村屯住宅旁及菜地边等处。

分　　布　辽宁大连、沈阳等地。河北、山东、河南、山西、陕西、甘肃、四川等。

采　　制　秋季采挖鳞茎，洗净，蒸透，晒干，用时打碎。

性味功效　味苦，性凉。有清热解毒、散结消肿的功效。

主治用法　用于淋巴结结核、骨结核、肥厚性鼻炎、乳腺炎、疮疡肿毒、毒蛇咬伤、外伤出血等。水煎服或入丸、散。外用研末敷患处。

用　　量　15～50 g。

附　　方

（1）淋巴结结核（未溃破）：假贝母15 g。水煎服。并可用假贝母50 g研末，醋调敷患处。

（2）治乳腺炎初起、乳房红肿热痛：假贝母 100 g，白芷 50 g。共研细末。每服 10 g，白开水送下，每日 2 次；或每服 15 g，陈酒热服，护暖取汗即消。重者再一服。又方：白芷梢、土贝母、天花粉各 15 g，乳香（去油）7.5 g。共炒研末，白酒浆调搽，再用酒浆调服 15 g。

（3）治手发背：生甘草、炙甘草各 25 g，皂刺 12.5 g，土炒假贝母 27.5 g，半夏 7.5 g，甲片 12.5 g（炒黑），知母 12.5 g。加葱、姜、水、酒煎服。

（4）治毒蛇咬：急饮芝麻油 1 碗，以免毒攻心，接着用假贝母 20 ~ 25 g 研为末，热酒冲服，再饮尽醉，安卧少时，药力到处，水从伤口喷出，候水尽，将碗内土贝母渣敷伤口。

（5）治痈肿已破出脓、肿仍不消：假贝母、旱莲草各 20 g。水煎服。

附　注

（1）本种之鳞茎应系我国古代最早应用的中药贝母，曾有种植。有清热解毒、散结消肿的功效，用于淋巴结结核、骨结核、乳腺炎、疮疡肿毒等症。

（2）本品为《中华人民共和国药典》（2020 年版）收录的药材。

◎参考文献◎

[1] 江苏新医学院．中药大辞典（上册）[M]．上海：上海科学技术出版社，1977：82-83.

[2] 朱有昌．东北药用植物 [M]．哈尔滨：黑龙江科学技术出版社，1989：1080-1081.

[3]《全国中草药汇编》编写组．全国中草药汇编（上册）[M]．北京：人民卫生出版社，1975：37-38.

▼假贝母花

▲裂瓜幼苗

裂瓜属 *Schizopepon* Maxim.

裂瓜 *Schizopepon bryoniaefolius* Maxim.

药用部位 葫芦科裂瓜的全草。

原 植 物 一年生攀援草本，长达 2 ~ 3 m。卷须丝状，中部以上 2 歧。叶柄细，与叶片近等长或稍长，长 4 ~ 13 cm；叶片卵状圆形，长 6 ~ 10 cm，宽 5 ~ 9 cm，边缘有 3 ~ 7 个角或不规则波状浅裂，具稀疏的不等大的小锯齿，掌状 5 ~ 7 脉。花极小，两性，在叶腋内单生或 3 ~ 5 朵聚生形成总状花序，花序轴纤细，长 1.0 ~ 1.5 cm；单生花的花梗长 0.5 ~ 1.0 cm，生于花序上的花梗短；花萼裂片披针形，全缘，亮绿色，长 1.5 mm；花冠辐状，白色，裂片长椭圆形；雄蕊 3，插生于花萼筒的基部，长约 1 mm，花丝线形，花药长圆状椭圆形；子房卵形，3 室。果实阔卵形，顶端锐尖。花期 7—8 月，果期 8—9 月。

生　　境 生于河边、山坡、林下等处，常聚集成片生长。

分　　布 黑龙江尚志、五常、东宁等地。吉林长白山各地。

▲裂瓜花

▲裂瓜花（背）

▲裂瓜植株

辽宁本溪、桓仁、清原、西丰、沈阳等地。内蒙古阿鲁科尔沁旗、克什克腾旗、东乌珠穆沁旗、西乌珠穆沁旗等地。河北。朝鲜、俄罗斯（西伯利亚中东部）、日本。

采　　制　夏、秋季采收全草，除去杂质，切段，洗净，鲜用或晒干。

性味功效　有清热解毒、利尿的功效。

主治用法　用于尿路感染。水煎服。

用　　量　适量。

◎参考文献◎

[1] 江纪武. 药用植物辞典 [M]. 天津: 天津科学技术出版社, 2005: 731.

▲裂瓜种子

▲裂瓜幼株

▲裂瓜花序

▲裂瓜果实

▲赤瓟群落

▼赤瓟果实 （后期）

▼赤瓟幼苗

赤瓟属 *Thladiantha* Bge.

赤瓟 *hladiantha dubia* Bge.

别　　名　赤雹

俗　　名　气包 赤包 山屎瓜 山土豆 屎包子 山赤瓜 露水豆

药用部位　葫芦科赤瓟的果实及块茎。

原 植 物　攀援草质藤本，全株被黄白色的长柔毛状硬毛；根块状；茎有棱沟。叶柄稍粗，长 2 ～ 6 cm；叶片宽卵状心形，长 5 ～ 8 cm，宽 4 ～ 9 cm，边缘浅波状，有细齿，基部心形，弯缺深，半圆形。卷须纤细，单一。雌雄异株；雄花有时 2 ～ 3 朵生于总梗上，花梗细长，花萼筒极短，花冠黄色，裂片长圆形，长 2.0 ～ 2.5 cm；雄蕊 5，着生在花萼筒簷部，其中 1 枚分离，其余 4 枚两两稍靠合，花丝极短，花药卵形；雌花单生，花梗细，花萼和花冠雌雄花；退化雌蕊 5，棒状；子房长圆形，花柱自 3 ～ 4 mm 处分 3 叉，柱头膨大。果实卵状长圆形，长 4 ～ 5 cm，表面橙黄色或红棕色。花期6—8 月，果期8—10 月。

▲赤瓟植株

▼赤瓟种子

▼赤瓟雄花（侧）

生　　境　生于林缘、田边、村屯住宅旁及菜地边等处。

分　　布　黑龙江尚志、五常、东宁、虎林、密山等地。吉林长白山各地。辽宁丹东市区、宽甸、桓仁、新宾、鞍山市区、岫岩、盖州、大连等地。内蒙古鄂伦春旗、扎鲁特旗等地。河北、山西、山东、陕西、宁夏、甘肃等。朝鲜、俄罗斯（西伯利亚中东部）。

采　　制　秋季采摘成熟瓠果，用线将果柄穿起，挂在日光下或通风处晒干。春、秋季采挖块茎，除去泥土，洗净，晒干。

性味功效　果实：味酸、苦，性平。有降逆、理气、活血、祛痰、利湿、化瘀的功效。块茎：味苦，性寒。有清热解毒、活血通乳、祛痰的功效。

主治用法　果实：用于黄疸、泄泻、痢疾、反胃吐酸、肺结核咯血、咯血胸痛、跌打损伤、腰部扭伤等。水煎服或研末冲服。块茎：用于乳汁不下、乳房胀满、痈肿、消渴、跌扑瘀血、行经腹痛等。水煎服。孕妇慎用。

用　　量　果实：5 ~ 15 g，研末 1 ~ 3 g。块茎：5 ~ 10 g。

附　　方

（1）治气滞肋痛：赤瓟 3 ~ 5 个。水煎服。

▲赤瓟雄花

▲赤瓟雌花

▲赤瓟果实（前期）

▲赤瓟雄花（背）

▲市场上的赤瓟果实

（2）治咳嗽咯血：赤瓟、贝母、沙参、紫菀各 15 g。水煎服。

（3）治产后乳汁不下、乳房胀痛：赤瓟块根 60 g。研细末，每服 3 g，每日 2 次。

（4）治反胃吐酸、吐食：赤瓟 5 ~ 15 g。研末冲服。

（5）治肺病咯血、黄疸、痢疾便血：赤瓟 5 ~ 15 g。研末冲服。

◎参考文献◎

[1] 江苏新医学院．中药大辞典（上册）[M]．上海：上海科学技术出版社，1977: 1089.

[2] 朱有昌．东北药用植物 [M]．哈尔滨：黑龙江科学技术出版社，1989: 1086-1087.

[3] 中国药材公司．中国中药资源志要 [M]．北京：科学出版社，1994: 791.

▼赤瓟块茎

▲黑龙江东方红湿地国家级自然保护区夏季景观

▲千屈菜花

千屈菜科 Lythraceae

本科共收录 1 属、1 种、1 变种。

千屈菜属 *Lythrum* L.

千屈菜 *Lythrum salicaria* L.

别　　名　水柳　对叶莲　败毒草　败毒莲

俗　　名　蜈蚣草　垛子草

药用部位　千屈菜科千屈菜的地上部分。

原 植 物　多年生草本，茎直立，多分枝，高 30 ~ 100 cm，全株青绿色，枝通常具 4 棱。叶对生或三叶轮生，披针形，长 4 ~ 6 cm，宽 8 ~ 15 mm，基部圆形有时略抱茎，全缘，无柄。花组成小聚伞花序，簇生，因花梗及总梗极短，故花枝全形似一大型穗状花序；苞片阔披针形至三角状卵形，长 5 ~ 12 mm；萼筒长 5 ~ 8 mm，有纵棱 12 条，稍被粗毛，裂片 6，三角形；附属体针状，直立，长 1.5 ~ 2.0 mm；

▲无毛千屈菜花（侧）

▲千屈菜植株

▲千屈菜群落

▲无毛千屈菜植株

花瓣 6，红紫色或淡紫色，倒披针状长椭圆形，基部楔形，长 7 ~ 8 mm，着生于萼筒上部，有短爪，稍皱缩；雄蕊 12，6 长 6 短，伸出萼筒之外；子房 2 室，花柱长短不一。花期 7—8 月，果期 8—9 月。

生　　境　生于河边、沼泽地及水边湿地，常聚集成片生长。

分　　布　黑龙江塔河、牡丹江、伊春、七台河、哈尔滨、齐齐哈尔、大庆、佳木斯等地。吉林省各地。辽宁清原、法库、喀左、铁岭、西丰、开原、大连、凌源、葫芦岛、彰武等地。内蒙古牙克石、鄂伦春旗、科尔沁右翼前旗、科尔沁右翼中旗、扎鲁特旗、克什克腾旗等地。全国绝大部分地区。澳大利亚。亚洲、欧洲、非洲（阿尔及利亚）、北美洲。

采　　制　夏、秋季采收地上部分，晒干药用。

性味功效　味苦，性寒。有清热解毒、收敛止血、破瘀通经的功效。

主治用法　用于肠炎、痢疾、腹泻、便血、吐血、衄血、血崩、高热、月经不调、经闭、糖尿病、外伤出血。水煎服。外用鲜品捣烂敷患处。

用　　量　25 ~ 50 g。外用适量。

附　　方

（1）治腹泻、菌痢：千屈菜 15 ~ 25 g。水煎，每日服 2 次。

（2）治小儿腹泻：千屈菜根 10 ~ 15 g。煎水服，每日 2 次（吉林民间方）。

（3）治溃疡：千屈菜叶，向日葵花盘。晒干研末，先用蜂蜜搽患处，再用药末外敷。

附　　注　本区同属植物尚有 1 变种：

无毛千屈菜 var. *glabrum* Ledeb.，全株无毛；萼无毛，其他与原种同。

◎参考文献◎

[1] 江苏新医学院．中药大辞典（上册）[M]．上海：上海科学技术出版社，1977：218-219.

[2] 朱有昌．东北药用植物 [M]．哈尔滨：黑龙江科学技术出版社，1989：762-764.

[3]《全国中草药汇编》编写组．全国中草药汇编（上册）[M]．北京：人民卫生出版社，1975：125.

▲千屈菜果实

▲千屈菜花序

▲千屈菜幼株

▲黑龙江珍宝岛湿地国家级自然保护区秋季景观

▲东北菱群落

▲东北菱花（侧）

▲东北菱花

菱科 Trapaceae

本科共收录 1 属、2 种。

菱属 *Trapa* L.

东北菱 *Trapa natans* L.

别　　名 短颈东北菱

俗　　名 菱角 菱角秧子

药用部位 菱科东北菱的果实。

原 植 物 一年生浮水草本。茎肉质，柔弱分枝。叶二型：浮水叶互生，三角状菱圆形至广菱形，长 2.5 ~ 5.0 cm，宽 3.5 ~ 6.0 cm，叶背面密生淡褐色短毛；沉水叶小，早落。花小，花柄长 2 cm；萼筒 4 裂，萼片被短毛；花瓣 4，白色；雄蕊 4；子房半下位。果扁三角形，具 4 刺角，高 1.5 ~ 1.8 cm，近锚状，果冠方形、微突起，不向外翻卷，果颈短而狭，高 1.5 ~ 1.8 mm，具 4 刺角，肩角与腰角近等长，角间端宽 4.5 ~ 6.0 cm，腰角稍向下或平展，基部

▲东北菱植株

▲东北菱果实

稍粗壮，先端渐尖，具倒刺，果喙发达突出，果冠特大并向外反卷，直径 0.8 ~ 1.5 cm，果颈明显，高 5 mm；果梗长 2 cm，周围洼陷不明显。花期 7—8 月，果期 9—10 月。

生　境　生于池沼、湖泊及水泡子等处，常聚集成片生长。

分　布　黑龙江安达、大庆、肇东、密山、虎林、饶河等地。吉林镇赉、扶余、前郭等地。辽宁新民。朝鲜、俄罗斯（西伯利亚中东部）。

采　制　秋季采收成熟果实，除去杂质，洗净，晒干。

性味功效　味甘、涩，性凉。有健胃止痢、健脾、解酒、抗癌的功效。

主治用法　用于胃溃疡、腰腿筋骨疼痛、痢疾、脾虚腹泻、食管癌、乳腺癌、子宫颈癌。生食或煮食。

用　量　50 ~ 75 g。

附　方

（1）试治胃溃疡、痢疾、食管癌、乳腺癌、子宫癌：菱茎叶、果柄或菱壳 50 ~ 100 g，薏米 50 g。煎汤代茶，连服数日。

（2）治月经过多：鲜菱 500 g。水煎取汁冲红糖服。

（3）治痢疾、便血：菱壳 200 ~ 250 g。水煎服。

（4）治皮肤多发性疣赘：鲜菱蒂捣烂，敷患处；亦可用鲜菱擦拭，每次约 2 min，每日 6 ~ 8 次。一般经 15 d 左右完全脱落。

（5）治头面黄水疮、天疱疮、无名肿毒：隔年老菱壳。烧存性，芝麻油调敷。

（6）治痔疮：菱壳烧灰。用菜油或芝麻油调敷患处。

（7）抗癌：菱实、诃子、薏米、勾儿茶的木瘤各 15 g。水煎服，每日 3 次。经放射治疗对照实验，证明此方对癌细胞及组织增生等均有一定的抑制作用。

附　注　叶入药，可治疗小儿头疮。果壳入药，可治疗黄水疮、痔疮等。茎入药，可治疗胃溃疡。果柄入药，可治疗胃溃疡。

◎参考文献◎

[1] 朱有昌. 东北药用植物 [M]. 哈尔滨：黑龙江科学技术出版社，1989: 765-767.

[2] 中国药材公司. 中国中药资源志要 [M]. 北京：科学出版社，1994: 801.

[3] 江纪武. 药用植物辞典 [M]. 天津：天津科学技术出版社，2005: 817.

▲格菱植株

▲格菱花

▲市场上的格菱果实

格菱 *Trapa pseudoincisa* Nakai

俗　　名　菱角　菱角秧子

药用部位　菱科格菱的果实。

原 植 物　多年生浮水水生草本植物。根二型：着泥根细铁丝状，着生水底泥中；同化根羽状细裂，裂片丝状。茎细弱分枝。叶二型：浮水叶互生，聚生于茎顶部，形成莲座状菱盘，主茎和分枝茎的浮水叶极相似，叶片近三角状菱形或广菱形，长 1.5 ~ 4.5 cm，叶边缘中上部具较大的缺刻状牙齿；叶柄中上部膨大。沉水叶小，早落。花小，单生于叶腋，花两性，萼筒 4 裂，裂片长圆状披针形，长约 5 mm；花瓣 4，白色；雄蕊 4，花丝纤细；子房半下位，2 心皮，2 室；花盘鸡冠状。果三角形，具 2 个圆形肩刺角，高 1.5 cm，刺角先端具倒刺，果喙明显，果颈高 3 ~ 4 mm。花期 7—8 月，果期 9—10 月。

▲格菱群落

▲格菱果实

生　　境　生于池沼、湖泊及水泡子，常聚集成片生长。

分　　布　黑龙江安达、大庆、肇东、密山、虎林、饶河等地。吉林镇赉、扶余、珲春、梅河口、柳河、辉南、敦化等地。辽宁丹东、铁岭、开原、海城等地。湖北、江西、福建、台湾、湖南。朝鲜、俄罗斯（西伯利亚中东部）、日本。

采　　制　秋季采收成熟果实，除去杂质，洗净，晒干。

性味功效　味甘，性凉。有健胃止痢、健脾、解酒、抗癌的功效。

主治用法　用于胃溃疡、腰腿筋骨疼痛、痢疾、食管癌、乳腺癌、子宫颈癌。生食或煮食。

用　　量　30 ~ 45 g。

◎参考文献◎

[1] 中国药材公司．中国中药资源志要 [M]. 北京：科学出版社，1994: 801.

[2] 江纪武．药用植物辞典 [M]. 天津：天津科学技术出版社，2005: 817.

▲黑龙江太平沟国家级自然保护区湿地秋季景观

▲露珠草幼株

柳叶菜科 Onagraceae

本科共收录 3 属、7 种、1 变种、1 变型。

露珠草属 *Circaea* L.

▲露珠草花序

露珠草 *Circaea cordata* Royle

别　　名　牛泷草 心叶露珠草

药用部位　柳叶菜科露珠草的全草。

原 植 物　多年生草本，高 20 ~ 150 cm。叶狭卵形至宽卵形，中部的长 4 ~ 13 cm，宽 2.3 ~ 11.0 cm，基部常心形，先端短渐尖，边缘具锯齿至近全缘。单总状花序顶生，或基部具分枝，长 2 ~ 20 cm；花梗长 0.7 ~ 2.0 mm；花芽或多或少被直或微弯稀具钩的长毛；花管长 0.6 ~ 1.0 mm；萼片卵形至阔卵形，长 2.0 ~ 3.7 mm，宽 1.4 ~ 2.0 mm，白色或淡绿色，开花时反曲，先端钝圆形；花瓣白色，倒卵形至阔倒卵形，长 1.0 ~ 2.4 mm，宽 1.2 ~ 3.1 mm，先端倒心形，凹缺深至花瓣长度的 1/2 ~ 2/3，花瓣裂片阔圆形；雄蕊伸展，略短于花柱或与花柱近等长；蜜腺不明显，全部藏于花管之内。花期 7—8 月，果期 8—9 月。

生　　境　生于林缘、灌丛及疏林下。

分　　布　黑龙江尚志、五常、宁安、东宁、密山、虎林、饶河、佳木斯市区、穆棱、汤原、依兰、通河、方正、延寿、宾县、绥棱、铁力、伊春市区等地。吉林长白山各地及九台。辽宁宽甸、桓仁、清原、西丰、鞍山市区、庄河、本溪、抚顺、新宾、盖州、海城、岫岩、营口市区、铁岭、开原等地。河北、山西、陕西、山东、安徽、浙江、江西、台湾、河南、湖北、湖南、四川、贵州、甘肃、云南、西藏。朝鲜、俄罗斯（西伯利亚）、日本、印度、尼泊尔、巴基斯坦。

采　　制　夏、秋季采收全草，切段，洗净，晒干。

性味功效　味苦，性寒。有小毒。具有清热解毒、化瘀止血的功效。

主治用法　用于痈疖、疥疮、脓疱、疮疡肿毒、刀伤、月经不调、小便淋痛、脘腹痛等。水煎服。外用适量鲜草捣烂敷患处。

用　　量　3～9g。外用适量。

附　　方

（1）治疥疮、脓疱：露珠草烘干研末，配硫黄、雄黄粉各适量，用油调或干扑于溃烂处。

（2）治刀伤：露珠草捣烂敷伤处。

◎参考文献◎

[1] 江苏新医学院．中药大辞典（上册）[M]．上海：上海科学技术出版社，1977: 427-428.

[2] 朱有昌．东北药用植物 [M]．哈尔滨：黑龙江科学技术出版社，1989: 770-771.

[3] 钱信忠．中国本草彩色图鉴（第五卷）[M]．北京：人民卫生出版社，2003: 557-558.

▲露珠草植株

▲露珠草果实

▲露珠草花

▲水珠草幼株

▼水珠草花序

水珠草 *Circaea canadensis* subsp. *quadrisulcata* （Maxim.）Boufford

别　　名　露珠草

药用部位　柳叶菜科水珠草的全草（入药称“谷蓼”）。

原 植 物　多年生草本，植株高 15 ~ 80 cm。叶狭卵形、阔卵形至矩圆状卵形，长 4.5 ~ 12.0 cm，宽 2 ~ 5 cm，基部圆形至近心形，稀阔楔形，先端短渐尖至长渐尖，边缘具锯齿。总状花序长 2.5 ~ 30.0 cm，单总状花序或基部具分枝；花梗与花序轴垂直，被腺毛，基部无小苞片；花管长 0.6 ~ 1.0 mm；萼片长 1.3 ~ 3.2 mm，宽 1.0 ~ 1.7 mm，通常紫红色，反曲；花瓣倒心形，长 1 ~ 2 mm，宽 1.4 ~ 2.5 mm，通常粉红色；先端凹缺至花瓣长度的 1/3 或 1/2；蜜腺明显，伸出花管之外。果实长 2.2 ~ 3.8 mm，直径 1.8 ~ 3.0 mm，梨形至近球形，基部通常不对称地渐狭至果梗，果上具明显纵沟。花期 7—8 月，果期 8—9 月。

生　　境　生于林缘、灌丛及疏林下。

分　　布　黑龙江尚志、五常、东宁、宁安、虎林、绥芬河、呼玛、阿城、宾县、海林、穆棱、密山、饶河、宝清、桦南、方正、延寿、木兰、依兰、通河、汤原、伊春市区、铁力、绥棱、庆安等地。吉林长白山各地。辽宁宽甸、桓仁、新宾、铁岭、西丰、鞍山市区、岫岩、庄河、瓦房店、大连市区、抚顺、清原、盖州、

水珠草植株

▲水珠草花

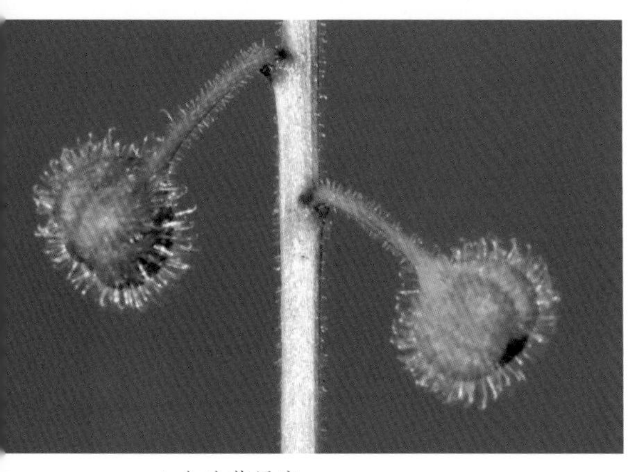

▲水珠草果实

海城、营口市区等地。内蒙古科尔沁右翼前旗。河北、山东。朝鲜、俄罗斯（西伯利亚中东部）、日本。东欧。

采　　制　夏、秋季采收全草，切段，洗净，晒干。

性味功效　有清热解毒、和胃气、止脘腹疼痛、利小便、通月经的功效。

主治用法　用于痈疮肿毒、小便不利、闭经等。水煎服。

用　　量　适量。

附　　注　本区尚有 1 变型：

绿萼水珠草 f. *viridicalyx*（Hara）Kitag.，萼绿色，花白色。其他与原种同。

◎参考文献◎

[1] 江苏新医学院．中药大辞典（上册）[M]．上海：上海科学技术出版社，1977：1149.

[2] 朱有昌．东北药用植物 [M]．哈尔滨：黑龙江科学技术出版社，1989：772-773.

[3] 中国药材公司．中国中药资源志要 [M]．北京：科学出版社，1994：820.

▼绿萼水珠草花

水珠草花（侧）

▲高山露珠草居群

高山露珠草 *Circaea alpina* L.

▲高山露珠草果实

别　　名　蛆儿草

药用部位　柳叶菜科高山露珠草的全草。

原 植 物　多年生草本，植株高 3 ~ 50 cm。叶形变异极大，长 1 ~ 11 cm，宽 0.7 ~ 8.0 cm，边缘近全缘至尖锯齿。顶生总状花序长 12 ~ 17 cm，花梗直立，花萼无或短，最长达 0.6 mm；萼片白色或粉红色，矩圆状椭圆形、卵形、阔卵形或三角状卵形，长 0.8 ~ 2.0 mm，宽 0.6 ~ 1.3 mm；花瓣白色，狭倒三角形、倒三角形、倒卵形至阔倒卵形，长 0.5 ~ 2.0 mm，宽 0.6 ~ 1.9 mm，花瓣裂片圆形至截形，稀呈细圆齿状；雄蕊直立或上升，稀伸展，与花柱等长或略长于花柱；蜜腺不明显，藏于花管内。果实棒状，基部平滑地渐狭向果梗，1 室，具种子 1，

▲深山露珠草植株

▲深山露珠草花

表面无纵沟，但果梗延伸部分有浅槽。花期 7—8 月，果期 8—9 月。

生　　境　生于针叶林或针阔叶混交林下阴湿地或苔藓上，常聚集成片生长。

分　　布　黑龙江尚志、五常、东宁、宁安、呼玛、黑河等地。吉林长白、抚松、安图、临江、和龙、敦化等地。辽宁宽甸、本溪、桓仁、庄河、岫岩等地。内蒙古额尔古纳、根河、牙克石、科尔沁右翼前旗、东乌珠穆沁旗、西乌珠穆沁旗等地。华东、西南等。朝鲜、俄罗斯（西伯利亚中东部）、日本。

采　　制　夏、秋季采收全草，切段，洗净，晒干。

性味功效　具有消食、润肠止泻、养心安神、止咳、接骨、清热解毒、化瘀止血的功效。

主治用法　用于小儿疳积、咳嗽、肿毒疔疮、刀伤出血、疥癣、跌打损伤等。水煎服。外用适量鲜草捣烂敷患处。

用　　量　适量。

▲深山露珠草花（侧）

▲深山露珠草花序

附　注　在东北尚有 1 变种：

深山露珠草 var. *caulescens* Kom，茎高 10 ~ 30 cm，具倒向弯曲短毛；叶表面通常被短柔毛；花序多分枝或单一，花通常带红色或粉红色。其他与原种同。

◎参考文献◎

[1] 中国药材公司．中国中药资源志要 [M]．北京：科学出版社，1994: 809.

[2] 江纪武．药用植物辞典 [M]．天津：天津科学技术出版社，2005: 178.

▼高山露珠草植株

▲柳兰幼苗

▲柳兰幼株

▲柳兰种子

柳叶菜属 *Epilobium* L.

柳兰 *Epilobium angustifolium* L.

俗　　名　遍山红　山棉花　柳叶菜　柳叶兰

药用部位　柳叶菜科柳兰的全草（入药称“红筷子”）及根状茎（入药称“糯芋”）。

原 植 物　多年生粗壮草本，直立，丛生。茎高 20 ~ 130 cm，粗 2 ~ 10 mm，不分枝或上部分枝，圆柱状。叶螺旋状互生，茎下部的叶近膜质，披针状长圆形，长 0.5 ~ 2.0 cm，中上部的叶近革质，线状披针形，长 3 ~ 19 cm，先端渐狭，基部钝圆或有时宽楔形。花序总状，直立，长 5 ~ 40 cm；苞片下部的叶状，长 2 ~ 4 cm；花梗长 0.5 ~ 1.8 cm；花管缺，花盘深 0.5 ~ 1.0 mm，直径 2 ~ 4 mm；萼片紫红色，长圆状披针形，长 6 ~ 15 mm；粉红色至紫红色，上面 2 枚较长大，倒卵形或狭倒卵形，长 9 ~ 19 mm；花药长圆形，初期红色，开裂时变紫红色，开放时花柱强烈反折；柱头白色，深4裂。花期7—8月，果期9—10月。

生　　境　生于林区火烧迹地、开阔地、林缘、山坡、河岸及山谷的沼泽地等处，常成单优势的大面积群落，为火烧后的先锋植物。

分　　布　黑龙江尚志、五常、东宁、宁安、勃利、虎林、饶河、萝北、黑河、呼玛、塔河、漠河、加格达奇、密山、桦南、集贤、鹤岗、延寿、方正、通河、依兰、汤原、伊春市区、嘉荫、五大连池、北安、绥棱、铁力、庆安等地。吉林长白山各地。辽宁本溪、桓仁、宽甸、凤城、抚顺、新宾、清原、西丰、凌源等地。内蒙古额尔古纳、根河、牙克石、鄂伦春旗、扎兰屯、阿尔山、科尔沁右翼前旗、扎鲁特旗、克什克腾旗、东乌珠穆沁旗、西乌珠穆沁旗、正蓝旗、镶黄旗等地。河北、山西、宁夏、甘肃、青海、四川、云南、新疆、西藏。广布于北温带与寒带地区，欧洲、小亚细亚东经喜马拉雅至日本，高加索经西伯利亚东至蒙古、朝鲜半岛，以及北美洲。

采　　制　春、秋季采挖根状茎。夏、秋季采收全草。秋季采收种子，获取种缨，晒干药用。

性味功效　全草：味苦，性平。有消肿利水、下乳、润肠的功效。根状茎：味辛、苦，性热。有散瘀消肿、调经活血、接骨的功效。

▲柳兰花序

▲柳兰花序（浅粉色）

▲柳兰果实

▲柳兰群落

▲柳兰植株

主治用法 全草：用于乳汁不足、气虚水肿、肠滑泄水、阴囊肿大、食积胀满等。水煎服。根状茎：用于接骨、月经不调、关节扭伤、阴囊肿大等。水煎服。外用鲜品捣敷或干品研末酒调敷。

用　　量 全草：25 ~ 50 g。根状茎：1.5 ~ 2.5 g。外用适量。

附　　方 下乳：红筷子全草炖猪蹄内服。

附　　注 种缨有止血的功效，可治疗刀伤。

◎参考文献◎

[1] 江苏新医学院．中药大辞典（上册）[M]．上海：上海科学技术出版社，1977: 1010-1011，1020.

[2] 江苏新医学院．中药大辞典（下册）[M]．上海：上海科学技术出版社，1977: 2732.

[3] 朱有昌．东北药用植物 [M]．哈尔滨：黑龙江科学技术出版社，1989: 768-770.

[4] 钱信忠．中国本草彩色图鉴（第二卷）[M]．北京：人民卫生出版社，2003: 597-598.

▲柳兰植株（花淡粉色）

▲柳兰花

▲柳兰花（背）

▲柳叶菜花（侧）

▲柳叶菜种子

柳叶菜 *Epilbium hirsutum* L.

俗　　名　水朝阳花　水接骨丹

药用部位　柳叶菜科柳叶菜的干燥根、全草（入药称“水接骨丹”）及花。

原 植 物　多年生草本。茎高 25 ~ 200 cm，常在中上部多分枝，周围密被伸展长柔毛。叶对生，茎上部的互生，无柄，并多少抱茎；茎生叶披针状椭圆形，长 4 ~ 20 cm，宽 0.3 ~ 5.0 cm，边缘每侧具 20 ~ 50 枚细锯齿。总状花序直立；苞片叶状。花直立；花梗长 0.3 ~ 1.5 cm；花管长 1.3 ~ 2.0 mm，在喉部有一圈长白毛；萼片长圆状线形，长 6 ~ 12 mm；花瓣常玫瑰红色或粉红、紫红色，宽倒心形，长 9 ~ 20 mm，宽 7 ~ 15 mm；花药乳黄色，长圆形，长 1.5 ~ 2.5 mm；花丝外轮的长 5 ~ 10 mm，内轮的长 3 ~ 6 mm；花柱直立，白色或粉红色；柱头白色，4 深裂，裂片长圆形。花期 7—8 月，果期 8—9 月。

生　　境　生于沟边、河岸及山谷的沼泽地，常聚集成片生长。

分　　布　黑龙江尚志、五常、东宁、宁安、勃利、虎林、饶河等地。吉林长白山各地。辽宁桓仁、西丰、大连、凌源、彰武等地。全国温带与热带地区。广布于欧亚大陆与非洲温带。

采　　制　春、秋季采挖根，洗净，除去杂质，晒干或鲜用。夏、秋季采收全草，洗净，除去杂质，晒干或鲜用。夏、秋季采摘花，阴干。

▲柳叶菜植株

▲柳叶菜幼株

性味功效 根：味淡，性平。有理气、活血、止血的功效。全草：味淡，性凉。有清热利湿、消肿止痛、去腐生肌的功效。花：味淡，性平。有清热解毒、调经止血的功效。

主治用法 根：用于胃痛、食滞饱胀、经闭等。水煎服。全草：用于骨折、跌打损伤、疔疮痈肿、外伤出血、烫伤、水泻、肠炎、久泻等。水煎服。花：用于牙痛、目赤、咽喉肿痛、月经不调、带下病。水煎服。

用　　量 根：10 ~ 15 g。全草：15 ~ 25 g。外用适量。花：10 ~ 15 g。外用适量。

附　　方

（1）治肠炎泄泻：柳叶菜 50 g。水煎服。

（2）治闭经：柳叶菜根 15 ~ 25 g。水煎加红糖服。

（3）治月经不调、牙痛、火眼：柳叶菜花 10 ~ 15 g。水煎服。

（4）治外伤出血：柳叶菜根适量研末外敷。

◎参考文献◎

[1] 江苏新医学院. 中药大辞典（上册）[M]. 上海：上海科学技术出版社，1977: 548.

[2] 朱有昌. 东北药用植物 [M]. 哈尔滨：黑龙江科学技术出版社，1989: 774-775.

[3] 钱信忠. 中国本草彩色图鉴（第一卷）[M]. 北京：人民卫生出版社，2003: 695-696.

▲柳叶菜果实

▲柳叶菜花（背）

▲柳叶菜花

沼生柳叶菜 *Epilobium palustre* L.

俗　　名　水湿柳叶菜　沼泽柳叶菜

药用部位　柳叶菜科沼生柳叶菜的全草。

原 植 物　多年生直立草本，茎高 5 ~ 70 cm。叶对生，花序上的互生，近线形至狭披针形，长 1.2 ~ 7.0 cm，宽 0.3 ~ 1.9 cm，先端锐尖或渐尖。花序花前直立或稍下垂。花近直立；花蕾椭圆状卵形，长 2 ~ 3 mm，直径 1.8 ~ 2.2 mm；子房长 1.6 ~ 3.0 cm；花柄长 0.8 ~ 1.5 cm；花管长 1.0 ~ 1.2 mm，直径 1.3 ~ 2.0 mm，喉部近无毛或有一环稀疏的毛；萼片长圆状披针形，长 2.5 ~ 4.5 mm，宽 1.0 ~ 1.2 mm，先端锐尖；花瓣白色至粉红色或玫瑰紫色，倒心形，长 3 ~ 9 mm，宽 2.0 ~ 4.5 mm；花药长圆状，长 0.4 ~ 0.6 mm；花丝外轮的长 2.0 ~ 2.8 mm，内轮的长 1.2 ~ 1.5 mm；花柱长 1.4 ~ 3.8 mm，柱头棍棒状至近圆柱状。花期 7—8 月，果期 8—9 月。

生　　境　生于湖塘、沼泽、河谷、溪沟旁等处。

分　　布　黑龙江呼玛、黑河市区、安达、泰来、肇东、尚志、五常、宁安、海林、方正、延寿、依兰、通河、密山、饶河、抚远、同江、伊春市区、汤原、嘉荫、五大连池等地。吉林通榆、镇赉、长岭、蛟河、抚松、安图、敦化、汪清、靖宇、长白、集安、通化、桦甸、磐石、舒兰、九台等地。辽宁本溪、西丰、大连、绥中、凤城、宽甸、桓仁、岫岩、新宾、清原、抚顺、铁岭、营口市区、盖州、海城等地。内蒙古额尔古纳、根河、牙克石、阿尔山、克什克腾旗、东乌珠穆沁旗、西乌珠穆沁旗、正蓝旗、镶黄旗、正镶白旗等地。河北、山西、陕西、甘肃、青海、新疆、四川、云南、西藏。广布于北半球温带与寒带地区湿地。

采　　制　夏、秋季采收全草，洗净，除去杂质，晒干或鲜用。

▲沼生柳叶菜果实

▲沼生柳叶菜花

性味功效　味淡，性平。有疏风清热、镇咳、止泻的功效。

主治用法　用于风热咳嗽、声嘶、咽喉肿痛、泄泻等。水煎服。

用　　量　15 ~ 30 g。

◎参考文献◎

[1] 江苏新医学院．中药大辞典（上册）[M]．上海：上海科学技术出版社，1977: 550.

[2] 朱有昌．东北药用植物 [M]．哈尔滨：黑龙江科学技术出版社，1989: 775-776.

[3] 钱信忠．中国本草彩色图鉴（第一卷）[M]．北京：人民卫生出版社，2003: 699-700.

▲沼生柳叶菜植株

▲月见草花（淡黄色）

月见草属 *Oenothera* L.

月见草 *Oenothera biennis* L.

别　　名　山芝麻

俗　　名　待霄草　夜来香　山萝卜　东风草

药用部位　柳叶菜科月见草的根。

原 植 物　直立二年生草本，基生莲座叶丛紧贴地面；茎高

50 ~ 200 cm。基生叶倒披针形，长 10 ~ 25 cm，宽 2.0 ~ 4.5 cm，边缘疏生不整齐的浅钝齿；叶柄长 1.5 ~ 3.0 cm；茎生叶椭圆形至倒披针形，长 7 ~ 20 cm，宽 1 ~ 5 cm，边缘每边有 5 ~ 19 枚稀疏钝齿，侧脉每侧 6 ~ 12 条。花序穗状，不分枝，苞片叶状，花蕾锥状长圆形，长 1.5 ~ 2.0 cm；花管长 2.5 ~ 3.5 cm；萼片绿色，有时带红色，长圆状披针形；花瓣黄色，稀淡黄色，宽倒卵形，长 2.5 ~ 3.0 cm，宽 2.0 ~ 2.8 cm；花丝近等长；子房绿色，圆柱状，具 4 棱，长 1.0 ~ 1.2 cm；花柱长 3.5 ~ 5.0 cm，伸出花管部分长 0.7 ~ 1.5 cm。花期 6—8 月，果期 8—10 月。

▲月见草花序

▼月见草群落

▲月见草果实

▲月见草花（背）

▼月见草植株（山坡型）

生　　境　生于向阳山坡、沙质地、荒地及河岸沙砾地等处，常聚集成片生长。

分　　布　原产于北美洲，早期引入欧洲，后迅速传播至世界温带与亚热带地区。在我国东北、华北、华东、西南有栽培。在东北地区已从人工种植逸为野生。东北地区广泛分布。

采　　制　春、秋季采挖根，除去泥土，洗净，晒干。

性味功效　味甘，性温。有祛风湿、强筋骨的功效。

主治用法　用于风湿症、筋骨疼痛。水煎服。

用　　量　5 ~ 15 g。

附　　注　种子油（从种子中提炼出来的油脂）入药，可治疗（由高胆固醇和高脂血症引起的）冠状动脉梗死、硬化脑血栓、肥胖病、风湿关节痛等。

▲月见草花

▼月见草幼苗

▲月见草植株（林缘型）

▼月见草幼株

◎参考文献◎

[1] 朱有昌．东北药用植物 [M]．哈尔滨：黑龙江科学技术出版社，1989: 777-779.

[2] 中国药材公司．中国中药资源志要 [M]．北京：科学出版社，1994: 822-823.

[3] 江纪武．药用植物辞典 [M]．天津：天津科学技术出版社，2005: 548.

▲黑龙江省加格达奇区百泉谷湿地秋季景观

▲狐尾藻植株

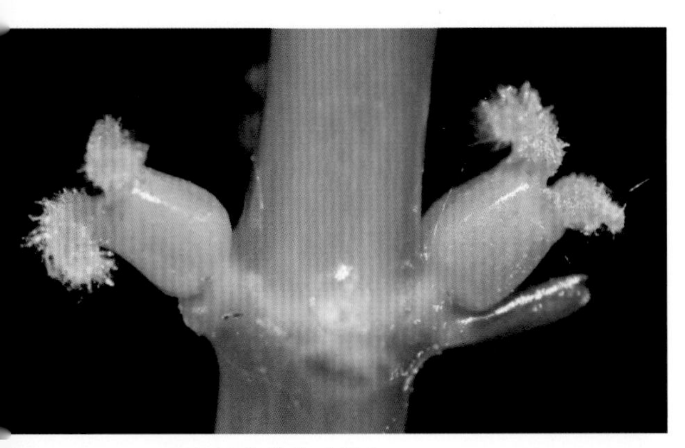

▲狐尾藻雌花（侧）

▲狐尾藻雌花

小二仙草科 Haloragidaceae

本科共收录 1 属、2 种。

狐尾藻属 *Myriophyllum* L.

狐尾藻 *Myriophyllum verticillatum* L.

别　　名　轮叶狐尾藻

药用部位　小二仙草科狐尾藻的全草。

原 植 物　多年生粗壮沉水草本，茎多分枝。叶通常 4 片轮生，水中叶较长，长 4 ~ 5 cm，丝状全裂，无叶柄；裂片 8 ~ 13 对，互生，长 0.7 ~ 1.5 cm；水上叶互生，披针形，较强壮，鲜绿色，长约 1.5 cm，裂片较宽。花单性，雌雄同株或杂性，单生于水上叶腋内，每轮具花 4，花无柄，比叶片短。雌花生于水上茎下部叶腋中，萼片与子房合生，顶端 4 裂，裂片较小，长不到 1 mm，卵状三角形；花瓣 4，舟状，早落；雌蕊 1，子房广卵形，4 室，柱头 4 裂，裂片三角形；花瓣 4，椭圆形，

▲狐尾藻群落

长 2 ~ 3 mm，早落。雄花雄蕊 8，花药椭圆形，长 2 mm，淡黄色，花丝丝状，开花后伸出花冠外。花期 8 月，果期 9 月。

生　　境　生于池沼、湖泊及水泡子等处，常聚集成片生长。

分　　布　黑龙江尚志、五常、东宁、宁安、密山、虎林、饶河、抚远、同江、佳木斯、安达、大庆、齐齐哈尔等地。吉林大安、双辽、珲春、安图、白山等地。辽宁沈阳市区、新民、法库、康平、凌源、彰武等地。内蒙古额尔古纳、牙克石、科尔沁右翼中旗、科尔沁左翼中旗、科尔沁左翼后旗、克什克腾旗、东乌珠穆沁旗、西乌珠穆沁旗、正蓝旗、镶黄旗等地。世界广布种。

采　　制　夏、秋季采收全草，晒干药用。

性味功效　有清热解毒的功效。

主治用法　用于痢疾、热毒疖肿、丹毒、烧烫伤。水煎服，外用鲜品捣烂敷患处。

用　　量　适量。

▲狐尾藻雄花

◎参考文献◎

[1] 中国药材公司．中国中药资源志要 [M]．北京：科学出版社，1994: 823.

[2] 江纪武．药用植物辞典 [M]．天津：天津科学技术出版社，2005: 534.

▲穗状狐尾藻群落

▲穗状狐尾藻雄花

▲穗状狐尾藻雌花

穗状狐尾藻 *Myriophyllum spicatum* L.

别　　名　泥茜

药用部位　小二仙草科穗状狐尾藻的全草。

原 植 物　多年生沉水草本；根状茎发达，在水底泥中蔓延，节部生根；茎分枝极多。叶常5片轮生，长3.5 cm，丝状全细裂，叶的裂片约13对，细线形，裂片长1.0 ~ 1.5 cm。花两性，单性或杂性，雌雄同株，单生于苞片状叶腋内，常4朵轮生，由多数花排成近裸颓的顶生或腋生的穗状花序。如为单性花，则上部为雄花，下部为雌花，中部有时为两性花。雄花：萼筒广钟状，顶端4深裂；花瓣4，阔匙形；雄蕊8，花药长椭圆形，长2 mm；淡黄色。雌花：萼筒管状，4深裂；子房下位、4室，花柱4，具胚珠4；大苞片矩圆形，全缘或有细锯齿，较花瓣短，小苞片近圆形。花期6—8月，果期8—9月。

生　　境　在池塘、河沟、沼泽中常有生长，特别是在含钙的水域中更较常见。

▲穗状狐尾藻植株

▲穗状狐尾藻雌花序

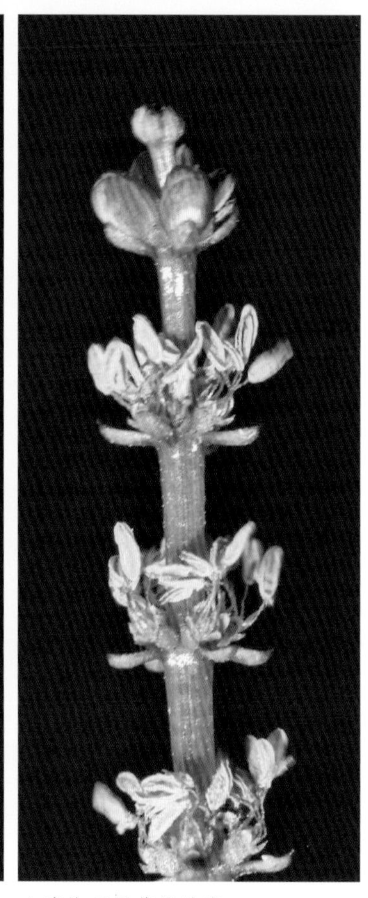

▲穗状狐尾藻雄花序

分　　布　黑龙江尚志、五常、东宁、宁安、密山、虎林、饶河、抚远、同江、富锦、富裕、佳木斯、安达等地。吉林汪清、敦化、龙井、和龙、珲春、安图等地。辽宁沈阳市区、新民、法库、康平、北镇、盘山、彰武等地。内蒙古新巴尔虎右旗、正蓝旗、正镶白旗、太仆寺旗、多伦等地。世界广布种。

采　　制　夏、秋季采收全草，晒干药用。

性味功效　有清热解毒、活血、通便的功效。

主治用法　用于痢疾、热毒疖肿、丹毒等。水煎服。外用鲜品捣烂敷患处。

用　　量　适量。

◎参考文献◎

[1] 中国药材公司．中国中药资源志要[M]．北京：科学出版社，1994: 823-824.

[2] 江纪武．药用植物辞典[M]．天津：天津科学技术出版社，2005: 534.

▲黑龙江省塔河县开库康乡月亮湾湿地秋季景观

▲杉叶藻群落

杉叶藻科 Hippuridaceae

本科共收录 1 属、1 种。

杉叶藻属 *Hippuris* L.

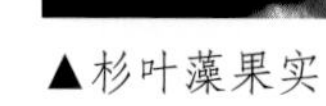

▲杉叶藻果实

杉叶藻 *Hippuris vulgaris* L.

别　　名　节骨草

药用部位　杉叶藻科植物杉叶藻的全草。

原 植 物　多年生水生草本；茎直立，多节，高 8 ~ 150 cm；叶条形，轮生，两型，4 ~ 12 片轮生。沉水中的根状茎粗大，圆柱形，直径 3 ~ 5 mm；叶线状披针形，长 1.5 ~ 2.5 cm，宽 1.0 ~ 1.5 mm；露出水面的根状茎较沉水叶根状茎细小，节间亦短；叶条形或狭长圆形，长 1.5 ~ 6.0 cm，宽 1.0 ~ 1.5 cm。花细小，两性，稀单性，单生于叶腋；萼与子房大部分合生成卵状椭圆形，萼全缘，常带紫色；无花盘；雄蕊 1，生于子房上略偏一侧；花丝细，常短于花柱，花药红色，椭圆形；子房下位，椭圆形，1 室，内有 1 倒生胚珠，花柱宿存，针状，稍长于花丝，雌蕊先熟，主要为风媒传粉。花期 7—8 月，果期 8—9 月。

生　　境　生于沼泽、池塘或溪流中，常聚集成片生长。

分　布　黑龙江呼玛、尚志、五常、东宁、宁安、密山、虎林、饶河、抚远、同江、富锦、富裕、佳木斯市区、安达等地。吉林长白山及西部草原各地。辽宁沈阳市区、新民、彰武等地。内蒙古牙克石、科尔沁右翼前旗、科尔沁左翼后旗、科尔沁右翼中旗、科尔沁左翼中旗、扎赉特旗、扎鲁特旗、克什克腾旗、巴林左旗、巴林右旗、阿鲁科尔沁旗、东乌珠穆沁旗、西乌珠穆沁旗、正蓝旗、镶黄旗等地。世界广布种。

采　制　夏、秋季采收全草，除去杂质，切段，洗净，晒干。

性味功效　味苦、微甘，性凉。有润肺止咳、清热除烦、凉血止血、生津养液的功效。

主治用法　用于高热烦渴、肺痨咳嗽、劳热骨蒸、两肋疼痛、胃肠炎、泄泻、外伤出血等。水煎服。外用适量研末撒患处。

用　量　10 ~ 20 g。

附　方　治外伤出血：杉叶藻茎叶研末服。

◎参考文献◎

[1] 江苏新医学院．中药大辞典（上册）[M]．上海：上海科学技术出版社，1977: 1039.
[2] 朱有昌．东北药用植物 [M]．哈尔滨：黑龙江科学技术出版社，1989: 780-781.
[3] 中国药材公司．中国中药资源志要 [M]．北京：科学出版社，1994: 824.

▼杉叶藻植株

▲内蒙古自治区新巴尔虎右旗阿贵洞草原夏季景观

▲锁阳植株

▲市场上的锁阳植株（干）

▲市场上的锁阳植株（鲜）

锁阳科 Cynomoriaceae

本科共收录 1 属、1 种。

锁阳属 *Cynomorium* L.

锁阳 *Cynomorium songaricum* Rupr.

别　　名　乌兰高腰　地毛球

俗　　名　羊锁不拉　铁棒锤　锈铁棒

药用部位　锁阳科锁阳的肉质茎。

原 植 物　多年生肉质寄生草本，全株红棕色，高 15 ~ 100 cm，大部分埋于沙中。茎圆柱状，直立、棕褐色，直径 3 ~ 6 cm，埋于沙中的茎具有细小须根，茎基部略增粗或膨大。茎上着生螺旋状排列脱落性鳞片叶；鳞片叶卵状三角形，先端尖。肉穗花序生于茎顶，伸出地面，棒状，长 5 ~ 16 cm，直径 2 ~ 6 cm；其上着生非常密集的小花，雄花、雌花和两性相伴杂生，花序中散生鳞片状叶。雄花：花长 3 ~ 6 mm；花被片通常 4，离生或稍合生，倒披针形或匙形，长 2.5 ~ 3.5 mm。雌花：花长约 3 mm；花被片 5 ~ 6，条状披针形，长 1 ~ 2 mm；花柱棒状，柱头平截；子房半下位；花被片披针形。花期 5—7 月，果期 6—7 月。

▲锁阳居群

生　　境　寄生在荒漠草原、草原化荒漠与荒漠地带的河边、湖边、池边等处白刺属 *Nitraria* 和红砂属 *Reaumuria* 等植物的根上。

分　　布　内蒙古苏尼特左旗、苏尼特右旗等地。陕西、宁夏、甘肃、青海、新疆。蒙古、伊朗。亚洲（中部）。

采　　制　夏、秋季采收肉质茎，除去杂质，切段，洗净，晒干。

性味功效　味甘，性温。有补肾、益精、润燥的功效。

主治用法　用于阳痿遗精、滑精、精冷不育、腰腿痿弱酸痛、筋骨无力、小儿发育不良、骨软行迟、颅脑过期不合、肠燥便秘、尿血、血枯、神经衰弱等。水煎服，入丸、散或熬膏。

用　　量　7.5 ~ 15.0 g。

附　　方

（1）治胃溃疡：锁阳、珠芽蓼各 15 g。水煎服。

（2）治消化不良：锁阳 25 g。水煎服。

附　　注　本品为《中华人民共和国药典》（2020 年版）收录的药材。

◎参考文献◎

[1] 江苏新医学院．中药大辞典（下册）[M]．上海：上海科学技术出版社，1977: 2395-2396.

[2] 中国药材公司．中国中药资源志要 [M]．北京：科学出版社，1994: 824.

[3] 江纪武．药用植物辞典 [M]．天津：天津科学技术出版社，2005: 239.

▲锁阳花序

▲瓜木枝条

▲瓜木果核

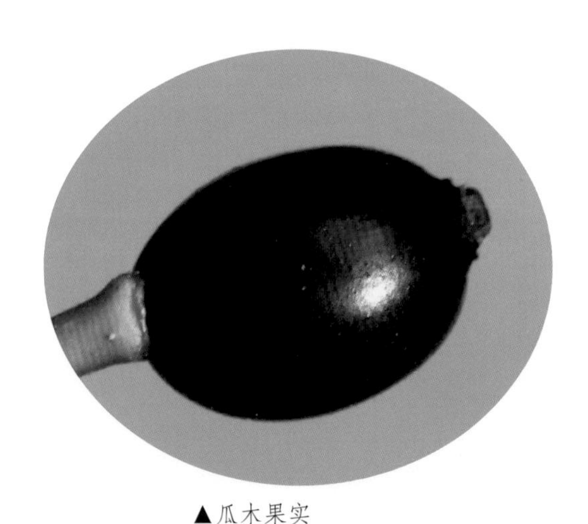

▲瓜木果实

八角枫科 Alangiaceae

本科共收录 1 属、1 种。

八角枫属 *Alangium* Lam.

瓜木 *Alangium platanifolium*（Sieb. et Zucc.）Harms

别　　名　篠悬叶瓜木　八角枫　三裂八角枫　三裂瓜木

俗　　名　假黄瓤子　灵角

药用部位　八角枫科瓜木的干燥侧根及须状根（入药称“猪耳桐”）。

原 植 物　落叶灌木或小乔木，高 5 ~ 7 m；树皮平滑，灰色或深灰色；小枝常稍弯曲，略呈“之”字形，当年生枝淡黄褐色或灰色；叶纸质，近圆形，稀阔卵形或倒卵形，顶端钝尖，基部近于心脏形或圆形，长 11 ~ 18 cm，宽 8 ~ 18 cm，不分裂或稀分裂；主脉 3 ~ 5，侧脉 5 ~ 7 对；叶柄长 3.5 ~ 10.0 cm。聚伞花序生叶腋，长 3.0 ~ 3.5 cm，通常有花 3 ~ 5，总花梗长 1.2 ~ 2.0 cm，花梗长 1.5 ~ 2.0 cm，花梗上有线形小苞片 1；花萼近钟形，裂片 5，三角形，花瓣 6 ~ 7，线形，紫红色，长 2.5 ~ 3.5 cm，宽 1 ~ 2 mm，基部黏合，上部开花时反卷；雄蕊 6 ~ 7，花丝略扁；花盘肥厚，近球形。花期 6—7 月，果期 9—10 月。

生　　境　生于土质比较疏松而肥沃的向阳山坡或疏林中。

▲瓜木植株

▲瓜木花（侧）

▲瓜木花

分　　布　吉林集安、通化、柳河、临江、辉南、靖宇等地。辽宁桓仁、宽甸、凤城、鞍山市区、岫岩等地。河北、山西、河南、陕西、山东、浙江、台湾、江西、湖北、四川、贵州、甘肃、云南。朝鲜、日本。

采　　制　春、秋季采挖根，除去泥沙，洗净，留下侧根和须状根，晒干。

性味功效　味辛，性微温。有毒（须根更毒）。有祛风除湿、舒筋活络、散瘀镇痛的功效。

主治用法　用于风湿关节痛、跌打损伤、劳伤腰痛、四肢麻木、心力衰竭、精神分裂症。水煎服、酒浸服或研末开水冲服。瓜木根和须根有毒。剂量必须严格控制，应从小剂量开始，切勿过量。如多用中毒，用萝卜子 60 g 煎水服能解之。宜在饭后服用，服药后忌食鱼腥，小儿和年老体弱者慎用，孕妇禁忌。

用　　量　须根：2.5 ~ 5.0 g。侧根：5 ~ 10 g。

附　　方

（1）治风湿关节痛：瓜木侧根 50 g，白酒 1 L。浸 7 d，每天早晚各饮酒 25 ml。

（2）治精神分裂症：瓜木须状根粉，每服 2.5 ~ 4.0 g（切勿过量），每日 3 次。

（3）治乳结疼痛：瓜木叶数十枚，抽去叶脉，捣烂敷中指（左乳敷右中指，反之则相反）。轻者 1 次，重者 3 次即治愈。

（4）治刀伤出血：瓜木叶研成粉末，撒于伤口上。5 g，水煎服。

附　　注　根皮、叶及花入药，可治疗外伤出血、骨折、乳结、头风痛、胸腹胀满等。

◎参考文献◎

[1] 江苏新医学院．中药大辞典（上册）[M]．上海：上海科学技术出版社，1977: 24-25.

[2] 朱有昌．东北药用植物 [M]．哈尔滨：黑龙江科学技术出版社，1989: 764-765.

[3]《全国中草药汇编》编写组．全国中草药汇编（上册）[M]．北京：人民卫生出版社，1975: 14-15 .

▲黑龙江省逊克县新立林场森林秋季景观

▲灯台树枝条（花期）

山茱萸科 Cornaceae

本科共收录 3 属、4 种。

山茱萸属 *Cornus* L.

▲灯台树花

▲灯台树花（背）

灯台树 *Cornus controversa* Hemsl.

别　　名　灯台山茱萸 瑞木

俗　　名　女儿木 雨伞树

药用部位　山茱萸科灯台树的果实。

原 植 物　落叶乔木，高 6 ~ 15 m，稀达 20 m；树皮暗灰色；当年生枝紫红绿色，二年生枝淡绿色，有半月形的叶痕和圆形皮孔。叶互生，纸质，阔卵形、阔椭圆状卵形或披针状椭圆形，长 6 ~ 13 cm，宽 3.5 ~ 9.0 cm，先端凸尖，基部圆形或急尖，全缘，上面黄绿色，下面灰绿色。伞房状聚伞花序，顶生，宽 7 ~ 13 cm；总花梗淡黄绿色，长 1.5 ~ 3.0 cm；花小，白色，直径 8 mm，花萼裂

▲灯台树植株（花期）

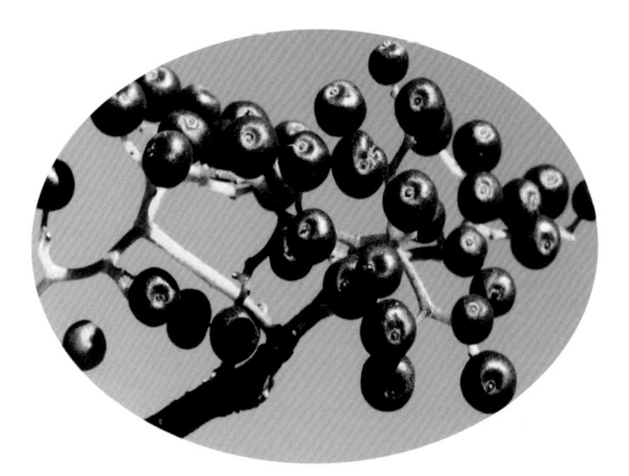
▲灯台树果实（后期）

片4，三角形，长约0.5 mm；花瓣4，长圆披针形，长4.0 ~ 4.5 mm；雄蕊4，着生于花盘外侧，与花瓣互生，长4 ~ 5 mm，花丝线形，花药椭圆形，淡黄色；花盘垫状；花柱圆柱形；子房下位，花托椭圆形。花期6—7月，果期9—10月。

生　境　生于阴坡、半阴坡土壤肥沃湿润的杂木林中。

分　布　吉林集安、临江、通化、辉南等地。辽宁本溪、桓仁、宽甸、凤城、清原、大连等地。河北、陕西、甘肃、山东、安徽、浙江、江西、福建、台湾、河南、湖北、湖南、贵州、四川、广东、广西。朝鲜、日本、印度、尼泊尔、不丹。

采　制　秋季采摘成熟果实，除去杂质，洗净，晒干。

性味功效　味苦。有清热利湿、止血、驱蛔的功效。

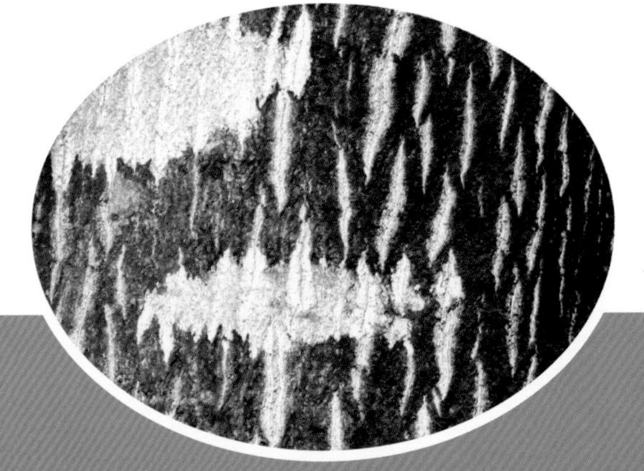
◀灯台树树干

▼灯台树植株（果期）

主治用法　用于蛔积、肝炎。水煎服。

用　　量　适量。

附　　注　果皮入药，有润肠通便的功效。树皮入药，有祛风止痛、舒筋活络的功效。心材入药，有接骨疗伤、破血养血、安胎、止痛、生肌的功效。

◎参考文献◎

[1] 中国药材公司．中国中药资源志要 [M]．北京：科学出版社，1994: 827.

[2] 江纪武．药用植物辞典 [M]．天津：天津科学技术出版社，2005: 114.

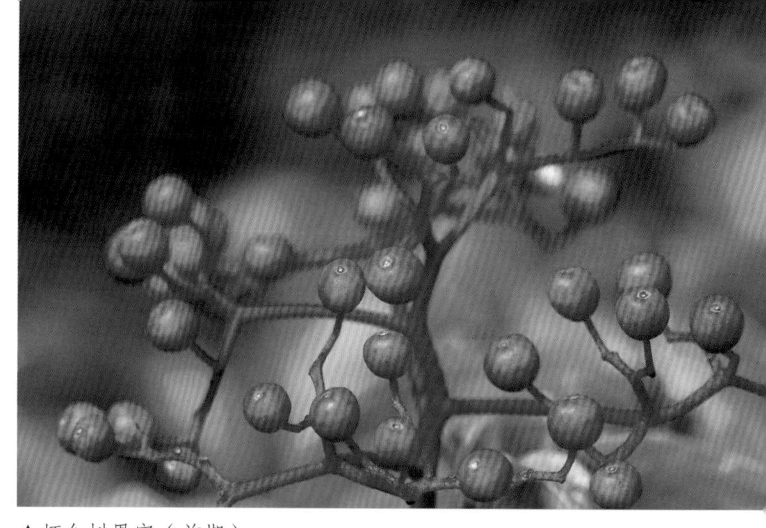

▲灯台树果实（前期）

灯台树枝条（果期）

▼灯台树花序

▲草茱萸植株（花期）

▲草茱萸种子

▲草茱萸果实

草茱萸属 *Chamaepericlymenum* Graebn.

草茱萸 *Chamaepericlymenum canadens*（L.）Asch. et Graebn.

别　　名　草四照花

药用部位　山茱萸科草茱萸的全草。

原 植 物　多年生草本，高 13 ~ 17 cm。叶对生或 6 枚于枝顶近于轮生，倒卵形至菱形，长 4.0 ~ 4.8 cm，宽 1.7 ~ 2.2 cm，全缘，中脉在上面稍凸起，下面凸出；叶柄短。伞状聚伞花序顶生，宽约 1.2 cm；总花梗长约 2 cm；总苞片 4，白色花瓣状，宽卵形，长 0.8 ~ 1.2 cm，宽 0.5 ~ 1.1 cm，先端钝尖，基部突然收缩呈柄状，有 7 条弧形的细脉纹；花小，白绿色，直径约 2 mm；花萼管长倒卵形，长约 1 mm；花瓣 4，卵状披针形，向外反折；雄蕊 4，花药狭卵形，淡黄白色；花盘墩状；花柱圆柱形，长约 1 mm，柱头头状，子房下位，花托长倒卵形，灰绿色；花梗细圆柱形。花期 7—8 月，果期 8—9 月。

▲草茱萸植株（果期）

生　　境　生于亚高山针叶林下较荫蔽而腐殖质丰富的地方，常聚集成片生长。

分　　布　黑龙江铁力。吉林安图。朝鲜、日本、俄罗斯。北美洲。

采　　制　夏、秋季采挖全草，除去杂质，洗净，晒干。

性味功效　有清热解毒的功效。

主治用法　用于疔疮痈肿。

用　　量　适量。

◎参考文献◎

[1] 中国药材公司. 中国中药资源志要[M]. 北京：科学出版社，1994:827-828.

▲草茱萸花序

▲红瑞木植株

▼红瑞木茎

梾木属 *Swida* Opiz

红瑞木 *Swida alba* L.

别　　名　红瑞山茱萸　凉子木

药用部位　山茱萸科红瑞木的枝条、树皮及叶。

原 植 物　落叶灌木，高达 3 m；树皮紫红色；老枝红白色，散生灰白色圆形皮孔及略为凸起的环形叶痕。叶对生，椭圆形，稀卵圆形，长 5.0 ~ 8.5 cm，宽 1.8 ~ 5.5 cm，先端凸尖，基部楔形或阔楔形，边缘全缘或波状反卷，侧脉 4 ~ 6 对。伞房状聚伞花序顶生，较密，宽 3 cm；总花梗圆柱形，长 1.1 ~ 2.2 cm；花小，白色或淡黄白色，长 5 ~ 6 mm，直径 6.0 ~ 8.2 mm，花萼裂片 4，尖三角形，长 0.1 ~ 0.2 mm；花瓣 4，卵状椭圆形，长 3.0 ~ 3.8 mm；雄蕊 4，长 5.0 ~ 5.5 mm，花丝线形，长 4.0 ~ 4.3 mm，花药淡黄色，2 室，卵状椭圆形，长 1.1 ~ 1.3 mm；花柱圆柱形，花托倒卵形，花梗纤细。花期 6—7 月，果期 8—10 月。

生　　境　生于杂木林、针阔叶混交林及溪流边等处。

▲红瑞木枝条（花期）

▲红瑞木果核

▼红瑞木果实

▼红瑞木花序

分　布　黑龙江漠河、塔河、呼玛、黑河市区、嫩江、孙吴、逊克、嘉荫、讷河、北安、龙江、伊春市区、铁力、富锦、甘南、阿城、五常、尚志、海林、东宁、宁安、穆棱、林口、鸡东、密山、虎林、饶河、同江、抚远、方正、勃利、桦南、延寿、通河、木兰、汤原、依兰、庆安、绥棱等地。吉林长白山各地。辽宁本溪、桓仁、宽甸、沈阳等地。内蒙古额尔古纳、牙克石、鄂伦春旗、鄂温克旗、阿尔山、科尔沁右翼前旗、克什克腾旗、东乌珠穆沁旗、西乌珠穆沁旗等地。河北、山东、江苏、江西、陕西、甘肃、青海。朝鲜、俄罗斯。欧洲。

采　制　四季剥取树皮和割取枝条，切段，洗净，晒干。夏、秋季采摘叶，除去杂质，洗净，晒干。

▲红瑞木枝条（果期）

▼红瑞木花

▼红瑞木花 （侧）

性味功效 树皮：有清热解毒、收敛、强壮、止痢、止泻、发表透疹的功效。枝条：有清热解毒、止泻、发表透疹的功效。叶：有清热解毒、止痢、止泻的功效。果实：有止咳的功效。

主治用法 树皮：用于泄泻、痢疾、腹泻。水煎服。枝条：用于泄泻、痢疾、腹泻、感冒、咳嗽、麻疹不透、胸膜炎、肾病等。水煎服。叶：用于泄泻、痢疾、腹泻等。

用　　量 树皮：9 ~ 15 g。枝条：9 ~ 15 g。叶：9 ~ 15 g。

◎参考文献◎

[1] 朱有昌．东北药用植物 [M]．哈尔滨：黑龙江科学技术出版社，1989: 846-848.

[2] 中国药材公司．中国中药资源志要 [M]．北京：科学出版社，1994: 827.

[3] 江纪武．药用植物辞典 [M]．天津：天津科学技术出版社，2005: 785.

▲毛梾木植株

▲毛梾木果核

毛梾木 *Swida walteri* Wangerin

别　　名　车辆山茱萸　车辆木　朝鲜山茱萸　毛梾

俗　　名　凉子木　黑凉子　红娘子

药用部位　山茱萸科毛梾木的枝叶及果实。

原 植 物　落叶乔木，高 6 ~ 15 m；树皮厚，黑褐色，纵裂而又横裂成块状；叶对生，纸质，椭圆形、长椭圆形或阔卵形，长 4.0 ~ 15.5 cm，宽 1.7 ~ 8.0 cm，先端渐尖，基部楔形，有时稍不对称，中脉在上面明显；叶柄长 0.8 ~ 3.5 cm。伞房状聚伞花序顶生，花密，宽 7 ~ 9 cm；总花梗长 1.2 ~ 2.0 cm；花白色，有香味，直径 9.5 mm；花萼裂片 4，绿色，齿状三角形，长约 0.4 mm；花瓣 4，长圆披针形，长 4.5 ~ 5.0 mm，宽 1.2 ~ 1.5 mm；雄蕊 4，长 4.8 ~ 5.0 mm，花丝线形，微扁，长 4 mm，花药淡黄色，长圆卵形，2 室；花盘明显；花柱棍棒形，长 3.5 mm，柱头小，头状，子房下位，花托倒卵形。花期 6 月，果期 9 月。

生　　境　生于杂木林或密林下。

分　　布　吉林集安、柳河等地。辽宁大连。河北、山西。华东、华中、华南、西南。朝鲜。

采　　制　四季割取枝条，切段，洗净，晒干。夏、秋季采摘叶，除去杂质，洗净，晒干。秋季采收果实，洗净，晒干。

性味功效　味微苦，性凉。有清热解毒、止痒的功效。

主治用法　用于漆疮。煎水洗。

用　　量　树皮：9 ~ 15 g。枝条：9 ~ 15 g。叶：9 ~ 15 g。

附　　注　果实入药，有止咳的功效。

▲毛梾木枝条（花期）

▲毛梾木树干

◎参考文献◎

[1] 江苏新医学院．中药大辞典（上册）[M]．上海：上海科学技术出版社，1977: 448.

[2] 朱有昌．东北药用植物 [M]．哈尔滨：黑龙江科学技术出版社，1989: 848-849.

[3] 中国药材公司．中国中药资源志要 [M]．北京：科学出版社，1994: 829.

▲毛梾木果实

▲毛梾木花序（背）

▲毛梾木枝条（果期）

▼毛梾木花序

▲黑龙江省阿穆尔林业局银龙湾湿地秋季景观

▲刺五加植株

▼刺五加茎

五加科 Araliaceae

本科共收录 5 属、7 种。

五加属 *Eleutherococcus* Maxim.

刺五加 *Eleutherococcus senticosus*（Rupr. et Maxim.）Maxim.

别　　名　豺节五加　五加参

俗　　名　刺拐棒　茨拐棒　老虎镣子　刺花棒　五加皮　刺木棒　刺老鸦子　刺针

药用部位　五加科刺五加的根皮。

原 植 物　落叶灌木，高 1 ~ 3 m；分枝多，一、二年生的通常密生刺，刺直而细长，脱落后遗留圆形刺痕，叶有小叶 5，稀 3；叶柄长 3 ~ 10 cm；小叶片椭圆状倒卵形或长圆形，长 5 ~ 13 cm，宽 3 ~ 7 cm，上面粗糙，边缘有锐利重锯齿，侧脉 6 ~ 7 对；小

▲刺五加枝条

叶柄长 0.5 ~ 2.5 cm，有棕色短柔毛，有时有细刺。伞形花序单个顶生，或 2 ~ 6 个组成稀疏的圆锥花序，直径 2 ~ 4 cm，有花多数；总花梗长 5 ~ 7 cm；花梗长 1 ~ 2 cm，无毛或基部略有毛；花紫黄色；萼边缘近全缘或有不明显的 5 小齿；花瓣 5，卵形，长 1 ~ 2 mm；雄蕊 5，长 1.5 ~ 2.0 mm；子房 5 室，花柱全部合生成柱状。花期 6—7 月，果期 8—10 月。

生　　境　生于针阔叶混交林或阔叶林内、林缘及灌丛中。

分　　布　黑龙江伊春市区、铁力、富锦、甘南、阿城、五常、尚志、海林、东宁、宁安、穆棱、林口、鸡东、密山、虎林、饶河、同江、抚远、方正、勃利、桦南、延寿、通河、木兰、汤原、依兰、庆安、绥棱等地。吉林长白山各地。辽宁西丰、清原、桓仁、本溪、鞍山市区、宽甸、凤城、岫岩、丹东市区、庄河、海城、营口市区、盖州、辽阳、铁岭、开原、绥中、彰武等地。河北、山西。朝鲜、日本、俄罗斯（西伯利亚中东部）。

采　　制　春、秋季采挖根，除去泥土，剥取根皮。晒干。

性味功效　味微辛、稍苦，性温。有补气益精、祛风湿、壮筋骨、活血祛瘀、益气健脾、补肾安神的功效。

主治用法　用于风寒湿痹、神经衰弱、气虚无力、食欲不振、高血压、低血压、冠心病、心绞痛、高脂血症、半身不遂、疝气腹痛、咳嗽

▼刺五加果实（果实松散）

▼刺五加果实（果实紧密）

▲刺五加幼株

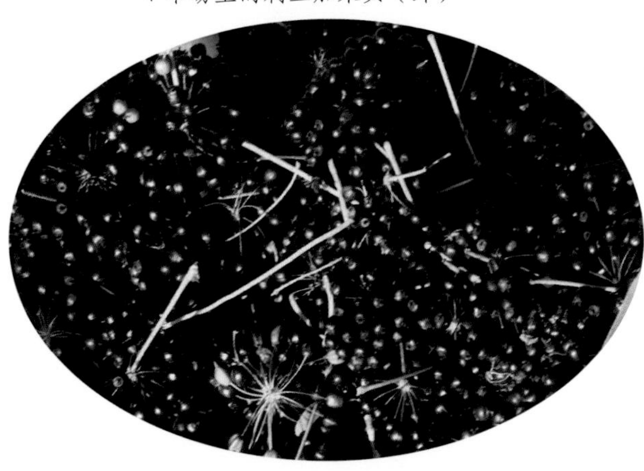

▼市场上的刺五加果实（鲜）

▼市场上的刺五加嫩茎叶

痰喘、慢性气管炎、糖尿病、阳痿、囊下湿、水肿、女子阴痒、小便余沥、慢性中毒、脚气、疮疽肿毒及跌打劳伤等。水煎服。

用　量　7.5 ~ 15.0 g。

附　方

（1）治风湿关节痛：刺五加皮 25 g，苍术、秦艽、豨莶草各 15 g，老鹳草 20 g。水煎服或泡酒服。

（2）治一切风湿痿痹、壮筋骨、填精髓：刺五加皮洗净刮去木质部，煎汁加上曲米酿成酒内服，或将五加皮切碎装入布袋中，浸酒煮饮，或再加当归、牛膝、地榆各药。

附　注

（1）果实入药，可治疗冠心病、心绞痛、高脂血症等。叶入药，可治疗皮肤风。

（2）本种的药用价值极高，据现代科学研究，其主要功效有延缓衰老、降压、增强免疫力、抗血栓、降血糖、抗疲劳、抗肿瘤、耐缺氧、耐化学刺激、诱生干扰素、抗低温、抗高温、抗辐射和升高白细胞等。另外，刺五加还可以治疗风湿性关节炎，被药圣李时珍誉为“通风使者”，在民间有“宁要一把五加，不要金玉满车”的说法。

（3）本品为《中华人民共和国药典》（2020 年版）收录的药材，也为东北地道药材。

▲刺五加花

▼刺五加花（侧）

▲刺五加花序

▲市场上的刺五加果实（干）

▲刺五加种子

▼市场上的刺五加皮

◎参考文献◎

[1] 江苏新医学院．中药大辞典（上册）[M]．上海：上海科学技术出版社，1977: 380-383.

[2] 朱有昌．东北药用植物 [M]．哈尔滨：黑龙江科学技术出版社，1989: 781-784.

[3] 中国药材公司．中国中药资源志要 [M]．北京：科学出版社，1994: 833.

▲无梗五加植株

无梗五加 *Eleutherococcus sessiliflorus*（Rupr. et Maxim.）S. Y. Hu

别　　名　短梗五加　乌鸦子

俗　　名　刺拐棒　茨拐棒　黑狗卵秧　五加皮木

药用部位　五加科无梗五加的根皮。

原 植 物　落叶灌木或小乔木，高 2 ～ 5 m；树皮暗灰色，有纵裂纹和粒状裂纹；刺粗壮，直或弯曲。叶有小叶 3 ～ 5；叶柄长 3 ～ 12 cm，小叶片纸质，长圆状披针形，长 8 ～ 18 cm，宽 3 ～ 7 cm，边缘有不整齐锯齿，侧脉 5 ～ 7 对，明显，网脉不明显；小叶柄长 2 ～ 10 mm。头状花序紧密，球形，直径 2.0 ～ 3.5 cm，有花多数，5 ～ 6 个稀多至 10 个组成顶生圆锥花序或复伞形花序；总花梗长 0.5 ～ 3.0 cm，密生短柔毛；花无梗；萼密生白色茸毛，边缘有 5 小齿；花瓣 5，卵形，深紫色，长 1.5 ～ 2.0 mm，外面有短柔毛，后毛脱落；子房 2 室，花柱全部合生成柱状，柱头离生。花期 8—9 月，果期 9—10 月。

生　　境　生于针阔混交林及阔叶林林下、林缘、山坡、沟谷及路旁等处。

分　　布　黑龙江伊春市区、铁力、富锦、甘南、阿城、五常、尚志、海林、东宁、宁安、穆棱、林口、鸡东、密山、虎林、饶河、同江、抚远、方正、勃利、桦南、延寿、通河、木兰、汤原、依兰、庆安、绥棱等地。吉林长白山各地。辽宁西丰、清原、新宾、桓仁、本溪、鞍山市区、宽甸、凤城、岫岩、庄河、大连、丹东市区、营口、辽阳、海城、抚顺、义县、北镇、彰武、绥中等地。内蒙古锡林郭勒盟。华北。陕西。日本、朝鲜、俄罗斯（西伯利亚中东部）。

采　　制　春、秋季采挖根，剥取根皮。

性味功效　味辛、微苦，性温。有祛风湿、壮筋骨、活血祛瘀的功效。

▲无梗五加枝条

▲市场上的无梗五加果实

▲无梗五加种子

▼市场上的无梗五加嫩茎叶

主治用法　用于风湿性关节痛、腰膝疼痛、筋骨痿软、水肿、小便不利、阳痿囊湿、寒湿脚气、小便余沥、神疲体倦、小儿行迟、跌打损伤等。水煎服或酒浸。

用　　量　7.5 ~ 15.0 g。

附　　方

（1）治风湿痛：无梗五加根皮 15 g，鸡血藤、海风藤各 20 g，威灵仙 15 g，水煎服。

（2）治筋骨痿软、膝足无力：无梗五加根皮 15 g，牛膝 20 g，桑寄生 30 g，木瓜 15 g。水煎服。

（3）治肾炎水肿：无梗五加根皮 15 g，茯苓皮 25 g，生姜皮、大腹皮各 15 g，陈皮 10 g。水煎服。

附　　注　果实入药，可治疗冠心病、心绞痛、高脂血症等。叶入药，可治疗皮肤风。

◎参考文献◎
[1] 江苏新医学院. 中药大辞典(上册)[M]. 上海: 上海科学技术出版社, 1977: 380-383.
[2] 朱有昌. 东北药用植物[M]. 哈尔滨: 黑龙江科学技术出版社, 1989: 784-786.
[3] 《全国中草药汇编》编写组. 全国中草药汇编(上册)[M]. 北京: 人民卫生出版社, 1975: 146-147.

▲无梗五加果实

▼无梗五加花序

▲辽东楤木植株

▼辽东楤木皮刺

楤木属 *Aralia* L.

辽东楤木 *Aralia elata*（Miq.）Seem.

别　　名　龙芽楤木

俗　　名　刺龙牙　刺龙芽　刺老牙　刺楞牙　五郎头　树头菜　树龙芽　铁杆刺龙芽

药用部位　五加科辽东楤木的根皮及树皮（入药称“刺老鸦”）。

原 植 物　落叶小乔木，高 1.5 ~ 6.0 m，树皮灰色；小枝疏生细刺；嫩枝上常有长达 1.5 cm 的细长直刺。叶为二回或三回羽状复叶，长 40 ~ 80 cm；叶柄长 20 ~ 40 cm；托叶和叶柄基部合生；叶轴和羽片轴基部通常有短刺；羽片有小叶 7 ~ 11，小叶片阔卵形至椭圆状卵形，长 5 ~ 15 cm，宽 2.5 ~ 8.0 cm，侧脉 6 ~ 8 对；小叶柄长 3 ~ 5 mm。圆锥花序长 30 ~ 45 cm，分枝在主轴顶端指状排列；伞形花序直径 1.0 ~ 1.5 cm，有花多数或少数；总花梗长 0.8 ~ 4.0 cm，花梗长 6 ~ 7 mm；苞片和小苞片披针形；花黄白色；萼长 1.5 mm；花瓣 5，长 1.5 mm，卵状三角形；子房 5 室；花柱 5，离生或基部合生。花期 8—9 月，果期 9—10 月。

市场上的辽东楤木嫩茎叶

▲辽东楤木枝条（花期）

生　　境　生于阔叶林或针阔叶混交林的林下、林缘及路旁，常聚集成片生长。

分　　布　黑龙江伊春市区、铁力、富锦、甘南、阿城、五常、尚志、海林、东宁、宁安、绥芬河、穆棱、林口、鸡东、密山、虎林、饶河、同江、抚远、方正、勃利、桦南、延寿、通河、木兰、汤原、依兰、庆安、绥棱等地。吉林长白山各地。辽宁西丰、抚顺、清原、新宾、桓仁、本溪、鞍山、宽甸、凤城、岫岩、庄河等地。朝鲜、日本、俄罗斯（西伯利亚中东部）。

采　　制　春、秋季采挖根，剥取根皮，切段，鲜用或晒干。四季割取树干下部，剥取树皮，切段，鲜用或晒干。

性味功效　味辛，性微温。有毒（须根更毒）。有祛风除湿、舒筋活络、散瘀镇痛的功效。

主治用法　用于气虚无力、神经衰弱、颅外伤后无力综合征、肾虚阳痿、风湿痛、胃痛、慢性胃炎、胃痉挛、胃及十二指肠溃疡、肝炎、糖尿病、肾炎水肿，水煎服。外用捣烂敷患处。

用　　量　25 ~ 50 g（鲜品 50 ~ 100 g）。外用适量。

附　　方

（1）治筋骨痹痛：刺老鸦根皮 100 g，用白酒 0.5 L，浸泡 7 d，每次服一酒盅。

▲辽东楤木果实

▼辽东楤木幼株

▲辽东楤木枝条（果期）

▲辽东楤木总花序

▼辽东楤木花序

▲辽东楤木种子

▲市场上的辽东楤木果实

（2）治胃及十二指肠溃疡、慢性胃炎：刺老鸦根皮 5 kg，加水 25 L，熬成膏，每服 3 ~ 5 ml，每日 3 次。

（3）治神经衰弱：刺老鸦根皮 10 g。水煎服。

（4）治水肿：刺老鸦根 25 g。水煎，日服 2 次。

（5）治奶汁不足：刺老鸦的果实适量。煎水，加煮红皮鸡蛋数个，一并服下（辽宁本溪民间方）。

◎参考文献◎

[1] 江苏新医学院．中药大辞典（上册）[M]．上海：上海科学技术出版社，1977: 1268.

[2] 朱有昌．东北药用植物 [M]．哈尔滨：黑龙江科学技术出版社，1989: 788-791.

[3]《全国中草药汇编》编写组．全国中草药汇编（上册）[M]．北京：人民卫生出版社，1975: 254-255.

东北土当归 *Aralia continentalis* Kitag.

别　　名　长白楤木

俗　　名　草本刺龙牙　狗苦龙芽　牛尾大活　朝鲜独活　羌活　土当归

药用部位　五加科东北土当归的根及根皮。

原 植 物　多年生草本，地下有块状粗根状茎。地上茎高达 1 m。叶为二回或三回羽状复叶；叶柄长 11.5 ~ 24.5 cm；托叶和叶柄基部合生，卵形或狭卵形，长 2.5 ~ 6.0 mm，上部有不整齐裂齿；羽片有小叶 3 ~ 7，小叶片膜质，顶生者倒卵形或椭圆状倒卵形，侧生者椭圆形至卵形，先端突渐尖，

▲东北土当归幼苗

▲东北土当归幼株

▲东北土当归根

▲东北土当归植株（果期）

▲东北土当归种子

基部楔形或心形，歪斜，长 5 ~ 15 cm，宽 3 ~ 9 cm；小叶无柄或有长至 1 cm 的柄。圆锥花序大，长达 55 cm，顶生或腋生，分枝紧密；伞形花序直径 1.5 ~ 2.0 cm，有花多数；总花梗长 1 ~ 2 cm；苞片卵形，先端尖，边缘膜质，花梗粗短，小苞片披针形，花瓣 5，三角状卵形，雄蕊 5，子房 5 室；花柱 5。花期 7—8 月，果期 8—9 月。

生　境　生于阔叶林或针阔叶混交林的林下、林缘及路旁等处。

分　布　吉林长白山各地。辽宁丹东市区、本溪、桓仁、凤城、鞍山市区、岫岩、大连、北镇、新宾等地。河北、河南、陕西、四川、西藏。朝鲜、俄罗斯、日本。

采　　制　春、秋季采挖根，除去泥土，剥取根皮，与根一同晒干。

性味功效　味辛、苦，性温。有祛风燥湿、舒筋活络、活血止痛的功效。

主治用法　用于风寒湿痹、风湿腰腿痛、腰肌劳损、跌打损伤、痈肿、头痛、牙痛等。水煎服。

用　　量　10 ~ 20 g。

附　　方

（1）除风和血：东北土当归根，煎酒服用。

（2）治闪拗手足：东北土当归根、荆芥、葱白各适量。共煎汤淋洗之。

（3）治腿痛：东北土当归根适量捣碎，外敷膝盖上（吉林延边朝鲜族民间方）。

◎参考文献◎

[1] 朱有昌．东北药用植物 [M]．哈尔滨：黑龙江科学技术出版社，1989: 786-788.

[2] 中国药材公司．中国中药资源志要 [M]．北京：科学出版社，1994: 835.

[3] 江纪武．药用植物辞典 [M]．天津：天津科学技术出版社，2005: 61.

▲东北土当归植株（花期）

▲东北土当归花序

▲东北土当归果实

▲刺楸植株

▼刺楸皮刺

刺楸属 *Kalopanax* Miq.

刺楸 *Kalopanax septemlobus*（Thunb.）Koidz.

俗　　名　刺儿楸　棘楸　刺老棒

药用部位　五加科刺楸的根皮、树皮(入药称"丁桐皮")及茎枝(入药称"鸟不宿")。

原 植 物　落叶乔木，高 10 ~ 30 m；树皮暗灰棕色；小枝淡黄棕色，散生粗刺；刺基部宽阔扁平，通常长 5 ~ 6 mm，在茁壮枝上的长达 1 cm 以上，宽 1.5 cm 以上。叶片纸质，在长枝上互生，在短枝上簇生，圆形或近圆形，直径 9 ~ 35 cm，掌状 5 ~ 7 浅裂，叶柄细长，长 8 ~ 50 cm。圆锥花序大，长 15 ~ 25 cm，直径 20 ~ 30 cm；伞形花序直径 1.0 ~ 2.5 cm，有花多数；总花梗细长，长 2.0 ~ 3.5 cm；花梗细长，无关节；花白色或淡绿黄色；萼无毛，长约 1 mm，边缘有 5 小齿；花瓣 5，三角状卵形，长约 1.5 mm；雄蕊 5；花丝长 3 ~ 4 mm；子房 2 室；花盘隆起；花柱合生成柱状，柱头离生。花期 7—8 月，果期 9—10 月。

生　　境　生于土质湿润肥沃的山谷、坡地、林缘等处。

分　　布　吉林长白山各地。辽宁桓仁、本溪、宽甸、东港、凤城、岫岩、盖州、大连、抚顺、绥中等地。华北、华中、华南、华东。朝鲜、俄罗斯（西伯利亚中东部）。

采　　制　春、秋季采挖根，剥取根皮，切段，鲜用或晒干。四季割取树干，剥取树皮，切段，鲜用或晒干。四季割取茎枝，切段，鲜用或晒干。

性味功效　根皮：味苦、辛，性平。有小毒。有清热凉血、祛风除湿、活血止痛、杀虫的功效。树皮：味苦，性凉。有祛风除湿、活血散瘀、解毒杀虫的功效。茎枝：味辛、苦，性平。有追风、行血的功效。

主治用法　根皮：用于赤白久痢、痔血、跌打损伤、风湿骨痛、肾炎水肿、咳嗽、慢性支气管炎、痈疽、疮癣等。水煎服。外用捣烂敷患处或熬水洗。树皮：用于肠风痔血、风湿关节痛、腰膝痛、急性吐泻、痢疾、痈肿、疥癣、跌打损伤等。水煎服。外用适量捣烂或研末敷患处，或煎水洗。茎枝：用于风湿痹痛、紫云风、胃痛等。水煎服，外用煎水洗。

用　　量　根皮：15 ~ 25 g。外用适量。树皮：15 ~ 25 g。外用适量。

▲刺楸种子

▼刺楸果实

▼刺楸枝条

▲刺楸幼株

▲市场上的刺楸嫩茎叶

茎枝：15～25 g。外用适量。

附　方

（1）治小儿脱肛：刺楸根、五倍子各25～50 g。煎水服。

（2）治肠风下血：刺楸根、漏芦根炖猪大肠内服。

（3）治跌打损伤：鲜刺楸根 200 g，土鳖虫 5 g。酒煎内服。

（4）治筋骨痛：鲜刺楸根 100 g，杜衡 5 g，鸡血藤 50 g。水煎服。

（5）治风湿腰膝疼痛：刺楸皮 50 g，五加皮 25 g，白酒 500 ml，浸泡 7～10 d，每次饮用 1 酒盅（约 10 ml），日服 3 次。

（6）治肝炎腹腔积液：刺楸叶 25 g，瘦猪肉 100 g。同炖食。

◎参考文献◎

[1] 江苏新医学院．中药大辞典（上册）[M]．上海：上海科学技术出版社，1977：768-769，1277-1278.

[2] 朱有昌．东北药用植物 [M]．哈尔滨：黑龙江科学技术出版社，1989：791-793.

[3]《全国中草药汇编》编写组．全国中草药汇编（上册）[M]．北京：人民卫生出版社，1975：487-488.

▲刺楸花序

▲刺楸树干

▲刺参群落

▼刺参茎

刺参属 *Oplopanax* Miq.

刺参 *Oplopanax elatus* Nakai

别　　名　东北刺人参　刺人参

俗　　名　刺老鸦幌子　刺儿参　大刺拐棒

药用部位　五加科刺参的干燥根及根状茎。

原 植 物　多刺落叶灌木，高 1 ~ 3 m；树皮呈灰黄色；髓部大，呈白色；小枝灰色，密生针状直刺。叶片薄纸质，近圆形，直径 15 ~ 30 cm，掌状 5 ~ 7 浅裂，裂片三角形或阔三角形，上面无毛或疏生刚毛，下面沿脉有短柔毛，边缘有锯齿，齿有短刺和刺毛，侧脉和网脉两面均明显。圆锥花序近顶生，长 8 ~ 18 cm，主轴密生短刺和刺毛；伞形花序直径 9 ~ 13 mm，有花 6 ~ 10，上部者无总花梗，下部者有长至 2.5 cm 的总花梗；总花梗密生刺毛；花梗长 3 ~ 6 mm，密生刺毛；萼无毛，边缘有 5 小齿；花瓣 5，长圆状三角形；雄蕊 5；子房 2 室；花柱 2，基部合生或合生至中部。花期 6—7 月，果期 9—10 月。

▲刺参植株

▼刺参果实

▲刺参花序

生　　境　生于针叶林、针阔叶混交林下（特别是冷杉、云杉下）排水良好、腐殖质层深厚肥沃的半阴坡，常成小片群落，有时还在高山石缝上生长。

分　　布　吉林长白、抚松、安图、临江、和龙、集安、通化等地。辽宁本溪、桓仁、宽甸等地。朝鲜、俄罗斯（西伯利亚中东部）。

采　　制　春、秋季采挖根及根状茎，洗净，切段晒干。

性味功效　味辛、苦，性温。有滋补强壮、解热、镇咳、兴奋中枢神经、调节血压的功效。

主治用法　用于神经衰弱、精神抑郁、精神分裂症、低血压、肾虚阳痿、体虚咳嗽、关节疼痛、糖尿病等。水煎服。干根研粉冲服。

用　　量　10 ~ 15 g。酊剂，每次 30 ~ 40 滴，每日 2 ~ 3 次，

饭前服。

附　注　东北地区民间认为：本品有调节血压作用，高血压病人服之可以降压，低血压患者服之可以适当升高血压。

◎参考文献◎

[1] 江苏新医学院．中药大辞典（上册）[M]．上海：上海科学技术出版社，1977：1266.

[2] 朱有昌．东北药用植物 [M]．哈尔滨：黑龙江科学技术出版社，1989：793-795.

[3] 钱信忠．中国本草彩色图鉴（第二卷）[M]．北京：人民卫生出版社，2003：66-67.

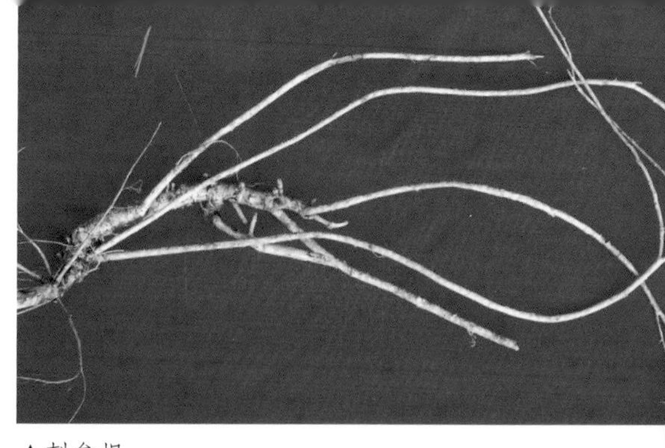

▲刺参根

▲刺参枝条（果期）

▼刺参种子

▼刺参枝条（花期）

▲人参群落

▼人参根（工艺参）

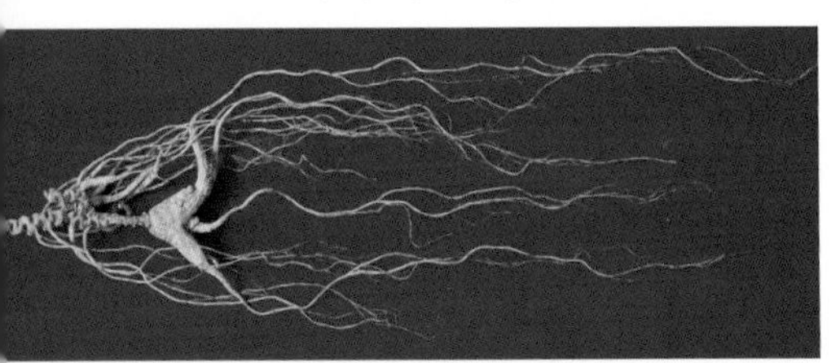

▼人参根（野山参）

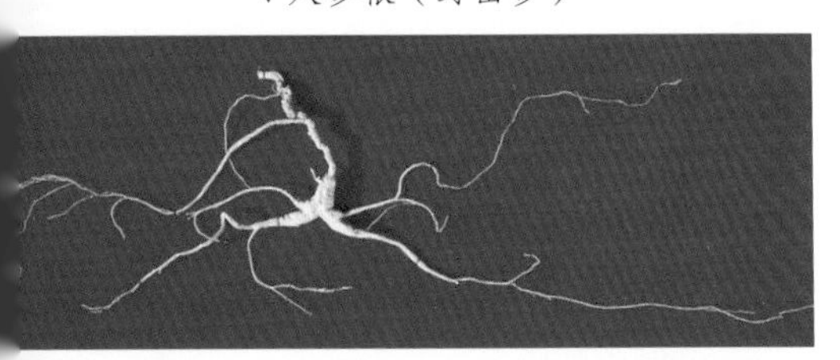

▼人参根（池底子）

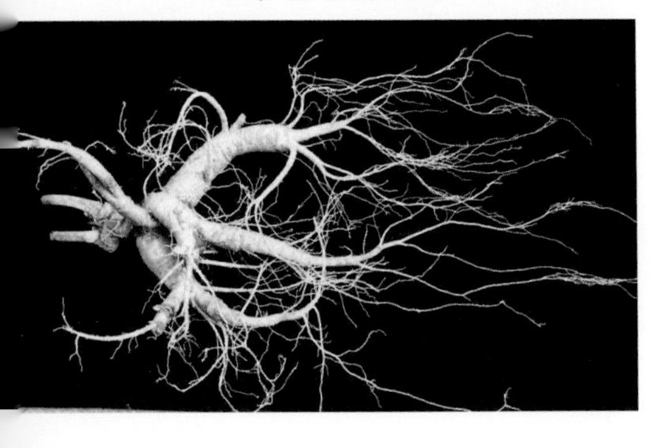

人参属 *Panax* L.

人参 *Panax ginseng* C. A. Mey.

别　　名　人衔　鬼盖　土精　神草　黄参　血参　地精

俗　　名　棒槌　山参

药用部位　五加科人参的干燥根（称“人参”）。

原 植 物　多年生草本。主根肉质，圆柱形或纺锤形，淡黄色，野生者根状茎长，栽培者根状茎短。茎直立，单生，有纵纹。生长年限不同，叶的数目分别为：一年生者有3小叶；二年生者有5小叶；三年生者有2复叶，每叶着生5小叶；四年生者有3复叶；五年生者有4复叶；六年以上生者有5复叶或6复叶。叶为掌状复叶，小叶3～5；叶片卵圆形或倒卵圆形，先端渐尖，边缘有重锯齿；叶柄长。伞形花序单个顶生，直径约1.5 cm，有花30～50，稀5～6；总花梗通常较叶长，长15～30 cm，有纵纹；花梗丝状，长0.8～1.5 cm；花淡黄绿色；萼无毛，边缘有5个三角形小齿；花瓣5，卵状三角形；雄蕊5，花丝短；子房2室；花柱2，离生。果实扁球形，鲜红色。花期6—7月，果期8—9月。

▲人参植株（四品叶）

▲人参种子

▲人参根（林下密）

▼人参根（林下参）

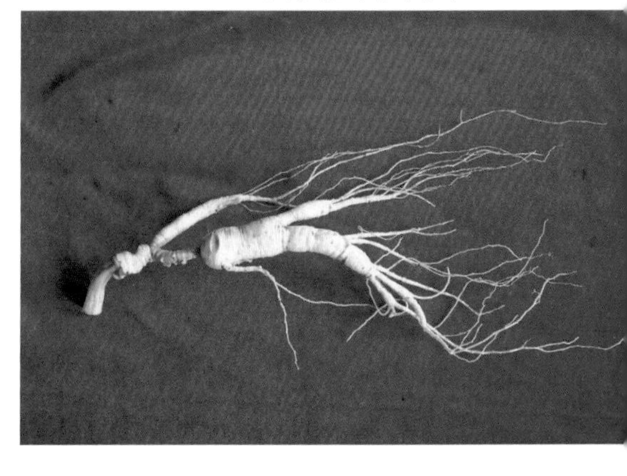

生　境　生于肥沃、湿润、排水良好的以红松为主的针阔叶混交林下或通风良好的针叶林下。

分　布　黑龙江五常、尚志、海林、宁安、东宁、方正、依兰、延寿、通河、虎林、饶河、穆棱、汤原、铁力、桦川、勃利、桦南等地。吉林抚松、长白、安图、临江、和龙、汪清、敦化、珲春、靖宇、辉南、柳河、江源、集安、通化、桦甸等地。辽宁丹东市区、宽甸、凤城、本溪、桓仁、岫岩、抚顺、新宾、清原、铁岭、鞍山市区、盖州、庄河、营口市区等地。朝鲜、俄罗斯（西伯利亚中东部）。

▲人参植株 （灯台子）

▲人参根（爬货，主根粗壮）

▼人参根（爬货，主根修长）

▲市场上的人参花序（鲜）

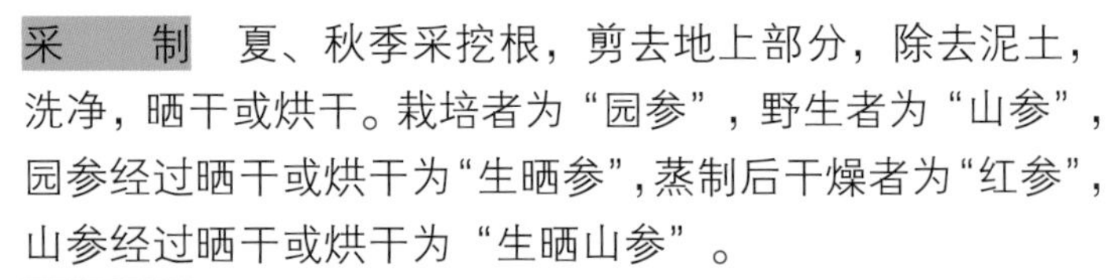

采　　制　夏、秋季采挖根，剪去地上部分，除去泥土，洗净，晒干或烘干。栽培者为“园参”，野生者为“山参”，园参经过晒干或烘干为“生晒参”，蒸制后干燥者为“红参”，山参经过晒干或烘干为“生晒山参”。

性味功效　味甘、微苦，性微温。有大补元气、复脉固脱、补脾益肾、生津益智、生肌安神的功效。

主治用法　用于久病气虚、疲倦无力、脾虚作泄、饮食少进、反胃吐食、大便滑泄、热病伤津、汗出口渴、失血虚脱、贫血、头晕健忘、喘促心悸、脉搏无力、消渴心烦、肺虚

▲人参幼株（二甲子）

▲市场上的人参花序（干）

▲人参幼株（巴掌）

▼人参幼株（三花）

喘咳、肾虚阳痿、妇女崩漏等。水煎服。阴虚火旺或湿热内盛者不宜，反藜芦，畏五灵脂。

用　　量　2.5 ~ 15.0 g。大剂量 15 ~ 50 g。

附　　方

（1）治大失血或一切急慢性疾病引起的虚脱、面色苍白、大汗肢冷、呼吸微弱：（独参汤）人参 25 ~ 50 g。水煎服。或（参附汤）加制附子 10 ~ 20 g，水煎 1 h 以上顿服。

（2）治气阴两伤、口渴多汗、气短喘促：（生脉散）人参 5 g，麦门冬 15 g，五味子 5 g。水煎服。

▲市场上的人参根（边条参）

▲市场上的人参根（爬货）

▲市场上的人参根（园参）

（3）治热病气阴两伤、口渴多汗、气短喘促：人参 7.5 g，麦门冬 15g，五味子 5g。水煎服。

（4）治脾胃虚弱、食欲不振或消化不良而腹泻：人参 5 ~ 10 g，白术 15 g，茯苓 20 g，陈皮 10 g。水煎服。

（5）治肺劳虚热、咳嗽失血、自汗盗汗：人参 25 g，生地、熟地、天门冬、麦门冬各 50 g。炼蜜为丸。每服 10 g。

（6）治胃虚呕吐：人参 5 g，姜半夏 10 g。白蜜适量。水煎服。

（7）治神经衰弱、头昏健忘、心悸失眠：人参 5 ~ 10 g，五味子 10 g。水煎服或制成糖浆服用。

（8）治下痢噤口：人参、莲肉各 9 g，以井华水 2 碗煎成 1 碗，细细呷之，或加姜汁炒黄连 9 g 并用。

▲人参幼苗

▲人参根（园参）

（9）治肺肾两虚、咳喘气促：人参 5 g，胡桃肉 15 g，水煎服。或配蛤蚧做丸或散。

（10）治痤疮：用红参浸膏外擦，经 10 ~ 15 d 完全治愈。

附　注

（1）侧根入药，功效似人参而力弱。根状茎入药，可治疗泄泻日久、阳气下陷。叶入药，有止渴、祛暑、降虚火的功效。花蕾入药，有清热解毒的功效。

（2）本品为《中华人民共和国药典》（2020 年版）收录的药材，也为东北地道药材。

（3）在本区，人们习惯把栽培的人参叫“园参”。把栽培在集安、宽甸、桓仁一带根形修长的园参叫“鞭条参”。利用人参根、须，采用人工拼接方式制作的根叫“工艺参”。把园参种子栽植到林下的人参叫“林下参”。把生长在自然环境下的人参叫“野

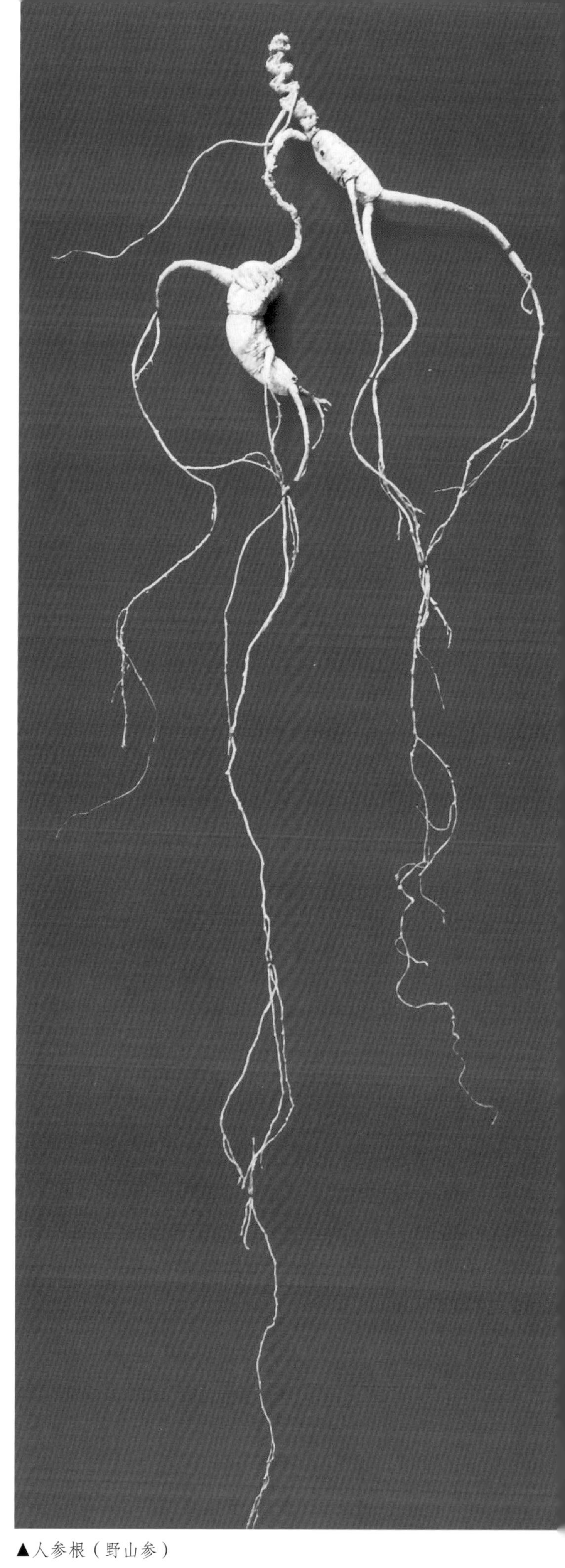

▲人参根（野山参）

▲人参果实（侧）

▼人参幼果

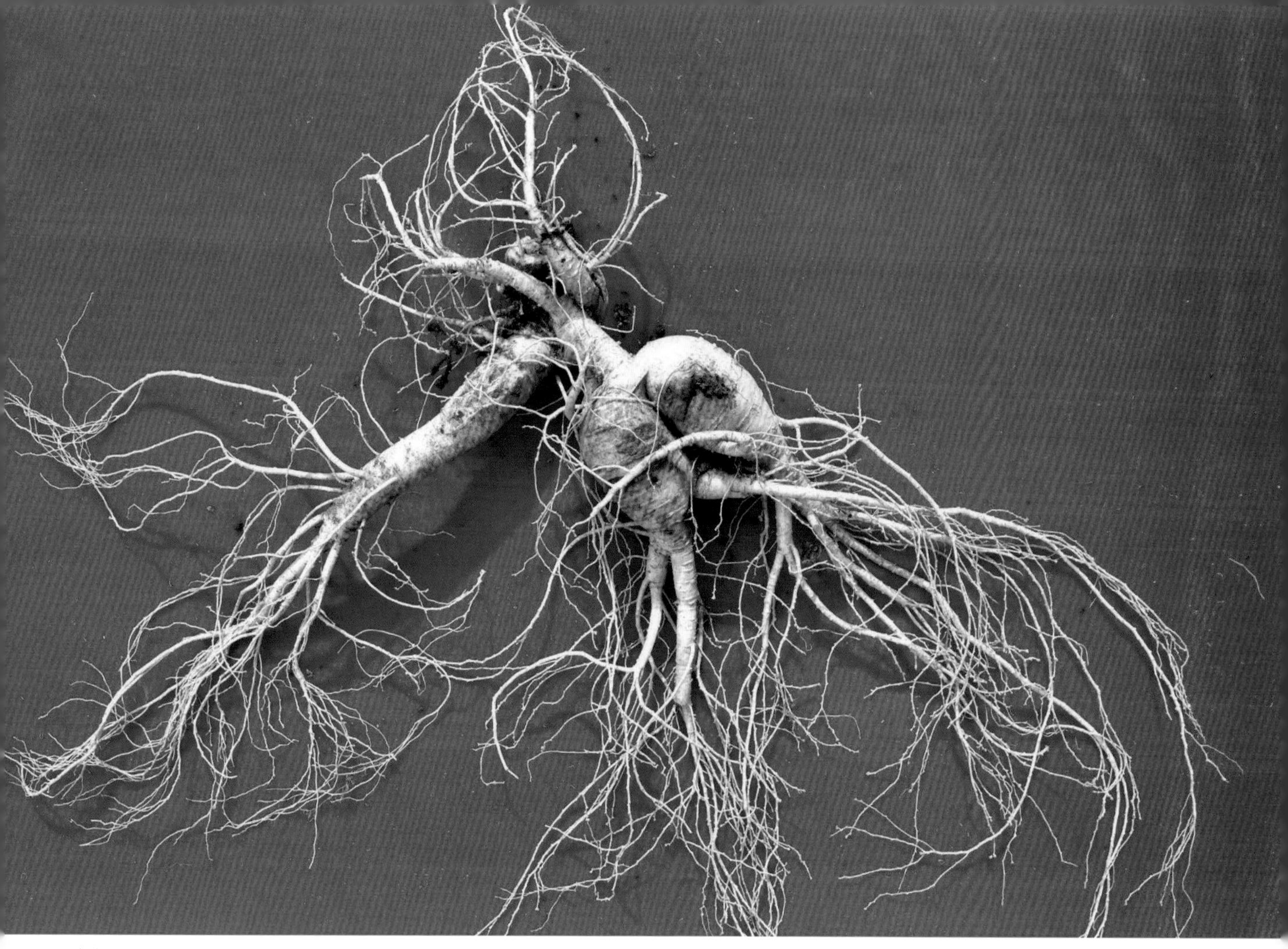

▲人参根（林下参）

▼市场上的人参根（林下参）

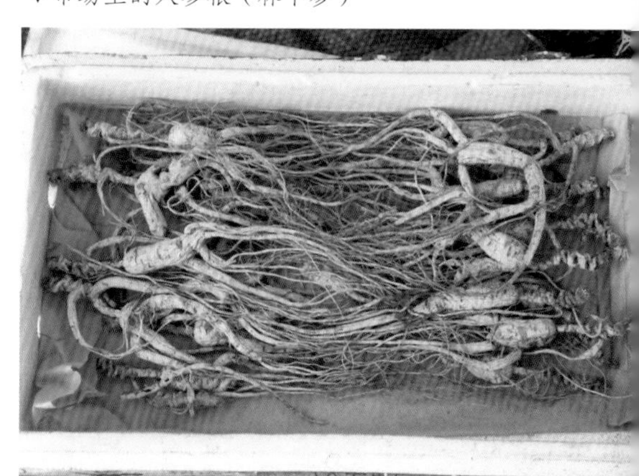

▼市场上的人参根（干）

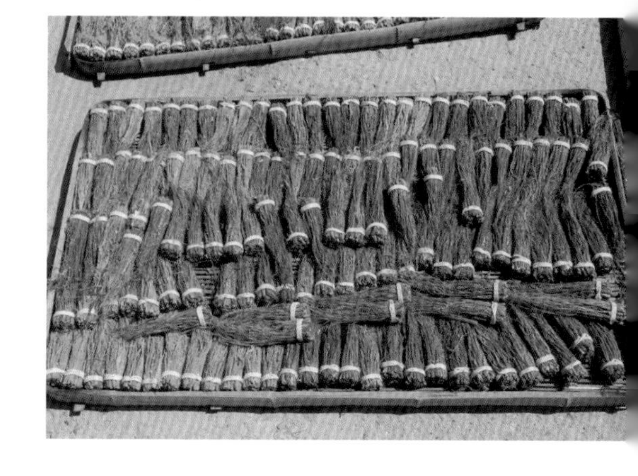

山参”。把采挖的小野山参重新移植到另一处林下生长的人参叫“林下密”。把栽培园参形态好的，重新移植到林下生长的人参叫“爬货”。把遗留在栽培园参地里的长期生长的人参叫“池底子”。（4）园参与野山参的区别主要有5点：①野山参的根状茎（芦）细长，上端四面密生芦碗，下面有圆芦。园参的根状茎粗短，一面或两面生有芦碗，下部无圆芦。②野山参的主根上端有细密的螺旋纹，皮老、纹深、黄褐色。园参的主根上端有粗糙的横纹，皮嫩、色白。③野山参的主根粗短。园参的顺长、挺直。④野山参有2～3个侧根，互相叉开，分枝角度大。园参2至多个侧根，分枝角度较小。⑤野山参的须根疏而长，有韧性，不易折断，上面有明显的疣状突起。园参的须根较密，呈扫帚状，短而脆，其上疣状突起不明显，本资料引自《中药材科技》。另外，本区在鉴定野山参时流行这样一段话：“芦碗紧密相互生，圆腹圆芦枣核艼，紧皮细纹疙瘩体，须似皮条长又清，珍珠点点缀须下，具此特征野山参。”在鉴定圆参（家参）时还流行这样一段话：“芦矮碗浅节骨少，艼直肩圆横纹跑，体粗白嫩呈顺体，须短质脆珍珠小。”

▲人参花（侧）

▲人参花

◎参考文献◎

[1] 江苏新医学院．中药大辞典（上册）[M]．上海：上海科学技术出版社，1977: 29-39.

[2] 朱有昌．东北药用植物 [M]．哈尔滨：黑龙江科学技术出版社，1989: 795-800.

[3] 《全国中草药汇编》编写组．全国中草药汇编（上册）[M]．北京：人民卫生出版社，1975: 20-21.

▲人参花序

▲人参果实

▲人参植株（五品叶）

▲吉林长白山国家级自然保护区天池湿地夏季景观

▲东北羊角芹幼株

▲东北羊角芹幼苗

▼市场上的东北羊角芹幼株

伞形科 Umbelliferae

本科共收录 26 属、49 种、1 变种、1 变型。

羊角芹属 *Aegopodium* L.

东北羊角芹 *Aegopodium alpestre* Ledeb.

别　名　小叶芹

俗　名　山芹菜

药用部位　伞形科东北羊角芹的根。

原 植 物　多年生草本，高 30 ~ 100 cm。茎直立，中空。基生叶有柄，柄长 5 ~ 13 cm，叶鞘膜质；叶片轮廓呈阔三角形，长 3 ~ 9 cm，宽 3.5 ~ 12.0 cm，通常三出二回羽状分裂；羽片卵形或长卵状披针形，长 1.5 ~ 3.5 cm，宽 0.7 ~ 2.0 cm，边缘有不规则的锯齿或缺刻状分裂，齿端尖；最上部的茎生叶小，三出羽状分裂，羽片卵状披针形，先端渐尖至尾状。复伞形花序顶生或侧生，伞辐 9 ~ 17，长 2.0 ~ 4.5 cm；小伞形花序有多数小花，花柄不等长，长3 ~ 10 mm；萼齿退化；花瓣白色，倒卵形，长1.2 ~ 2.0 mm，宽1 ~ 2 mm，顶端微凹；花柱基圆锥形，花柱长约1.2 mm，向外反折。花期6—7月，果期8—9月。

生　　境　生于杂木林下、林缘及山坡草地等处，常聚集成片生长。

分　　布　黑龙江呼玛、黑河、伊春市区、铁力、尚志、海林、五常、东宁、宁安等地。吉林长白山各地。辽宁本溪、桓仁、宽甸、鞍山、新宾、清原、西丰、开原等地。内蒙古额尔古纳、牙克石、鄂伦春旗、阿尔山等地。新疆等。朝鲜、俄罗斯（西伯利亚）、蒙古、日本。

采　　制　春、秋季采挖根，除去泥土，洗净，晒干。

性味功效　有镇痛的功效。

主治用法　用于风湿骨痛。

用　　量　适量。

附　　注　全草入药，可治疗眩晕。

◎参考文献◎

[1] 中国药材公司. 中国中药资源志要[M]. 北京：科学出版社，1994：847.

[2] 江纪武. 药用植物辞典[M]. 天津：天津科学技术出版社，2005：23.

▲东北羊角芹植株

▲东北羊角芹小伞形花序（背）

▲东北羊角芹小伞形花序

▲拐芹幼株

▼拐芹根

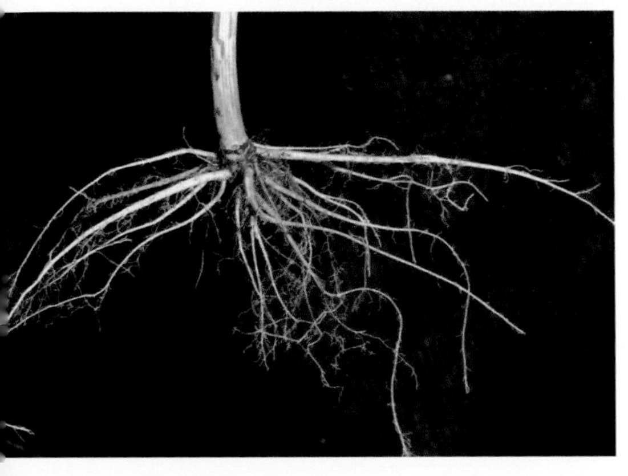

▼拐芹复伞形花序

当归属 *Angelica* L.

拐芹 *Angelica polymorpha* Maxim.

别　　名　拐芹当归

俗　　名　拐子芹　倒钩芹　紫杆芹　山芹菜

药用部位　伞形科拐芹的根。

原 植 物　多年生草本，高 0.5 ~ 1.5 m。茎中空，有浅沟纹，节处常为紫色。叶二至三回三出羽状分裂，叶片轮廓为卵形，长 15 ~ 30 cm，宽 15 ~ 25 cm；茎上部叶简化为无叶或带有小叶、略膨大的叶鞘，叶鞘薄膜质，常带紫色。第一回和第二回裂片有长叶柄，小叶柄通常膝屈或弧形弯曲；末回裂片有短柄或近无柄，卵形或菱状长圆形，3 裂。复伞形花序直径 4 ~ 10 cm；伞辐 11 ~ 20，长 1.5 ~ 3.0 cm，开展，上举；总苞片 1 ~ 3 或无，狭披针形；小苞片 7 ~ 10，狭线形，紫色；萼齿退化，少为细小的三角状锥形；花瓣匙形至倒卵形，白色，渐尖，顶端内曲；花柱短，常反卷。花期 8—9 月，果期 9—10 月。

生　　境　生于山沟溪流旁、杂木林下、灌丛间及阴湿草丛中。

分　　布　吉林集安。辽宁丹东市区、宽甸、凤城、本溪、桓仁、西丰、鞍山市区、岫岩、庄河、绥中等地。河北、山东、江苏。朝鲜、日本。

采　　制　春、秋季采挖根，除去泥土，洗净，晒干。

性味功效　有祛风散寒、散湿、消肿、排脓、止痛的功效。

用　　量　适量。

◎参考文献◎

[1] 中国药材公司. 中国中药资源志要[M]. 北京：科学出版社，1994: 849.

[2] 江纪武. 药用植物辞典 [M]. 天津：天津科学技术出版社，2005: 53.

▲拐芹植株

▲拐芹小伞形花序（背）

▲拐芹小伞形花序

▲拐芹果实

▲朝鲜当归群落

▼朝鲜当归根

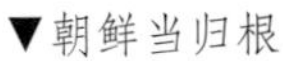

▼朝鲜当归复伞形花序

朝鲜当归 *Angelica gigas* Nakai

别　　名　大当归　大独活　土当归

俗　　名　走马芹　大野芹　紫花芹

药用部位　伞形科朝鲜当归的根。

原 植 物　多年生高大草本，高 1 ~ 2 m。根颈粗短；根圆锥形，直径 2 ~ 5 cm，有支根数个，灰褐色，茎粗壮，中空，紫色。叶二至三回三出羽状分裂，基生叶及茎下部叶的叶柄长达 30 cm；叶片轮廓近三角形，长 20 ~ 40 cm，叶轴不呈翅状下延；茎中部叶的叶柄长近 20 cm，叶柄基部渐成抱茎的狭鞘；末回裂片长圆状披针形，长 4 ~ 15 cm，上部的叶简化成囊状膨大的叶鞘。复伞形花序近球形，花序梗长 2 ~ 6 cm；伞辐 20 ~ 45，长 2 ~ 3 cm；总苞片一至数片，膨大成囊状，深紫色；小伞形花序密集成小的球形；小总苞数片，紫色；萼齿不明显；花瓣倒卵形，深紫色；雄蕊暗紫色。花期 7—8 月，果期 8—9 月。

生　　境　生于山地林内溪流旁及林缘草地等处，喜富含腐殖质的沙质土壤。

分　　布　黑龙江尚志、五常、东宁、宁安等地。吉林长白山各地。辽宁本溪、桓仁、宽甸、凤城、庄河等地。朝鲜、俄罗斯（西伯利亚中东部）、日本。

▲朝鲜当归植株

▲朝鲜当归幼苗

▼朝鲜当归果实

▲朝鲜当归小伞形花序（背）

采　　制　春、秋季采挖根，除去泥土，洗净，晒干。

性味功效　味甘、辛，性温。有补血调经、活血止痛、除风和血、润肠通便的功效。

主治用法　用于贫血、关节肿痛、风湿痹痛、痈疽疮毒、月经不调、痛经、闭经、崩漏、血虚腹痛、肠燥便秘、跌打损伤等。水煎服。

用　　量　15 ~ 25 g。

附　　方

（1）治闪挫肿痛：朝鲜当归、荆芥各 50 g，葱白 5 枚，煎汤洗患处。

（2）治关节肿痛：朝鲜当归 25 g，黄檗 20 g，苍术 25 g，水煎服，每日 2 次。

◎参考文献◎
[1] 江苏新医学院．中药大辞典（上册）[M]．上海：上海科学技术出版社，1977: 87-88.
[2] 朱有昌．东北药用植物 [M]．哈尔滨：黑龙江科学技术出版社，1989: 807-808.
[3] 中国药材公司．中国中药资源志要 [M]．北京：科学出版社，1994: 849.

▲朝鲜当归总花序

▼朝鲜当归总花序（背）

▲朝鲜当归小伞形花序

▼朝鲜当归幼株

▲东北长鞘当归群落

▼东北长鞘当归果实

▼东北长鞘当归小伞形花序

东北长鞘当归 *Angelica cartilagino-marginata*（Makino）Nakai

别　　名　长鞘独活

药用部位　伞形科东北长鞘当归的根及全草。

原 植 物　二年生草本。根纺锤形，茎直立，高 0.5 ~ 1.5 m，上部叉状分枝。基生叶及下部茎生叶的叶柄略膨大成长鞘状，鞘长至 5 cm，基部抱茎；叶片卵形至长卵形，一回羽状全裂，具羽片 3 ~ 9 对，最下的 1 对羽片有短柄或无柄，有时基部再 2 ~ 3 裂，顶部裂片 3 分裂，裂片披针形，基部极下延，呈翅状叶轴，顶端渐尖或锐尖；茎上部叶常简化为长叶鞘，仅顶端有分裂的小叶片。复伞形花序直径 3 ~ 8 cm，花序梗长 2 ~ 6 cm，伞辐 7 ~ 14，无总苞片；小伞花序有花 10 ~ 25，小总苞片 2 ~ 4，线状钻形，边缘宽膜质；花白色；无萼齿；花瓣卵圆形，先端内卷；花柱基扁圆锥状。花期 8—9 月，果期 9—10 月。

生　　境　生于山坡、林下、林缘及灌丛中。

分　　布　吉林长白山各地。辽宁丹东市区、凤城、本溪、铁岭、沈阳、鞍山市区、岫岩、庄河等地。朝鲜、俄罗斯（西伯利亚中东部）、日本。

采　　制　春、秋季采挖根，以秋季为最佳，除去泥土，洗净，晒干。

夏、秋季采收全草，切段，洗净，晒干。

性味功效 味辛，性温。有祛风除湿的功效。

主治用法 用于风寒头痛、巅顶痛、寒湿腹痛、泄泻、疝瘕、疥癣。水煎服。外用鲜品捣烂敷患处。

用　　量 适量。

◎参考文献◎

[1] 江纪武. 药用植物辞典 [M]. 天津: 天津科学技术出版社, 2005: 52.

▼东北长鞘当归花序（背）

▲东北长鞘当归植株

▼东北长鞘当归幼株

▲狭叶当归小伞形花序（背）

▲狭叶当归小伞形花序

▲狭叶当归复伞形花序

狭叶当归 *Angelica anomala* Ave-Lall.

别　　名 白山独活 额水独活 库页白芷 异形当归

药用部位 伞形科狭叶当归的根。

原 植 物 多年生草本。根粗大，纺锤形至圆柱形，长达 20 cm，表皮黄褐色至灰褐色。茎高 80 ~ 150 cm，基部直径 1 ~ 2 cm，有细沟纹，带紫色。基生叶开展，三回羽状全裂；茎生叶二至三回羽状全裂，叶片轮廓为卵状三角形，长 15 ~ 20 cm，有一回羽片 2 ~ 4 对；叶柄比叶片短，基部膨大成长椭圆状披针形的叶鞘，抱茎，末回裂片椭圆形至披针形，有时 3 裂，渐尖至急尖；茎上部叶的叶柄全部呈长圆筒状的鞘，不膨大，伏贴抱茎，带紫色。复伞形花序；花序梗长 5 ~ 20 cm，伞辐 20 ~ 45；小总苞片 3 ~ 7，线状锥形；小伞形花序有花 20 ~ 40；花白色，萼齿不明显，花瓣倒卵形。花期 7—8 月，果期 8—9 月。

生　　境 生于山坡、路旁、草地、林缘、水溪旁、阔叶林下及石砾质河滩等处。

分　　布 黑龙江尚志、五常、东宁、宁安、伊春、呼玛、漠河等地。吉林长白山各地。内蒙古额尔古纳、扎兰屯、阿尔山等地。朝鲜、俄罗斯（西伯利亚）。

采　　制 春、秋季采挖根，除去泥土，洗净，晒干。

性味功效 味辛，性温。有解表、祛风、除湿、止痛、活血的功效。

主治用法 用于感冒、头痛、寒湿白带、痔瘘便血、疮疡肿毒、牙龈肿痛、眉棱骨痛、鼻窦炎等。水煎服。

用　　量 5 ~ 15 g。

◎参考文献◎

[1] 中国药材公司．中国中药资源志要 [M]．北京：科学出版社，1994: 848．

[2] 江纪武．药用植物辞典 [M]．天津：天津科学技术出版社，2005: 52.

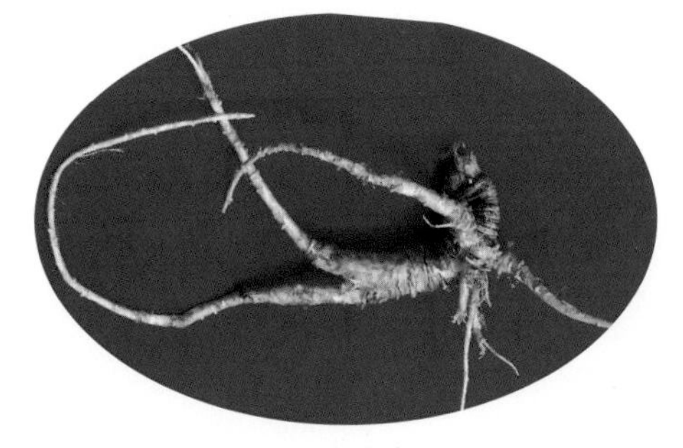

▲狭叶当归根

▲狭叶当归植株

▲黑水当归总花序

黑水当归 *Angelica amurensis* Schischk.

▲黑水当归果实（干）

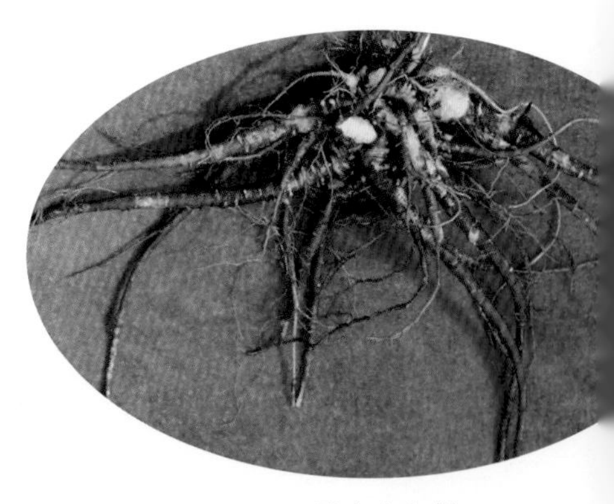

▲黑水当归根

别　　名　朝鲜白芷　黑龙江当归

俗　　名　走马芹　土当归　叉子芹

药用部位　伞形科黑水当归的根。

原 植 物　多年生草本。根圆锥形，有数个枝根。茎高 60 ~ 150 cm，中空。基生叶长 25 ~ 40 cm，宽 25 ~ 30 cm，有长叶柄；茎生叶二至三回羽状分裂，叶片轮廓为宽三角状卵形，长 15 ~ 25 cm，宽 20 ~ 25 cm，有一回裂片 2 对；叶柄较叶片短，基部膨大成椭圆形的叶鞘，叶鞘开展，末回裂片卵形至卵状披针形，边缘有不整齐的三角状锯齿，最上部的叶生于简化成管状膨大的阔椭圆形的叶鞘上。复伞形花序；花序梗长 6 ~ 20 cm；伞辐 20 ~ 45；小总苞片披针形，膜质；小伞形花序有花 30 ~ 45；花白色，萼齿不明显；花瓣阔卵形，长近 1 mm，顶端内曲；花柱基短圆锥状，花柱反卷。花期 7—8 月，果期 8—9 月。

生　　境　生于河谷湿地、林间草地、林缘灌丛及林间路旁等处，常聚集成片生长。

分　　布　黑龙江尚志、五常、东宁、宁安、伊春、呼玛、嫩江、黑河市区等地。吉林长白山各地。辽宁本溪、桓仁、宽甸、凤城等地。内蒙古根河、牙克石、鄂伦春旗等地。朝鲜、俄罗斯（西伯利亚中东部）、日本。

黑水当归植株

▲黑水当归群落

采　　制　春、秋季采挖根，除去泥土，洗净，晒干。

性味功效　味辛、微苦。有镇痛、抗炎的功效。

主治用法　用于风湿性关节炎、腰腿疼痛、筋骨麻木、疮痈肿毒等。水煎服。

用　　量　10 ~ 15 g。

◎参考文献◎

[1] 中国药材公司. 中国中药资源志要 [M]. 北京：科学出版社，1994：848.

▲黑水当归果实（鲜）

▲黑水当归幼株

▲黑水当归小伞形花序

▲黑水当归小伞形花序（背）

▲白芷群落

▲白芷小伞形花序

▲白芷果实

白芷 *Angelica dahurica*（Fisch. ex Hoffm.）Benth. et Hook. f. ex Franch. et Sav.

别　　名　大活　兴安白芷　香大活　独活

俗　　名　走马芹　走马芹筒子　狼山芹　疙瘩芹

药用部位　伞形科白芷的根。

原 植 物　多年生高大草本，高 1.0 ~ 2.5 m。根圆柱形，有分枝，直径 3 ~ 5 cm，有浓烈气味。茎通常带紫色，中空，有纵长沟纹。基生叶一回羽状分裂，有长柄，叶柄下部有叶鞘；茎上部叶二至三回羽状分裂，叶片轮廓为卵形至三角形，长 15 ~ 30 cm，叶柄长至 15 cm，下部为囊状膨大的膜质叶鞘，常带紫色；末回裂片长圆形，花序下方的叶简化成囊状叶鞘。复伞形花序顶生或侧生，直径 10 ~ 30 cm，花序梗长 5 ~ 20 cm；伞辐 18 ~ 40，中央主伞有时伞辐多至 70；总苞片通常缺或有 1 ~ 2，成长卵形膨大的鞘；小总苞片 5 ~ 10，线状披针形，膜质；花白色；无萼齿；花瓣倒卵形。花期 7—8 月，果期 8—9 月。

生　　境　生于河谷湿地、林间草地、林缘灌丛及林间路旁等处。

▲白芷幼苗

分　　布　黑龙江尚志、五常、东宁、宁安、勃利、密山、虎林、伊春、呼玛、漠河、黑河等地。吉林长白山和西部草原各地。辽宁本溪、桓仁、宽甸、凤城、新宾、清原、西丰、开原、沈阳、岫岩、辽阳、海城、盖州、营口市区、北镇、义县、绥中等地。内蒙古额尔古纳、根河、鄂温克旗、科尔沁右翼前旗、扎鲁特旗等地。河北、山西。朝鲜、日本、俄罗斯（西伯利亚中东部）。

采　　制　夏、秋季采挖根，以秋季为最佳，除去泥土，洗净，晒干。

性味功效　味辛、苦，性温。有散风除湿、通窍止痛、消肿排脓的功效。

主治用法　用于风湿性关节炎、腰腿疼痛、慢性气管炎、手脚挛痛、鼻窦炎、头痛、牙龈肿痛、痔漏便血、带下病、口眼㖞斜、皮肤燥痒、疥癣、痈疖肿毒、毒蛇咬伤、烧伤等。水煎服或入丸、散。外用适量研末撒或捣烂敷患处。

用　　量　5 ~ 10 g。外用适量。

附　　方

（1）治鼻窦炎：白芷、辛夷各 15 g，苍耳子 10 g，水煎服。

（2）治感冒及副鼻窦炎引起的头痛：白芷、菊花各 15 g，水煎服。

（3）治烧伤：白芷、紫草、忍冬藤各 50 g，虫白蜡 35 g，冰片 2.5 g，芝麻油 500 ml。先将芝麻油加热到 130℃，再

▼白芷植株

将白芷、紫草、忍冬藤放入，维持温度到 150℃，直至白芷变为焦黄色，滤过后加入虫白蜡，稍冷后再加入冰片即成。将消毒纱布浸入油中，然后覆盖在清创后的创面上，外加包扎；若用暴露疗法，则用消毒棉签外涂，每日 2 ~ 3 次即可。

（4）治风湿腰膝酸痛：白芷、防风、秦艽、当归各 15 g，桑寄生 25 g，杜仲 20 g，水煎服。

（5）治感冒头痛：独活 10 g，荆芥、防风各 15 g，水煎服。或用鲜白芷根，切开后放在鼻孔下嗅之，不多时则头痛可解（辽宁民间方）。

（6）治少阴寒湿腰痛：白芷、苍术、防风、细辛、川芎、甘草各适量，水煎服。

（7）治头痛属少阴者：白芷、细辛、川芎、秦艽、生地、羌活、防风、甘草各适量，水煎服。

（8）治牙龈肿痛：生地黄、白芷各 150 g，上二味细切，以酒 600 ml 渍一宿，含漱。或单用白芷 15 g，酒煮，趁热含漱。

（9）治毒蛇咬伤：白芷鲜根洗净捣烂外敷患处（尚志民间方）。

（10）治疮疽肿毒：白芷根适量捣碎，外敷患处，有排脓消肿的功效（本溪民间方）。

附　注

（1）叶入药，可治疗丹毒、瘾疹风疮。

（2）本品为《中华人民共和国药典》（2020 年版）收录的药材。

◎参考文献◎

［1］江苏新医学院．中药大辞典（上册）[M]．上海：上海科学技术出版社，1977: 675-679，711.

［2］江苏新医学院．中药大辞典（下册）[M]．上海：上海科学技术出版社，1977: 1703.

［3］朱有昌．东北药用植物 [M]．哈尔滨：黑龙江科学技术出版社，1989: 802-805.

［4］《全国中草药汇编》编写组．全国中草药汇编（上册）[M]．北京：人民卫生出版社，1975: 285-287.

▼白芷根

▼白芷幼株

▼白芷复伞形花序

▲鸭巴前胡幼株

▼鸭巴前胡复伞形花序

▼鸭巴前胡根

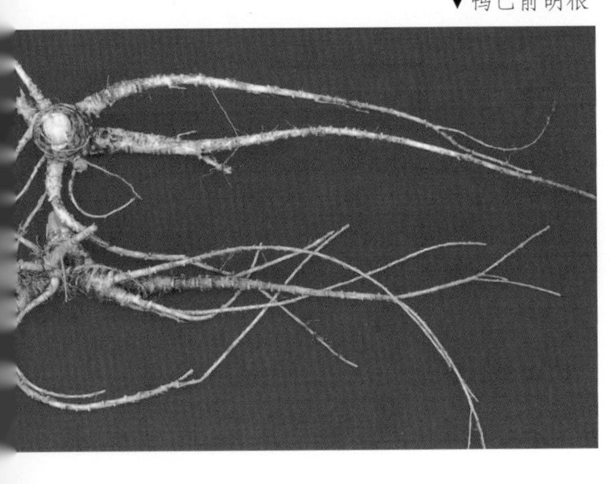

鸭巴前胡 *Angelica decursiva*（Miq.）Franch. et Sav. f. *albiflora*（Maxim.）Nakai

别　　名　前胡　土当归　日本前胡

俗　　名　毒梗芹　鸭巴芹　黑瞎子芹　野当归

药用部位　伞形科鸭巴前胡的干燥根。

原 植 物　多年生草本。根圆锥状，外表棕黄色至棕褐色，有强烈气味。根生叶和茎生叶有长柄，柄长 13 ~ 36 cm，基部膨大成圆形的紫色叶鞘，叶片三角形至卵圆形，长 10 ~ 25 cm，一回三全裂或一至二回羽状分裂；第一回裂片的小叶柄翅状延长，侧方裂片和顶端裂片的基部联合，末回裂片卵形或长圆状披针形，长 5 ~ 15 cm，宽 2 ~ 5 cm，主脉常带紫色；茎上部叶简化成囊状膨大的白色叶鞘。复伞形花序，花序梗长 3 ~ 8 cm；伞辐 10 ~ 22，总苞片 1 ~ 3，卵圆形，阔鞘状，宿存，反折，紫色；小总苞片 3 ~ 8，线形；花白色；萼齿明显；线状锥形；花瓣倒卵形；花药白色。花期 7—8 月，果期 8—9 月。

生　　境　生于山地林下溪流旁、林缘湿草甸、灌丛等处。

分　　布　黑龙江尚志、五常、宁安、东宁等地。吉林长白山各地。辽宁丹东市区、凤城、新宾、康平、庄河、盖州、大连市区、彰武等地。朝鲜、俄罗斯（西伯利亚中东部）。山东、陕西、安徽、江苏、浙江、福建、广西、江西、湖南、湖北、四川。

采　　制　春、秋季采挖根，除去泥土，刮去外皮，洗净，温水浸润，切片生用或蜜炙用。

性味功效　味苦、辛，性凉。有宣散风热、降气祛痰的功效。

主治用法　用于风热头痛、痰热咳嗽、呕逆、胸膈满闷、感冒、支气管炎、上呼吸道感染及百日咳。水煎服或入丸、散。

用　　量　7.5 ~ 15.0 g。

附　　方　治肺热咳嗽、痰稠黏腻：前胡 20 g，桑皮、贝母、麦门冬、杏仁各 15 g，甘草、生姜各 10 g，水煎服。

◎参考文献◎

[1] 江苏新医学院. 中药大辞典（下册）[M]. 上海：上海科学技术出版社，1977: 1723-1725.

[2] 朱有昌. 东北药用植物 [M]. 哈尔滨：黑龙江科学技术出版社，1989: 805-807.

[3]《全国中草药汇编》编写组. 全国中草药汇编（下册）[M]. 北京：人民卫生出版社，1975: 569-570.

▲鸭巴前胡植株

▲鸭巴前胡小伞形花序

▲鸭巴前胡果实

▲峨参群落

▼峨参小伞形花序

▼峨参小伞形花序（背）

峨参属 *Anthriscus*（Pers.）Hoffrn.

峨参 *Anthriscus sylvestris*（L.）Hoffrn.

别　　名 前胡

俗　　名 山胡萝卜缨子　山地姜　野胡萝卜　水胡萝卜

药用部位 伞形科峨参的根。

原 植 物 二年生或多年生草本。茎较粗壮，高0.6～1.5m，多分枝。基生叶有长柄，柄长5～20cm，基部有长约4cm、宽约1cm的鞘；叶片轮廓呈卵形，二回羽状分裂，长10～30cm，一回羽片有长柄，卵形至宽卵形，长4～12cm，宽2～8cm，有二回羽片3～4对，二回羽片有短柄，轮廓卵状披针形，长2～6cm，宽1.5～4.0cm，羽状全裂或深裂，有粗锯齿，长1～3cm，宽0.5～1.5cm。茎上部叶有短柄或无柄，基部呈鞘状。复伞形花序直径2.5～8.0cm，伞辐4～15。不等长；小总苞片5～8，卵形至披针形，顶端尖锐，反折；花白色，通常带绿或黄色；花柱较花柱基长2倍。花期5—6月，果期8—9月。

▲峨参植株

▲峨参果实

生　　境　生于林缘、林间草地及沟谷湿地等处。

分　　布　黑龙江尚志、五常、东宁、宁安、勃利、密山、虎林等地。吉林长白山各地。辽宁宽甸、本溪、桓仁、凤城、抚顺、新宾、清原、岫岩、开原、沈阳等地。内蒙古科尔沁右翼前旗、扎鲁特旗、东乌珠穆沁旗、西乌珠穆沁旗等地。河北、河南、山西、陕西、江苏、安徽、浙江、江西、湖北、四川、云南、甘肃、新疆。朝鲜、俄罗斯。欧洲、北美洲。

采　　制　夏、秋季采挖根，以秋季为最佳，除去泥土，洗净，煮熟，去外皮，晒干或烘干。

性味功效　味甘、辛、微苦，性微温。有补中益气、祛瘀生新、滋补强壮的功效。

主治用法　用于肺虚咳嗽、咳嗽咯血、脾虚腹胀、中气不足、四肢无力、老年尿频、跌打损伤、腰痛、水肿。水煎服。

用　　量　15 ~ 25 g。

附　　注　鲜叶捣烂或干叶研粉敷患处，可治疗外伤出血。

▼峨参幼株

▲峨参复伞形花序

▲峨参根

◎参考文献◎

[1] 江苏新医学院．中药大辞典（下册）[M]．上海：上海科学技术出版社，1977: 1839-1840.

[2] 朱有昌．东北药用植物 [M]．哈尔滨：黑龙江科学技术出版社，1989: 808-810.

[3] 《全国中草药汇编》编写组．全国中草药汇编（上册）[M]．北京：人民卫生出版社，1975: 685.

▲市场上的峨参幼株

▲大苞柴胡植株（岩生型）

▲大苞柴胡植株（草地型）

▼大苞柴胡幼株

柴胡属 *Bupleurum* L.

大苞柴胡 *Bupleurum euphorbioides* Nakai

药用部位 伞形科大苞柴胡的干燥根。

原 植 物 一年生至二年生草本。根细长，茎高 8 ~ 40 cm，基生叶线形，长 7 ~ 15 cm，宽 1 ~ 3 mm，下部变狭成叶柄，脉 5 ~ 7；茎生叶狭披针形或线形，无叶柄，脉 7 ~ 9；茎上部叶披针形或卵形，顶端尾状长渐尖，下部扩大，基部常近心形抱茎，长 2.5 ~ 9.0 cm，最宽处 8 ~ 14 mm，顶端急尖，脉 15 ~ 25；茎顶部的叶渐短而成卵形。伞形花序数个，总苞片 2 ~ 5，卵形，顶生花序的总苞片最大而显著；伞辐 4 ~ 11，顶生花序的伞辐长而软，弧形弯曲；小总苞片 5 ~ 7，广椭圆形，倒卵形至近圆形，脉 5 ~ 9，长超过花；小伞形花序，有花 16 ~ 24；花柄较粗；花瓣外面带紫色；花柱基紫色。花期 7—8 月，果期 8—9 月。

生　　境 生于亚高山草地、岳华林缘和高山苔原带上。

分　　布 黑龙江尚志。吉林长白、抚松、安图、敦化等地。朝鲜。

采　　制 夏、秋季采挖根，晒干药用。

附　　注 本品被收录在《长白山药用植物图志》一书中。

▲大苞柴胡小伞形花序

▲大苞柴胡群落

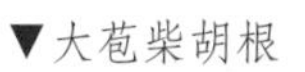

▼大苞柴胡根

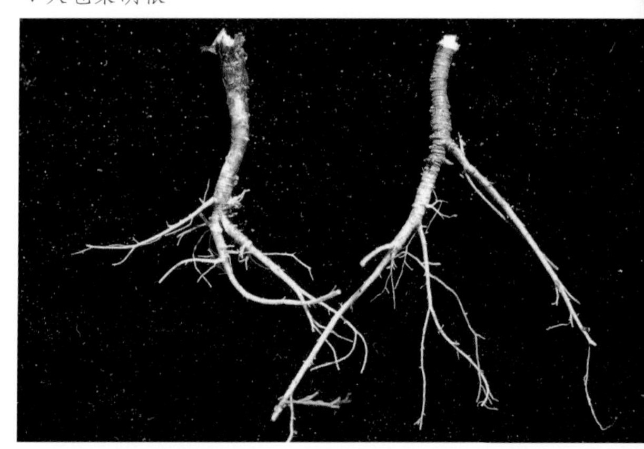

◎参考文献◎

[1] 江苏新医学院．中药大辞典（下册）[M]．上海：上海科学技术出版社，1977: 1839-1840.

[2] 朱有昌．东北药用植物 [M]．哈尔滨：黑龙江科学技术出版社，1989: 808-810.

[3] 《全国中草药汇编》编写组．全国中草药汇编（上册）[M]．北京：人民卫生出版社，1975: 685.

▲大苞柴胡小伞形花序（背）

▲大苞柴胡果实

▲黑柴胡群落（指开黄花的植株）

▲黑柴胡果实

黑柴胡 *Bupleurum smithii* Wolff

药用部位 伞形科黑柴胡的根。

原 植 物 多年生草本，高25～60 cm，基部叶丛生，倒披针形，长10～20 cm，宽1～2 cm，叶基带紫红色，扩大抱茎，叶脉7～9，叶缘白色，膜质；中部的茎生叶狭长圆形或倒披针形；序托叶长卵形，长1.5～7.5 cm，最宽处10～17 mm，基部扩大，有时有耳，顶端长渐尖，叶脉21～31。总苞片1～2或无；伞辐4～9，挺直，不等长，长0.5～4.0 cm，有明显的棱；小总苞片6～9，卵形至阔卵形，很少披针形，顶端有小短尖头，长6～10 mm，宽3～5 mm，脉5～7，黄绿色，长过小伞形花序半倍至1倍；小伞形花序直径1～2 cm，花柄长1.5～2.5 mm；花瓣黄色，花柱基干燥时紫褐色。花期7—8月，果期8—9月。

生　　境 生于山坡草地、山谷及山顶阴湿地等处。

分　　布　内蒙古阿尔山、克什克腾旗、喀喇沁旗、敖汉旗等地。河北、山西、陕西、河南、青海、甘肃。

采　　制　春、秋季采挖根，以秋季为最佳，除去泥土，洗净，晒干。

性味功效　有解表、疏肝、镇痛的功效。

主治用法　用于疟疾、胁痛乳胀、头痛头眩、月经不调、脱肛、子宫脱垂、胃下垂。水煎服。

用　　量　3～10 g。

◎参考文献◎

[1] 中国药材公司. 中国中药资源志要 [M]. 北京：科学出版社，1994: 855.

[2] 江纪武. 药用植物辞典 [M]. 天津：天津科学技术出版社，2005: 124.

▲黑柴胡植株

▲黑柴胡复伞形花序

▲黑柴胡小伞形花序（背）

▲黑柴胡小伞形花序

▲兴安柴胡复伞形花序

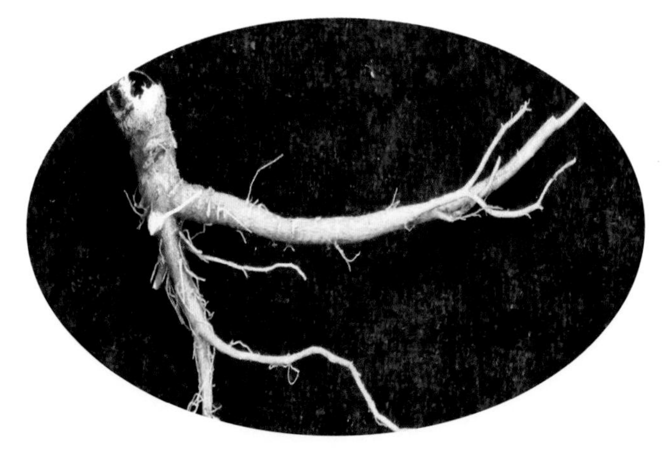
▲兴安柴胡根

▲兴安柴胡果实

▲兴安柴胡小伞形花序（背）

▲兴安柴胡小伞形花序

兴安柴胡 *Bupleurum sibiricum* Vest

药用部位 伞形科兴安柴胡的根。

原 植 物 多年生草本。数茎呈丛生状，高 30 ~ 70 cm，基生叶狭长披针形，长 12 ~ 25 cm，宽 7 ~ 16 mm，中部叶狭披针形，长 6 ~ 12 cm，宽 7 ~ 10 mm，茎上部叶狭卵状披针形，长 2.5 ~ 6.0 cm。复伞形花序少数；伞辐 5 ~ 14，粗壮，略呈弧形弯曲，不等长，长 1.5 ~ 4.5 cm；总苞片 1 ~ 2，不等大，与茎顶部小叶同形，但更小，常早落；小总苞片 5 ~ 12，椭圆状披针形，顶端渐尖或急尖，有小突尖头，基部楔形，淡黄绿色，长 5 ~ 7 mm，脉 5 ~ 7，各脉再分枝；小伞形花序直径 8 ~ 15 mm，有花 10 ~ 22；花柄长 2 ~ 3 mm；花瓣鲜黄色，小舌片大，近长方形；花柱基深黄色，宽于子房。花期 7—8 月，果期 8—9 月。

生　　境 生于山坡草地、山谷及山顶阴湿地等处。

分　　布 黑龙江呼玛、塔河、黑河等地。内蒙古额尔古纳、根河、牙克石、扎兰屯、科尔沁右翼前旗、东乌珠穆沁旗、西乌珠穆沁旗等地。俄罗斯（西伯利亚中东部）、蒙古。

采　　制 春、秋季采挖根，以秋季为最佳，除去泥土，洗净，晒干。

性味功效 味苦，性凉。有疏风退热、疏肝、升阳的功效。

主治用法 用于感冒发热、疟疾、胸胁胀痛、月经不调、脱肛、阴挺、子宫脱垂等。水煎服。

用　　量 3 ~ 9 g。

◎参考文献◎

[1] 江苏新医学院．中药大辞典（下册）[M]．上海：上海科学技术出版社，1977：1832-1837.

[2] 钱信忠．中国本草彩色图鉴（第二卷）[M]．北京：人民卫生出版社，2003：276-277.

[3] 中国药材公司．中国中药资源志要 [M]．北京：科学出版社，1994：855.

▲兴安柴胡植株

▲大叶柴胡幼苗

▲大叶柴胡果实（干）

▼大叶柴胡根

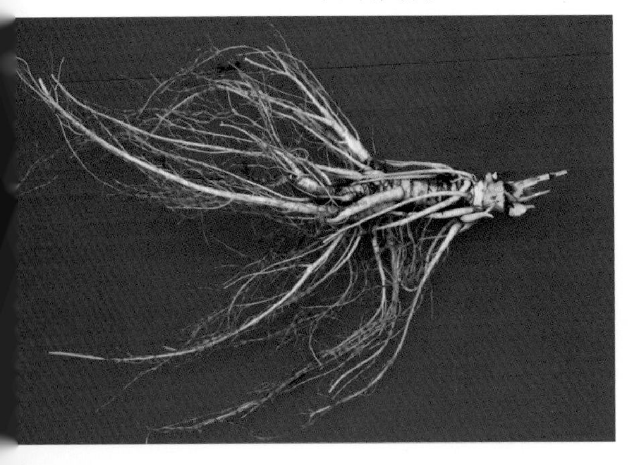

大叶柴胡 *Bupleurum longiradiatum* Turcz.

俗　　名　水柴胡

药用部位　伞形科大叶柴胡的根。

原 植 物　多年生高大草本，高 80 ~ 150 cm。茎单生或 2 ~ 3。叶大型，稍稀疏，基生叶广卵形至椭圆形或披针形，顶端急尖或渐尖，下部楔形或广楔形，并收缩成宽扁有翼的长叶柄，至基部又扩大成叶鞘抱茎，叶片长 8 ~ 17 cm，宽 2.5 ~ 8.0 cm，脉 9 ~ 11；叶柄常带紫色，长 8 ~ 12 cm；茎中部叶无柄，卵形或狭卵形；茎上部叶渐小。伞形花序宽大，多数，伞辐 3 ~ 9，通常 4 ~ 6 不等长；总苞片 1 ~ 5，开展，黄绿色，长 2 ~ 10 mm；小总苞片 5 ~ 6，等大，广披针形或倒卵形；小伞形花序有花 5 ~ 16，花深黄色，直径 1.2 ~ 1.6 mm；花瓣扁圆形，顶端内折；花柱黄色，特肥厚。花期 8—9 月，果期 9—10 月。

生　　境　生于灌丛、林缘、山坡及林间草地上。

分　　布　黑龙江尚志、五常、东宁、密山、虎林、饶河、萝北、黑河、呼玛等地。吉林长白山各地。辽宁宽甸、凤城、东港、本溪、桓仁、新宾、岫岩、庄河、营口等地。内蒙古额尔古纳、根河、

▲大叶柴胡植株

▲大叶柴胡幼株

牙克石、鄂伦春旗等地。甘肃等。朝鲜、俄罗斯（西伯利亚中东部）。

采　　制　夏、秋季采挖根，以秋季为最佳，晒干药用。

性味功效　根味苦，性微寒。有疏风退热、疏肝、升阳的功效。

主治用法　用于感冒发热、寒热往来、疟疾、胸胁胀痛、月经不调、脱肛、阴挺等。水煎服。

用　　量　5 ~ 10 g。

附　　注　大叶柴胡在本区自然储量十分丰富，在许多地方被当作柴胡收购和使用，引起了患者出现严重恶心和呕吐等中毒现象。经过专家详细调查，基本查明导致呕吐的有毒成分存在于挥发油中。因此，在使用本品时要非常谨慎，特别是不要做散剂和丸剂使用。同时还要利用先进的科学技术将其有毒的成分分离出去。

▲大叶柴胡果实（鲜）

▲大叶柴胡小伞形花序（背）

◎参考文献◎

[1] 钱信忠．中国本草彩色图鉴（第一卷）[M]．北京：人民卫生出版社，2003:117-118.
[2] 中国药材公司．中国中药资源志要 [M]．北京：科学出版社，1994:853.
[3] 江纪武．药用植物辞典 [M]．天津：天津科学技术出版社，2005:123.

▼大叶柴胡小伞形花序

▲红柴胡群落

▼红柴胡果实

▼红柴胡根

红柴胡 *Bupleurum scorzonerifolium* Willd.

别　　名 香叶柴胡 细叶柴胡 狭叶柴胡 软柴胡

俗　　名 香柴胡

药用部位 伞形科红柴胡的根。

原 植 物 多年生草本，高 30 ~ 60 cm。茎基部密覆叶柄残余纤维，细圆，茎上部有多回分枝，略呈“之”字形弯曲。叶细线形，基生叶下部略收缩成叶柄，其他均无柄，叶长 6 ~ 16 cm，宽 2 ~ 7 mm，上部叶小，同形。伞形花序自叶腋间抽出，花序多，直径 1.2 ~ 4.0 cm，形成较疏松的圆锥花序；伞辐 3 ~ 8，长 1 ~ 2 cm；总苞片 1 ~ 3，极细小，针形，小伞形花序直径 4 ~ 6 mm；小总苞片 5，紧贴小伞，线状披针形，长 2.5 ~ 4.0 mm；小伞形花序有花 6 ~ 15，花柄长 1.0 ~ 1.5 mm；花瓣黄色，舌片几与花瓣的对半等长，顶端浅裂 2；花柱基厚垫状，宽于子房，深黄色，柱头向两侧弯曲。花期 7—8 月，果期 8—9 月。

生　　境 生于灌丛、林缘、草地及干燥的石质山坡上。

分　　布 黑龙江安达、泰来、大庆市区、齐齐哈尔市区、杜尔伯特、肇东、肇源、呼玛、黑河等地。吉林长白山及西部草原各地。辽宁法库、彰武、建昌、朝阳、凌源、建平、绥中、葫芦岛市区、锦州、沈阳市区、瓦房店、大连市区等地。内蒙古额尔古纳、根河、牙克石、鄂伦春旗、鄂温克旗、扎兰屯、阿尔山、科尔沁右翼前旗、科尔沁右翼中旗、科

▲红柴胡植株

▲红柴胡花序

▼红柴胡花序（背）

▲红柴胡总花序

尔沁左翼中旗、科尔沁左翼后旗、扎赉特旗、扎鲁特旗、克什克腾旗、巴林左旗、巴林右旗、翁牛特旗、阿鲁科尔沁旗、东乌珠穆沁旗、西乌珠穆沁旗、苏尼特左旗、苏尼特右旗、阿巴嘎旗、正蓝旗、镶黄旗、正镶白旗、太仆寺旗等地。河北、山东、山西、陕西、江苏、安徽、广西、甘肃等。朝鲜、俄罗斯（西伯利亚）、蒙古、日本。

采　　制　春、秋季采挖根，以秋季为最佳，除去泥土，洗净，晒干。

性味功效　味苦，性凉。有疏风退热、疏肝、升阳的功效。

主治用法　用于感冒发热、寒热往来、疟疾、胸胁胀痛、月经不调等。水煎服。

用　　量　4.0 ~ 7.5 g。

附　　注　本品为《中华人民共和国药典》（2020 年版）收录的药材。

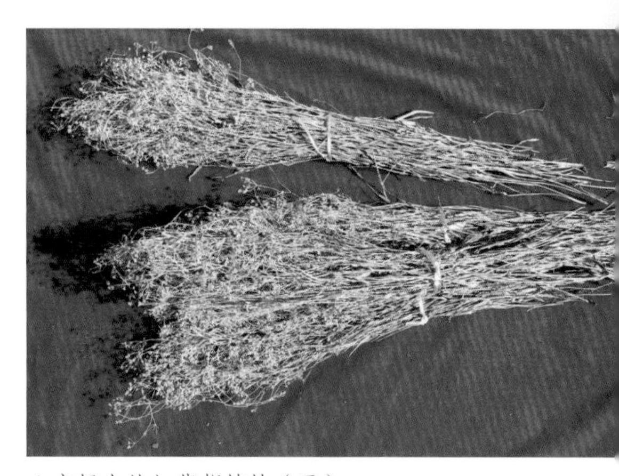

▲市场上的红柴胡植株（干）

▼市场上的红柴胡植株（鲜）

◎参考文献◎

[1] 江苏新医学院. 中药大辞典（下册）[M]. 上海: 上海科学技术出版社, 1977: 1832-1837.

[2] 朱有昌. 东北药用植物 [M]. 哈尔滨: 黑龙江科学技术出版社, 1989: 813-814.

[3] 中国药材公司. 中国中药资源志要 [M]. 北京: 科学出版社, 1994: 855.

线叶柴胡 *Bupleurum angustissimum*（Franch.）Kitagawa

别　　名　笤柴胡

俗　　名　香柴胡

药用部位　伞形科线叶柴胡的根及地上部分。

原 植 物　多年生草本，高 15 ~ 80 cm。根细圆锥形，表面红棕色，长可达 14 cm，根颈部有残留的丛生叶鞘。单茎或 2 至数茎丛生；细圆，有纵槽纹，自下部 1/3 处二歧式分枝，小枝向外开展，光滑。茎下部叶通常无柄，线形，长 6 ~ 18 cm，宽 8 ~ 10 mm，基部与顶端均狭窄，尖锐，质地较硬，乳绿色，叶脉 3 ~ 5，边缘卷曲；茎上部叶较短。伞形花序多数，直径 1.5 ~ 2.0 cm；总苞通常缺乏或仅 1，钻形，长 2 ~ 3 mm；伞辐 5 ~ 7，不等长，长 1.5 ~ 3.0 cm；小伞形花序直径约 5 mm；小总苞片 5，线状披针形，顶端尖锐，脉 3，比果柄长，长约 2.5 mm；花瓣黄色；花柄长约 1 mm。花期 7—8 月，果期 8—9 月。

生　　境　生于干草原、干燥山坡及多石干旱坡地上。

分　　布　黑龙江宁安。吉林通榆、镇赉、延吉、汪清、安图等地。辽宁建昌、朝阳、建平、绥中、锦州、沈阳、大连等地。内蒙古翁牛特旗、克什克腾旗、东乌珠穆沁旗、西乌珠穆沁旗、正蓝旗、多伦等地。山西、陕西、甘肃、青海。朝鲜。

采　　制　春、秋季采挖根及地上部分，以秋季为最佳，除去泥土，洗净，晒干。

性味功效　味苦，性寒。有疏风退热、疏肝、升阳的功效。

主治用法　用于感冒发热、疟疾、胸胁胀痛、月经不调、脱肛、阴挺、子宫脱垂、肝炎、胆道感染。水煎服。

用　　量　6 ~ 9 g。

◎参考文献◎

[1] 中国药材公司．中国中药资源志要 [M]．北京：科学出版社，1994：852.

[2] 江纪武．药用植物辞典 [M]．天津：天津科学技术出版社，2005：122.

▲线叶柴胡小伞形花序（背）

▲线叶柴胡小伞形花序

▲线叶柴胡果实

线叶柴胡植株

▲长白柴胡幼苗

长白柴胡 *Bupleurum komarovianum* Lincz.

别　　名　柞柴胡

药用部位　伞形科长白柴胡的干燥根。

原 植 物　多年生草本，高 70 ~ 100 cm。主根不明显，黑褐色。茎自基部分枝。基生叶和茎下部的叶披针形或狭椭圆形，近革质，长 15 ~ 20 cm，宽 1.6 ~ 2.5 mm，顶端渐尖或略圆有硬尖头；茎中部的叶一般较宽，广披针形或长圆状椭圆形，长 8 ~ 14 cm，中部最宽处 1.5 ~ 3.5 mm；茎上部叶较小，椭圆形，有时稍呈镰刀形。伞形花序颇多，顶生花序比侧生的大得多，直径 1.5 ~ 5.0 cm；无总苞片或有 1 ~ 3，披针形或线形，平展，长 1 ~ 7 mm；伞辐 4 ~ 13，长 0.6 ~ 4.0 mm；小总苞片 5，小伞形花序，花 6 ~ 14，花柄长 2 ~ 3 mm；花瓣鲜黄色，扁圆形，质厚，舌片顶端浅裂 2；花柱基淡黄色。花期 7—8 月，果期 8—9 月。

生　　境　生于阔叶林灌木丛边缘，疏散柞林山坡、草地及石砾质土壤中。

分　　布　黑龙江伊春、宝清等地。吉林抚松、汪清、珲春、通化等地。朝鲜。

采　　制　春、秋季采挖根，以秋季为最佳，除去泥土，洗净，晒干。

性味功效　味苦，性寒。有疏风解热、调经、疏肝、升阳的功效。

主治用法　用于感冒、上呼吸道感染、肝气抑郁、胸满胁痛、头痛目眩、疟疾、月经不调、脱肛、子宫脱垂等。水煎服。

用　　量　5 ~ 15 g。

◎参考文献◎

[1] 江苏新医学院．中药大辞典（下册）[M]．上海：上海科学技术出版社，1977: 1832-1837.

[2] 钱信忠．中国本草彩色图鉴（第一卷）[M]．北京：人民卫生出版社，2003: 561-562.

[3] 中国药材公司．中国中药资源志要 [M]．北京：科学出版社，1994: 853.

▲长白柴胡植株

▲北柴胡果实（鲜）

北柴胡 *Bupleurum chinense* DC.

▲北柴胡果实（干）

别　　名　竹叶柴胡　硬苗柴胡　柴胡

俗　　名　竹叶茶　蚂蚱腿

药用部位　伞形科北柴胡的干燥根。

原 植 物　多年生草本，高 50 ~ 85 cm。主根较粗大，棕褐色，质坚硬。茎单一或数茎，表面有细纵槽纹，实心，上部多回分枝，微作之字形曲折。基生叶倒披针形或狭椭圆形，长 4 ~ 7 cm，宽 6 ~ 8 mm；茎中部叶倒披针形；茎顶部叶同形，但更小。复伞形花序很多，花序梗细，常水平伸出，形成疏松的圆锥状；总苞片 2 ~ 3，甚小，狭披针形，脉 3；伞辐 3 ~ 8，纤细，不等长，长 1 ~ 3 cm；小总苞片 5，披针形，顶端尖锐，3 脉；小伞直径 4 ~ 6 mm，花 5 ~ 10；花柄长 1 mm；花直径 1.2 ~ 1.8 mm；花瓣鲜黄色，上部向内折，中肋隆起，小舌片矩圆形；花柱基深黄色。花期 7—8 月，果期 9—10 月。

生　　境　生于灌丛、林缘及干燥的石质山坡上。

分　　布　黑龙江呼玛、黑河、伊春、尚志、五常、勃利、东宁、虎林等地。吉林长白山各地及九台。辽宁建昌、凌源、建平、喀左、朝阳、绥中、葫芦岛市区、北镇、义县、康平、法库、开原、西丰、清原、新宾、桓仁、丹东、岫岩、庄河、营口、盖州、瓦房店、沈阳市区、本溪、抚顺、鞍山市区

▲北柴胡幼株

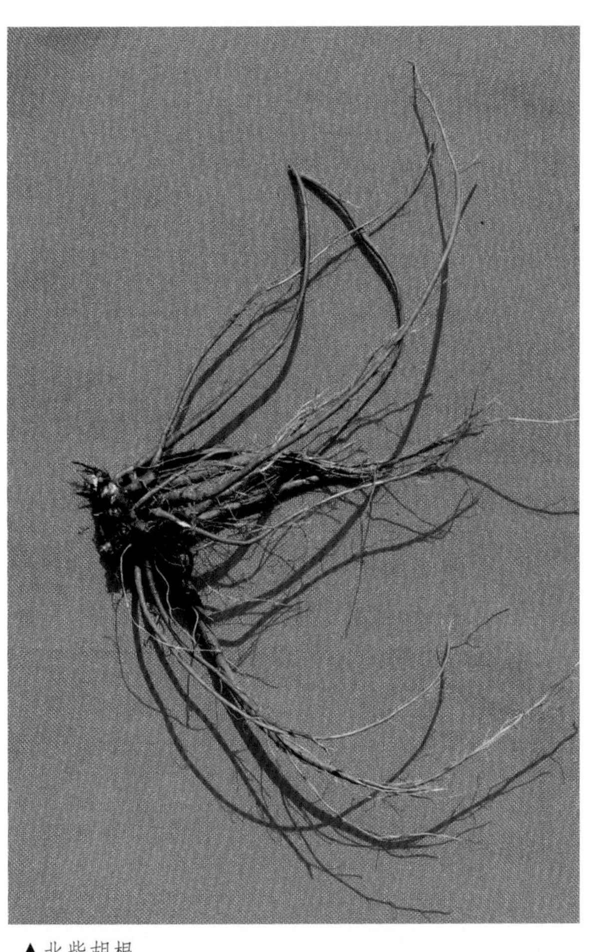

▲北柴胡根

等地。内蒙古根河、牙克石、鄂伦春旗等地。华北、西北、华东、华中。朝鲜、俄罗斯（西伯利亚）。

采　　制　夏、秋季采挖根，以秋季为最佳，晒干药用。

性味功效　味苦、辛，性凉。有和解退热、疏肝解郁、升举阳气的功效。

主治用法　用于热病寒暑往来、口苦咽干、上呼吸道感染、慢性肝炎、胆囊炎、胆结石、肋间神经痛、胰腺炎、胸膜炎、肝气抑郁、头晕目眩、月经不调、气虚脱肛、子宫脱垂、胃下垂及疟疾等。水煎服或入丸、散。真阴亏损、肝阳上升者忌服。

用　　量　4.0～7.5 g。

附　　方

（1）治月经不调：北柴胡、当归、白芍各 20 g，白术、茯苓、甘草各 15 g，生姜 10 g，水煎服。

（2）治寒热往来、胸肋苦满、心烦呕吐：北柴胡 20 g，黄芩、党参、甘草各 15 g，半夏、生姜各 10 g，大枣 5 枚，水煎服。

（3）治急性水肿性胰腺炎：北柴胡、白芍、生大黄（后下）各 25 g，黄芩、胡黄连、木香、延胡索、芒硝（冲

▼北柴胡小伞形花序

服）各 15 g。随症加减，如并发胆管蛔虫加槟榔、使君子、苦楝根皮各 25 g，每日 1 ~ 2 剂，分 2 ~ 4 次煎服。轻症配合针剂治疗，重症配用抗生素，如伴有胆结石，或并发脓肿等进行手术治疗。

（4）治肋痛或肋间神经痛：北柴胡、枳壳、白芍各 15 g，生甘草 10 g，水煎服。

（5）治单纯性胃炎（肝胃气滞型）：北柴胡、白芍、郁金、香附、木香、延胡索、金铃子、香橼皮各 15 g。泛酸加煅瓦楞 25 g，嗳气无泛酸加乌梅 5 g，呕吐加姜半夏 15 g。

（6）治急性胆囊炎、胆石症：北柴胡 15 ~ 25 g，黄芩 25 g，姜半夏、木香、生大黄各 15 g，郁金 15 ~ 25 g；热重加板蓝根 50 g，金银花 25 ~ 50 g，连翘 15 g。

（7）治急性肾盂肾炎：北柴胡、黄芩、银花、滑石各 25 g，蒲公英（或紫花地丁）、车前草各 50 g，生甘草 5 g，水煎服。

（8）治无黄疸型肝炎（气滞型）：北柴胡、当归、白芍、郁金、山栀子各 15 g，板蓝根、夏枯草各 25 g，枳壳 10 g，水煎服。

（9）治黄疸：柴胡 50 g（去苗），甘草 0.5 g。上两味细锉作为一剂，以水一碗及白茅根一握，同煎至七分，绞去渣，随时服用。一日尽。

（10）治外感风寒、发热恶寒、头疼身痛、痎疟初起：柴胡 5 ~ 15 g，防风 5 g，陈皮 7.5 g，芍药 10 g，甘草 5 g，生姜 3 ~ 5 片。水一碗半，煎七八分，热服。

▲北柴胡植株

附　注　本品为《中华人民共和国药典》（2020 年版）收录的药材。

◎参考文献◎

[1] 江苏新医学院 . 中药大辞典（下册）[M]. 上海：上海科学技术出版社，1977: 1832-1837.

[2] 朱有昌 . 东北药用植物 [M]. 哈尔滨：黑龙江科学技术出版社，1989: 812-814.

[3] 《全国中草药汇编》编写组 . 全国中草药汇编（上册）[M]. 北京：人民卫生出版社，1975: 691-693.

▲葛缕子群落

▼葛缕子小伞形花序

▼葛缕子小伞形花序（背）

葛缕子属 *Carum* L.

葛缕子 *Carum carvi* L.

别　　名　茴蒿

俗　　名　野胡萝卜

药用部位　伞形科葛缕子的全草、根、果实及种子。

原 植 物　多年生草本，高 30 ~ 70 cm。根圆柱形，长 4 ~ 25 cm，直径 5 ~ 10 mm，表皮棕褐色。茎通常单生。基生叶及茎下部叶的叶柄与叶片近等长，或略短于叶片，叶片轮廓长圆状披针形，长 5 ~ 10 cm，宽 2 ~ 3 cm，二至三回羽状分裂，末回裂片线形或线状披针形，长 3 ~ 5 mm，茎中、上部叶与基生叶同形，较小，无柄或有短柄。无总苞片，线形；伞辐 5 ~ 10，极不等长，长 1 ~ 4 cm，线形；小伞形花序有花 5 ~ 15，花杂性；无萼齿；花瓣白色，或带淡红色，花柄不等长，花柱长约为花柱基的 2 倍。果实长卵形，长 4 ~ 5 mm，宽约 2 mm，成熟后黄褐色，果棱明显；每棱槽内油管 1，合生面油管 2。花期 6—7 月，果期 7—8 月。

生　　境　生于河滩草丛中、林下及草甸等处。

分　　布　黑龙江齐齐哈尔。吉林通化。内蒙古扎兰屯、科尔沁右翼前旗、阿巴嘎旗等地。华北、西北。四川、云南、西藏。亚洲、欧洲、北美洲、非洲北部。

采　　制　夏、秋季采收全草，洗净，切段，阴干。夏、秋季采挖根，以秋季为最佳，洗净，除去杂质，晒干药用。秋季采收果实，洗净，晒干。将果实搓碎，去掉杂质，获取种子。

性味功效　全草：味辛，性温。有祛风散寒、健脾开胃、理气、镇咳止喘的功效。根：味辛，性温。有除湿止痛、祛风发表的功效。果实：味微辛，性温。有驱风理气、芳香健胃的功效。种子：有驱风、健胃的功效。

主治用法　全草：用于寒滞腰疼、胃寒呃逆、胃痛、腹痛、小肠疝气等。水煎服。果实：用于胃痛、腹痛、疝气、胃寒呕逆、寒滞腰疼等。水煎服。根：用于风湿关节痛、感冒头痛、寒热无汗等。水煎服。种子：用于胃痛、腹痛、小肠疝气。水煎服。

用　　量　5 ~ 15 g。

◎参考文献◎

[1] 江苏新医学院．中药大辞典（下册）[M]．上海：上海科学技术出版社，1977: 2673.

[2] 朱有昌．东北药用植物 [M]．哈尔滨：黑龙江科学技术出版社，1989: 814-815.

[3] 中国药材公司．中国中药资源志要 [M]．北京：科学出版社，1994: 857.

▲葛缕子植株

▲葛缕子果实

▲葛缕子复伞形花序

▲田葛缕子植株

▲田葛缕子伞形花序

田葛缕子 *Carum buriaticum* Turcz.

别　　名 田茴 茴蒿

俗　　名 野胡萝卜

药用部位 伞形科田葛缕子的根及果实。

原 植 物 多年生草本，高 50 ~ 80 cm。根圆柱形，长达 18 cm，直径 0.5 ~ 2.0 cm。茎通常单生，稀 2 ~ 5，基部有叶鞘纤维残留物，自茎中、下部以上分枝。基生叶及茎下部叶有柄，长 6 ~ 10 cm，叶片轮廓长圆状卵形或披针形，长 8 ~ 15 cm，宽 5 ~ 10 cm，三至四回羽状分裂，末回裂片线形，长 2 ~ 5 mm，宽 0.5 ~ 1.0 mm；茎上部叶通常二回羽状分裂，末回裂片细线形，长 5 ~ 10 mm，宽约 0.5 mm。总苞片 2 ~ 4，线形或线状披针形；伞辐 10 ~ 15，长 2 ~ 5 cm；小总苞片 5 ~ 8，披针形；小伞形花序有花 10 ~ 30，无萼齿；花瓣白色。

▲田葛缕子果实

果实长卵形，长 3 ~ 4 mm，宽 1.5 ~ 2.0 mm，每棱槽内油管 1，合生面油管 2。花期 6—7 月，果期 9—10 月。

生　　境　生于田边、路旁、河岸、林下及山地草丛中等处。

分　　布　黑龙江漠河、塔河、呼玛等地。辽宁沈阳、辽阳、北镇等地。内蒙古阿尔山、正蓝旗、镶黄旗、太仆寺旗等地。华北、西北、四川、西藏。俄罗斯、蒙古。

采　　制　夏、秋季采挖根，以秋季为最佳，洗净，除去杂质，晒干药用。秋季采收果实，洗净，晒干。

性味功效　有驱风、行气散寒、消食健胃、镇吐、驱虫的功效。

用　　量　适量。

▲田葛缕子幼株

◎参考文献◎

[1] 中国药材公司．中国中药资源志要 [M]．北京：科学出版社，1994: 856-857.

[2] 江纪武．药用植物辞典 [M]．天津：天津科学技术出版社，2005: 150.

▲毒芹群落

毒芹属 *Cicuta* L.

毒芹 *Cicuta virosa* L.

别　　名　芹叶钩吻

俗　　名　水芹幌子　走马芹　野芹菜

药用部位　伞形科毒芹的干燥根及根状茎。

原 植 物　多年生粗壮草本，高 70 ~ 100 cm。主根短缩，支根多数，根状茎有节。茎直立，圆筒形。基生叶柄长 15 ~ 30 cm，叶鞘膜质；叶片轮廓呈三角形或三角状披针形，长 12 ~ 20 cm，二至三回羽状分裂；最下部的一对羽片有 1.0 ~ 3.5 cm 长的柄，羽片 3 裂至羽裂，裂片线状披针形，较上部的茎生叶有短柄，叶片的分裂形状如同基生叶；最上部的茎生叶一至二回羽状分裂。复伞形花序，总苞片无；伞辐 6 ~ 25，近等长；小总苞片多数，线状披针形。小伞形花序有花 15 ~ 35，花柄长 4 ~ 7 mm；萼齿明显，卵状三角形；花瓣白色，倒卵形或近圆形，长 1.5 ~ 2.0 mm；花药近卵圆形。花期 7—8 月，果期 8—9 月。

生　　境　生于河边、水沟旁、沼泽、湿草甸子、林下水湿地等处，常聚集成片生长。

分　　布　黑龙江尚志、五常、宁安、东宁、密山、虎林、佳木斯市区、抚远、同江、伊春市区、铁力、勃利、黑河等地。吉林省各地。辽宁本溪、铁岭、开原、西丰、沈阳、新民、彰武等地。内蒙古额尔古纳、

▲毒芹小伞形花序

鄂伦春旗、科尔沁右翼前旗、扎鲁特旗、科尔沁右翼中旗、科尔沁左翼后旗、克什克腾旗、东乌珠穆沁旗、西乌珠穆沁旗、正蓝旗、多伦等地。河北、陕西、甘肃、四川、新疆等。朝鲜、俄罗斯（西伯利亚中东部）、蒙古、日本。

采　　制　夏、秋季采挖根及根状茎，以秋季为最佳，洗净，除去杂质，晒干药用。

▲毒芹复伞形花序

▲毒芹果实（鲜）

▲毒芹植株

▼细叶毒芹幼株

性味功效 味辛、微甘，性温。有大毒。有拔毒、散瘀的功效。

主治用法 用于化脓性骨髓炎。外用鲜品捣敷患处；干品捣碎后调鸡蛋清敷患处。忌内服。

用　　量 外用适量。

附　　方 治化脓性骨髓炎：毒芹鲜根洗净，用石器砸碎（禁用金属器械），用鸡蛋清搅拌成糊状，按创面大小敷患处。敷时面积不宜过大，以免刺激正常皮肤。也可将毒芹用清水洗净阴干，研成细末，用鸡蛋清调成糊状，每日或隔日换药 1 次。

附　　注

（1）全草有毒，以根状茎最毒，早春和晚秋毒性最大，儿童误食 10 g 后即致死亡。人误食后，其主要症状是恶心、呕吐、瞳孔扩大、昏迷、痉挛、窒息而死亡。牛误食后，其主要症状是全身发抖、脉速、腹胀、口吐白沫、知觉丧失，严重者在 15 ~ 20 min 死亡。

（2）在东北尚有 1 变型：

细叶毒芹 f. *angustifolia*（Kitaibel）Schube. 植株较小，终裂片线状披针形至线形。分布于黑龙江黑河，吉林长白、抚松、安图等地，辽宁桓仁、彰武等地，其他与原种同。

▲毒芹幼株

▲毒芹小伞形花序（背）

◎参考文献◎

[1] 江苏新医学院．中药大辞典（下册）[M]．上海：上海科学技术出版社，1977: 1499.

[2] 朱有昌．东北药用植物 [M]．哈尔滨：黑龙江科学技术出版社，1989: 815-817.

[3] 《全国中草药汇编》编写组．全国中草药汇编（上册）[M]．北京：人民卫生出版社，1975: 597.

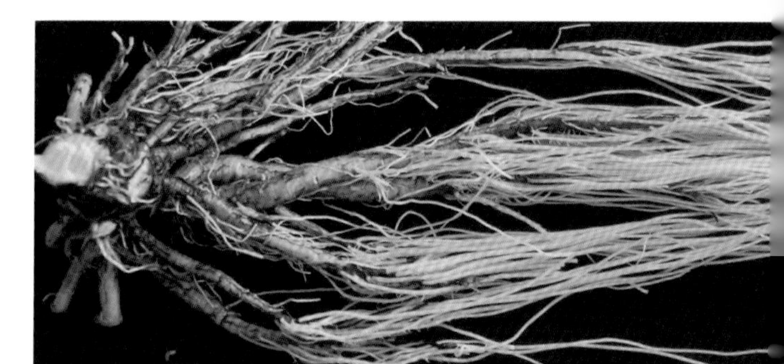

▲毒芹根

▼毒芹果实（干）

▲蛇床群落

▼蛇床小伞形花序

▼蛇床小伞形花序（背）

蛇床属 *Cnidium* Cuss.

蛇床 *Cnidium monnieri*（L.）Cuss.

俗　　名 野胡萝卜 野胡萝卜子 野茴香

药用部位 伞形科蛇床的干燥果实（入药称“蛇床子”）。

原 植 物 一年生草本，高 10 ~ 60 cm。根圆锥状，较细长。茎多分枝，中空，表面具条棱。下部叶具短柄，叶鞘短宽，边缘膜质，上部叶柄全部鞘状；叶片轮廓卵形至三角状卵形，长 3 ~ 8 cm，宽 2 ~ 5 cm，二至三回三出羽状全裂，羽片轮廓卵形至卵状披针形，长 1 ~ 3 cm，宽 0.5 ~ 1.0 cm，先端常略呈尾状，末回裂片线形，具小尖头。复伞形花序，直径 2 ~ 3 cm；总苞片 6 ~ 10，线形至线状披针形，长约 5 mm，边缘膜质；伞辐 8 ~ 20，不等长，长 0.5 ~ 2.0 cm，棱上粗糙；小总苞片多数，线形；小伞形花序，具花 15 ~ 20，萼齿无；花瓣白色，先端具内折小舌片；花柱基略隆起，向下反曲。花期 6—7 月，果期 8—9 月。

▲蛇床果实

生　　境　生于山野、路旁、沟边及湿草甸子等处。

分　　布　黑龙江尚志、五常、东宁、虎林、饶河、塔河、呼玛、勃利、安达、肇东、齐齐哈尔市区、泰来等地。吉林省各地。辽宁丹东市区、宽甸、凤城、本溪、桓仁、新宾、清原、西丰、法库、昌图、辽阳、瓦房店、长海、大连市区、营口、沈阳市区、北镇、义县、黑山等地。内蒙古海拉尔、满洲里、根河、新巴尔虎右旗等地。全国绝大部分地区。朝鲜、俄罗斯、越南。北美洲、欧洲。

采　　制　秋季采收成熟果实，除去杂质，晒干。

性味功效　味辛、苦，性温。有小毒。有温肾壮阳、燥湿、祛风杀虫、止痒的功效。

主治用法　用于阳痿、胞宫虚冷、不孕、寒湿带下、阴道滴虫、湿痹腰痛、阴湿疹、妇女阴痒、阴囊湿痒、疥癣疮、皮肤瘙痒。

▼蛇床种子

▼蛇床复伞形花序

▲蛇床植株

水煎服，或入丸。外用煎水熏洗或适当研末敷患处。

用　　量　5 ~ 15 g。外用适量。

附　　方

（1）治滴虫性阴道炎、湿疹：蛇床子 25 g，川椒 10 g，苦参、白矾各 15 g，每日 1 剂，煎汤熏洗阴道 1 ~ 2 次。又方：蛇床子 50 g，黄檗 15 g。以甘油明胶为基质做成栓剂（重 2 g），每日阴道内置放 1 枚。

（2）治妇人阴痒或外阴部湿疹：蛇床子 50 g，白矾 10 g，煎汤频洗。

（3）治阳痿：菟丝子、蛇床子、五味子各等量研末，蜜丸如梧子。饮服 30 丸，每日 3 次。

（4）治阴囊湿疹：蛇床子 25 g，煎水洗患处。

（5）治男子阴肿胀痛：蛇床子粉末，加鸡子黄调敷之。

（6）治小儿癣：蛇床子适量研末，和猪脂敷之。

（7）治咽喉肿痛、吞咽困难：蛇床子适量，捣烂，放烟斗中或做成卷烟当烟吸，每日吸 2 次。

（8）治小儿湿疹、慢性湿疹的急性发作期或汗疱疹糜烂期：蛇床子 30 g，研成细末，加凡士林 125 g，调匀制成软膏，涂抹患处。

附　　注　本品为《中华人民共和国药典》（2020 年版）收录的药材。

◎参考文献◎

[1] 江苏新医学院．中药大辞典（下册）[M]．上海：上海科学技术出版社，1977: 2121-2123.

[2] 朱有昌．东北药用植物 [M]．哈尔滨：黑龙江科学技术出版社，1989: 817-818.

[3]《全国中草药汇编》编写组．全国中草药汇编（上册）[M]．北京：人民卫生出版社，1975: 781-782.

▲兴安蛇床群落

▼兴安蛇床小伞形花序（背）

▼兴安蛇床小伞形花序

兴安蛇床 *Cnidium dahuricum*（Jacq.）Turcz.

俗　　名　野香菜 山胡萝卜

药用部位　伞形科兴安蛇床的干燥果实。

原 植 物　多年生草本，高 80 ~ 100 cm。根较粗。茎直立。基生叶及茎下部叶具长柄，柄长达 15 cm，基部扩大成宽 1.5 cm 的短鞘；叶片轮廓卵状三角形，长 10 ~ 20 cm，宽 7 ~ 15 cm，二至三回三出羽状全裂，基部羽片具柄，柄长 2 ~ 6 cm，羽片轮廓卵形，长 2.5 ~ 4.0 cm，边缘羽状深裂，末回裂片披针形至卵状披针形，长 0.5 ~ 1.5 cm，先端具短尖；茎上部叶柄全部鞘状。复伞形花序顶生或腋生，直径 5 ~ 8 cm；总苞片 6 ~ 8，披针形，长 8 ~ 12 mm；伞辐 10 ~ 16；小总苞片 4 ~ 7，长卵形至倒卵形，长 3 ~ 5 mm，先端具尖头；小伞形花序有花 10 ~ 20；萼齿无；花瓣白色，倒卵形，先端具内折小舌片；花柱基略隆起，花柱 2，长约 1 mm，向下反曲。分生果长圆状卵形，长 3 ~ 5 mm，主棱 5；每棱槽内油管 1，合生面油管 2。花期 7—8 月，果期 8—9 月。

生　　境　生于草原及河边湿地等处。

▲兴安蛇床植株

分　　布　黑龙江安达、肇东等地。吉林大安、通榆、前郭等地。内蒙古额尔古纳、扎兰屯、科尔沁右翼前旗、阿鲁科尔沁旗、东乌珠穆沁旗、西乌珠穆沁旗、正蓝旗、镶黄旗、正镶白旗等地。河北。朝鲜、俄罗斯（西伯利亚中东部）、蒙古、日本。

采　　制　秋季采收成熟果实，除去杂质，晒干。

性味功效　味辛、苦，性温。有小毒。有温肾壮阳、燥湿、祛风杀虫、止痒的功效。

主治用法　用于阳痿、胞宫虚冷、不孕、寒湿带下、阴道滴虫、湿痹腰痛、阴湿疹、妇女阴痒、阴囊湿痒、疥癣疮、皮肤瘙痒。水煎服，或入丸。外用煎水熏洗或适当研末敷患处。

用　　量　3 ~ 10 g。外用 15 ~ 30 g。

◎参考文献◎

[1] 中国药材公司. 中国中药资源志要 [M]. 北京：科学出版社，1994: 858.

[2] 江纪武. 药用植物辞典 [M]. 天津：天津科学技术出版社，2005: 195.

▲兴安蛇床复伞形花序

▲兴安蛇床果实

▲高山芹果实

高山芹属 *Coelopleurum* Ledeb.

▲高山芹小伞形花序（背）

高山芹 *Coelopleurum saxatile*（Turcz.）Drude

药用部位 伞形科高山芹的全草。

原 植 物 二年生草本。根圆柱形。茎单生，高 60 ~ 80 cm，上部稀疏分枝，中空，有浅沟纹。基生叶及下部茎生叶有长柄，中部茎生叶有短柄，叶柄下半部具宽阔叶鞘，边缘薄膜质，叶为二至三回三出分裂，末回裂片菱状卵形或斜卵形，长至 7 cm，宽至 4 cm。主伞的复伞形花序直径达 9 cm。通常无总苞片，伞辐 20 ~ 27，长 3.0 ~ 4.5 cm，斜上；小伞形花序直径达 2 cm，有花 20 ~ 30；小总苞片 7 ~ 8，长锥形；花柄被短糙毛；

▲高山芹植株

▲高山芹幼苗

▲高山芹小伞形花序

萼齿不明显；花瓣白色，倒卵形；花柱基扁平。分生果椭圆形，长 4 ~ 5 mm，果棱为较厚的三角形翅状；棱槽内有油管 1，合生面有油管 2。花期 7—8 月，果期 8—9 月。

生　　境　生于林边草地及高山苔原上。

分　　布　黑龙江尚志。吉林安图、抚松、长白、临江、和龙等地。朝鲜。

采　　制　夏、秋季采收全草，除去杂质，切段，洗净，晒干。

性味功效　有驱虫逐水的功效。

主治用法　用于驱虫、逐水等。

用　　量　适量。

附　　注　根入药，民间用于健胃。

▲高山芹幼株

◎参考文献◎

[1] 中国药材公司. 中国中药资源志要 [M]. 北京：科学出版社，1994: 858.

[2] 江纪武. 药用植物辞典 [M]. 天津：天津科学技术出版社，2005: 199.

▲长白高山芹复伞形花序

▲长白高山芹果实

▲长白高山芹小伞形花序

▲长白高山芹小伞形花序（背）

长白高山芹 *Coelopleurum nakaianum*（Kitag.）Kitag.

俗　　名　白山芹

药用部位　伞形科长白高山芹的根。

原 植 物　二年生草本。根圆柱形，棕褐色。茎高 20 ~ 40 cm，直立，由基部分枝，中空。基生叶与茎生叶均为二至三回羽状分裂，叶柄长 4 ~ 6 cm，下部膨大成宽阔膜质的叶鞘，叶片轮廓为阔三角形，长 3 ~ 5 cm，宽 3 ~ 7 cm，末回裂片长圆形，边缘有缺刻状锯齿，齿端有芒状尖头，下部裂片常深裂或 3 小叶；茎上部叶简化成阔鞘，顶端叶片羽状深裂。复伞形花序直径 3 ~ 7 cm，结果时可达 10 cm；伞辐 12 ~ 25；小伞形花序有多数花；小总苞片 6 ~ 10，长线形，顶端尖，远较花柄为长；花白色，萼齿不明显；花瓣宽倒卵形；花药暗紫色，花柱基扁压，边缘略呈波状，花柱短。花期 7—8 月，果期 8—9 月。

生　　境　生于岳桦林缘和高山苔原带上。

分　　布　吉林安图、抚松、长白。朝鲜。

采　　制　秋季采挖根，除去杂质，切段，洗净，晒干。

性味功效　有健胃的功效。

用　　量　适量。

◎参考文献◎

[1] 江纪武. 药用植物辞典 [M]. 天津: 天津科学技术出版社, 2005: 198-199.

▲长白高山芹植株

▲长白高山芹幼株

▲鸭儿芹幼株

鸭儿芹属 *Cryptotaenia* DC.

鸭儿芹 *Cryptotaenia japonica* Hasskarl

俗　　名　鸭脚板 鸭脚板草 野芹菜 鹅脚板

药用部位　伞形科鸭儿芹的全草、根及果实。

原 植 物　多年生草本，高 20 ~ 100 cm。主根短，侧根多数。茎直立，有分枝。基生叶或上部叶有柄，叶柄长 5 ~ 20 cm，叶鞘边缘膜质；叶片轮廓三角形至广卵形，长 2 ~ 14 cm，宽 3 ~ 17 cm，通常小叶 3；中间小叶片呈菱状倒卵形或心形，长 2 ~ 14 cm，顶端短尖，基部楔形；两侧小叶片斜倒卵形至长卵形。复伞形花序呈圆锥状，花序梗不等长，总苞片 1，呈线形或钻形，长 4 ~ 10 mm；伞辐 2 ~ 3，不等长；小总苞片 1 ~ 3。小伞形花序有花 2 ~ 4；萼齿细小；花瓣白色，倒卵形，长 1.0 ~ 1.2 mm；花丝短于花瓣，花药卵圆形。分生果线状长圆形，长 4 ~ 6 mm，宽 2.0 ~ 2.5 mm。花期 7—8 月，果期 9—10 月。

生　　境　生于山坡、沟谷、林下阴湿处及溪流旁等处。

分　　布　吉林通化、集安等地。辽宁宽甸、抚顺、本溪、凤城等地。河北、山东、河南、安徽、江苏、浙江、福建、台湾、湖北、湖南、广东、海南、广西、贵州、云南、陕西、四川、甘肃。朝鲜、日本。

▲鸭儿芹植株

▲鸭儿芹果实

采　　制　夏季开花时采收全草。切段，洗净，晒干。夏、秋季采挖根，以秋季为最佳，洗净，除去杂质，晒干药用。秋季采收成熟果实，除去杂质，晒干。

性味功效　全草：味辛、苦，性平。有清热解毒、消炎、活血消肿的功效。根：味辛，性温。有发表散寒、止咳化痰的功效。果实：味辛，性温。有消积顺气的功效。

主治用法　用于肺炎、肺脓肿、淋病、疝气、风火牙痛、痈疽疔肿、带状疱疹、皮肤瘙痒等。

用　　量　全草：25 ~ 50 g。外用适量。根：15 ~ 30 g。外用适量。果实：10 ~ 15 g。

附　　方

（1）治流行性脑脊髓膜炎：鸭儿芹 25 g，瓜子金 15 g，金银花藤 100 g，水煎服。

（2）治食积：鸭儿芹果 10 ~ 15 g，地骷髅（结籽后的萝卜枯根）1 kg，煎水当茶饮。

（3）治肿毒皮色不变、漫肿无头：鸭儿芹、东风菜各 25 g，柴胡 50 g，水煎，每日 3 次分服。并用鸭儿芹、东风菜各等量，研末，好烧酒调敷。

（4）治寒咳：鸭儿芹根 50 g，煎水服。

（5）治跌打损伤、周身疼痛：鸭儿芹根 5 g，研末，冷开水冲服。

◎参考文献◎

[1] 江苏新医学院．中药大辞典（下册）[M]．上海：上海科学技术出版社，1977：1842-1843，1846.

[2] 朱有昌．东北药用植物 [M]．哈尔滨：黑龙江科学技术出版社，1989：821-822.

[3]《全国中草药汇编》编写组．全国中草药汇编（上册）[M]．北京：人民卫生出版社，1975：693-694.

▲绒果芹幼株

绒果芹属 *Eriocycla* Lindl.

▲绒果芹复伞形花序

绒果芹 *Eriocycla albescens*（Franch.）Wolff

别　　名 滇羌活

药用部位 伞形科绒果芹的干燥根。

原 植 物 多年生草本，高 30 ~ 70 cm。全株带淡灰绿色。根圆锥形，粗约 1 cm，褐色。茎直立，有细沟纹，基部稀疏分枝，分枝斜上开展。基生叶和茎下部叶的叶片一回羽状全裂，有羽叶 4 ~ 7 对，末回裂片长圆形，长 0.8 ~ 1.1 cm，基部有柄，向上近无柄，基部多不对称，全缘或顶端 2 ~ 3 深裂；茎生叶的末回裂片 3 深裂。复伞形花序直径 3 ~ 5 cm，花序梗长达 10 cm；总苞片 1 或无，线形；伞辐 4 ~ 6，不等长；小伞形花序直径约 1 cm，有花 10 ~ 20，小总苞片 5 ~ 9；萼齿小，卵状披针形；花瓣倒卵形，白色；花柱长，叉开。分生果卵状长圆形，长 3 ~ 4 mm；每棱槽中油管 1。花期 8—9 月，果期 9—10 月。

生　　境 生于石灰岩干燥山坡上及岩石缝隙中。

分　　布 辽宁朝阳。内蒙古宁城、喀喇沁旗、镶黄旗、正蓝旗、正镶白旗、太仆寺旗、多伦等地。河北。

采　　制 夏、秋季采挖根，以秋季为最佳，洗净，除去杂质，晒干药用。

性味功效 有解表散寒的功效。

主治用法 用于风湿性关节炎。水煎服。

用　　量 适量。

▲绒果芹植株

▲绒果芹根

◎参考文献◎

[1] 江纪武. 药用植物辞典 [M]. 天津: 天津科学技术出版社, 2005: 302.

▲硬阿魏植株

阿魏属 *Ferula* L.

▲硬阿魏根

硬阿魏 *Ferula bungeana* Kitagawa

别　　名　沙茴香　野茴香

俗　　名　牛叫馍　防风幌子　山茴香　刚前胡　公防风　沙参　牛叫磨

药用部位　伞形科硬阿魏的根（入药称“沙前胡”）、种子（入药称“沙前胡子”）及全草。

原 植 物　多年生草本，高 30 ~ 60 cm。根圆柱形，粗达 8 mm。茎细，单一，从下部向上分枝呈伞房状，二至三回分枝，下部枝互生，上部枝对生或轮生。基生叶莲座状，有短柄；叶片轮廓为广卵形至三角形，二至三回羽状全裂；茎生叶少，向上简化，叶片一至二回羽状全裂，裂片细长。复伞形花序生于茎、枝和小枝顶端，直径 4 ~ 12 cm，总苞片缺或有 1 ~ 3，锥形；伞辐 4 ~ 15；无侧生花序；小伞形花序有花 5 ~ 12，小总苞片 3 ~ 5，线状披针形；花瓣黄色，椭圆形或广椭圆形，顶端渐尖；花柱基扁圆锥形，花柱延长。分生果广椭圆形，长 10 ~ 15 mm，宽 4 ~ 6 mm。花期 5—6 月，果期 6—7 月。

生　　境　生于沙丘、沙地、戈壁滩冲沟、旱田、路边以及砾石质山坡上等处。

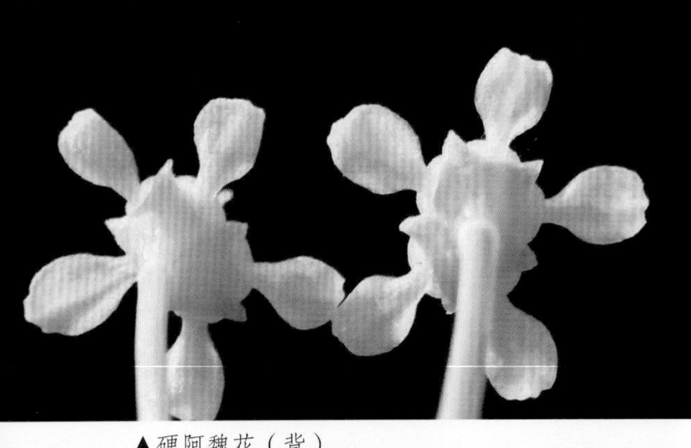
▲硬阿魏花（背）

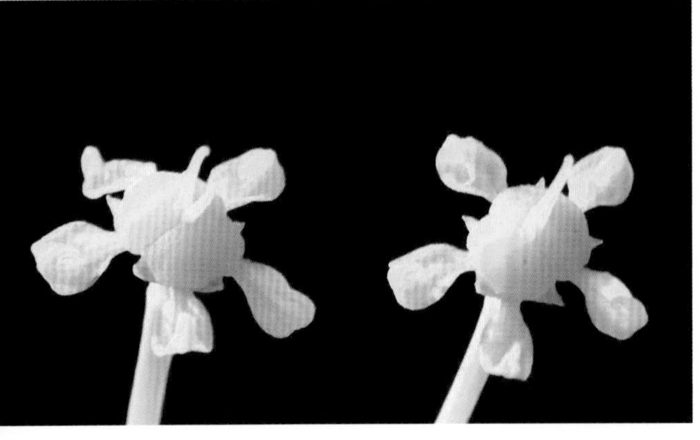
▲硬阿魏花

分　　布　黑龙江安达、大庆市区、肇东、肇源、杜尔伯特、泰来、齐齐哈尔市区等地。吉林双辽、乾安、通榆、镇赉、洮南、长岭、大安、前郭等地。辽宁康平、朝阳、建平、阜新、彰武等地。内蒙古科尔沁右翼前旗、科尔沁右翼中旗、科尔沁左翼中旗、科尔沁左翼后旗、扎赉特旗、扎鲁特旗、克什克腾旗、巴林左旗、巴林右旗、翁牛特旗、阿鲁科尔沁旗、东乌珠穆沁旗、西乌珠穆沁旗、苏尼特左旗、苏尼特右旗、阿巴嘎旗、正蓝旗、镶黄旗、正镶白旗、太仆寺旗等地。河北、河南、山西、陕西、甘肃、宁夏。俄罗斯（西伯利亚）、蒙古。

采　　制　秋季采收果实，洗净，晒干。秋季采收全草。切段，洗净，晒干。春、秋季采挖根，除去泥沙，剪去须根，洗净，晒干。

性味功效　根：味甘、辛，性凉。有清热解毒、消肿、祛痰、止咳、祛风除湿的功效。种子：味苦、辛，性微寒。有理气健胃的功效。全草：味苦、辛，性微寒。有祛风除湿的功效。

主治用法　根：用于瘰疬、乳蛾、胸胁痛、脓疮、感冒、发热、头痛、肺炎、气管炎、咳嗽、扁桃体炎、骨结核、喘息、

▼硬阿魏幼株

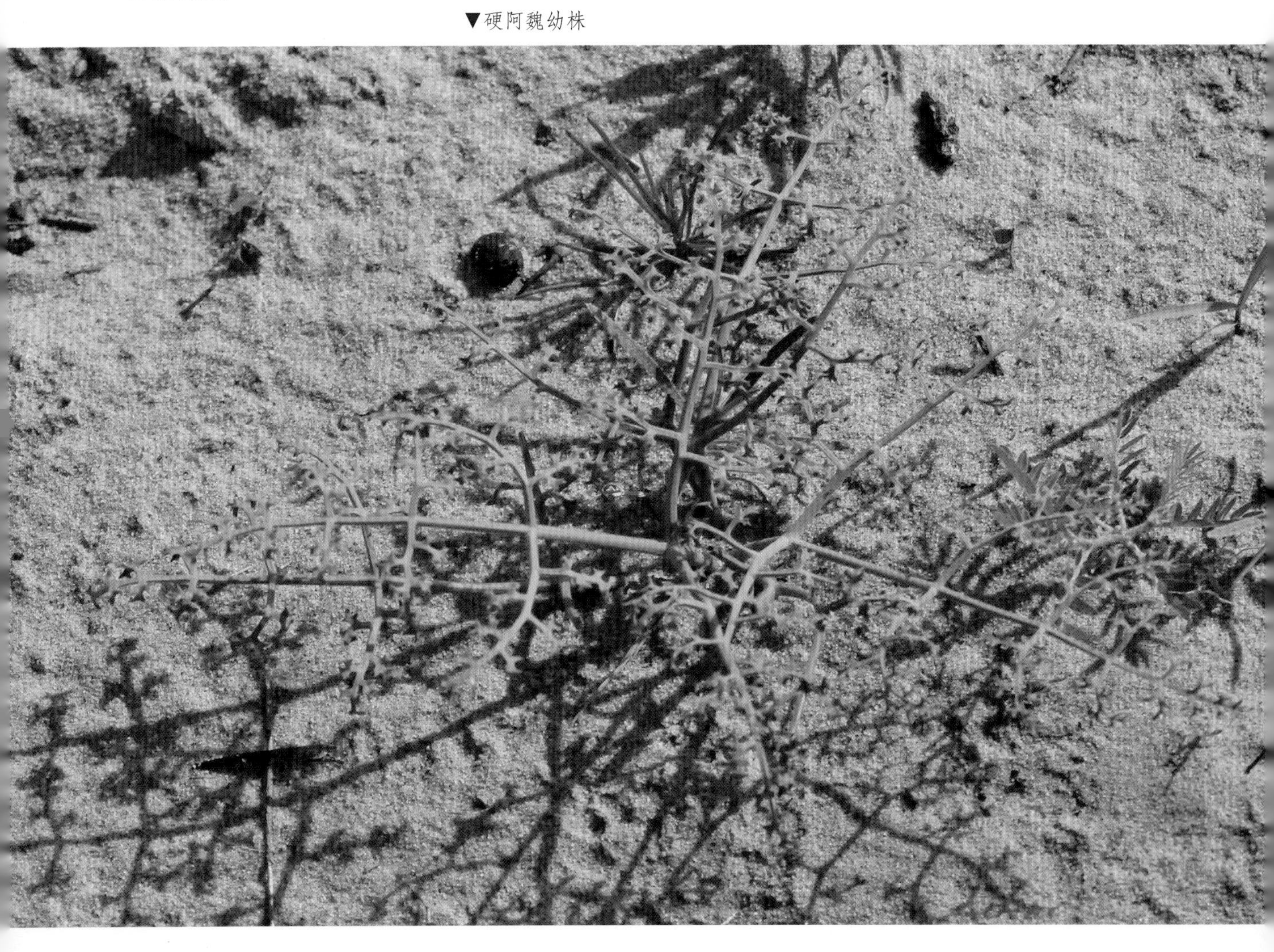

胸闷等。水煎服。种子：用于消化不良、胃炎等。水煎服。全草：用于风湿性关节炎。水煎服，外用捣烂敷患处。

用　　量　根：5～15 g（大剂量25～50 g）。种子：2.5～5.0 g。全草：适量。

附　　方

（1）治肋间神经痛，闪腰岔气：沙前胡100 g，水煎，分2次服。

（2）治骨结核：沙前胡100 g，水煎服，连服两个月。

（3）治消化不良，急、慢性胃炎：沙前胡子、公丁香、广木香、锁阳各等量。每服2.5～5.0 g，日服2～3次，饭前服。

（4）治风湿性关节炎：硬阿魏全草适量，煎水熏洗患病关节，每日1次。

▲硬阿魏果实

◎参考文献◎

[1] 江苏新医学院．中药大辞典（上册）[M]．上海：上海科学技术出版社，1977：1165，1167.

[2] 朱有昌．东北药用植物 [M]．哈尔滨：黑龙江科学技术出版社，1989：824-825.

[3] 钱信忠．中国本草彩色图鉴（第五卷）[M]．北京：人民卫生出版社，2003：59-60.

▼硬阿魏花序

▲珊瑚菜植株（果期）

▲珊瑚菜复伞形花序

▼珊瑚菜果实

珊瑚菜属 *Glehnia* Fr. Schmidt ex Miq.

珊瑚菜 *Glehnia littoralis* Fr. Schmidt ex Miq.

别　　名　北沙参　莱阳沙参　辽沙参

俗　　名　海沙参　条沙参　沙参

药用部位　伞形科珊瑚菜的干燥根（入药称“北沙参”）。

原 植 物　多年生草本。根细长，圆柱形或纺锤形。叶多数基生，厚质，有长柄，叶柄长 5 ~ 15 cm；叶片轮廓呈圆卵形至长圆状卵形，三出分裂至三出二回羽状分裂，末回裂片倒卵形至卵圆形，长 1 ~ 6 cm；茎生叶与基生叶相似，叶柄基部逐渐膨大成鞘状。复伞形花序顶生，直径 3 ~ 6 cm，花序梗有时分枝，长 2 ~ 6 cm；伞辐 8 ~ 16，长 1 ~ 3 cm；无总苞片；小总苞数片，线状披针形；小伞形花序，有花 15 ~ 20，花白色；萼齿 5，卵状披针形；

▲珊瑚菜植株（花期）

▲珊瑚菜小伞形花序

花瓣白色或带堇色；花柱基短圆锥形。果实近圆球形或倒广卵形，长 6 ~ 13 mm，果棱有木栓质翅；分生果的横剖面半圆形。花期 6—7 月，果期 7—8 月。

生　　境　生于水边沙地及海滨沙滩上。

分　　布　辽宁葫芦岛市区、绥中、兴城、盖州、凌海、长海、瓦房店、大连市区等地。河北、山东、江苏、浙江、福建、广东。朝鲜、日本、俄罗斯（西伯利亚中东部）。

采　　制　春、秋季采挖根，除去泥沙，剪去须根，洗净，用开水烫后剥去外皮，润软切片或切段，生用。

性味功效　味甘、微苦，性凉、微寒。有养阴清肺、益胃生津、祛痰止咳的功效。

主治用法　用于肺热咳嗽、慢性支气管炎、劳嗽痰血、热病津伤、口渴、虚劳久咳、肺结核、肺脓肿及阴伤咽干等。水煎服。亦可熬膏或入丸。反藜芦。风寒咳嗽、肺胃虚寒者忌服。

用　　量　15 ~ 25 g。

▼珊瑚菜小伞形花序（背）

▲珊瑚菜幼株

▼珊瑚菜根

附　方

（1）治热病后胃阴不足、津亏口燥：北沙参、生地、麦门冬、玉竹、冰糖各 15 g，水煎服。

（2）治热病伤津、咽干、口渴、咳嗽：北沙参 15 g，玉竹 10 g，桑叶、天花粉各 12.5 g，甘草 5 g，水煎服。

（3）治慢性气管炎、咳嗽、痰不易吐出、口干：北沙参 20 g，麦门冬、贝母各 15 g，甘草 10 g，水煎服。

附　注　本品为《中华人民共和国药典》（2020 年版）收录的药材。

◎参考文献◎

[1] 江苏新医学院．中药大辞典（上册）[M]．上海：上海科学技术出版社，1977: 644.

[2] 朱有昌．东北药用植物 [M]．哈尔滨：黑龙江科学技术出版社，1989: 827-829.

[3] 《全国中草药汇编》编写组．全国中草药汇编（上册）[M]．北京：人民卫生出版社，1975: 261-262.

▲兴安独活小伞形花序

独活属 *Heracleum* L.

兴安独活 *Heracleum dissectum* Ledebl

别　　名　兴安牛防风　老山芹

药用部位　伞形科兴安独活的根。

原 植 物　多年生草本，高 0.5 ~ 1.5 m。根纺锤形，分枝，棕黄色。茎直立。基生叶有长柄，基部成鞘状；叶片三出羽状分裂，有小叶 3 ~ 5，小叶广卵形、卵状长圆形，小叶有柄，基部心形、楔形或不整齐，多少呈羽状深裂或缺刻，小裂片卵状长圆形；茎上部叶渐简化，叶柄全部呈宽鞘状。复伞形花序顶生和侧生，花序梗长 10 ~ 17 cm，无总苞；伞辐 20 ~ 30，不等长，长 8 ~ 10 cm；小总苞片数片，线状披针形；萼齿三角形；花瓣白色，二型；花柱基短圆锥形。果实椭圆形或倒卵形，长 8 ~ 10 mm，宽 5 ~ 7 mm，无毛或有稀疏的细毛；背部每棱槽中油管 1，合生面油管 2。花期 7—8 月，果期 8—9 月。

生　　境　生于林下、林缘及河岸湿草地等处。

分　　布　黑龙江伊春、虎林、密山、嫩江、黑河市区、呼玛等地。吉林长白、抚松、安图、汪清、敦化、珲春、集安等地。内蒙古额尔古纳、根河、牙克石、鄂伦春旗等地。新疆。朝鲜、俄罗斯（西伯利亚中东部）、蒙古。

采　　制　春、秋季采挖根，除去泥土，洗净，晒干。

性味功效　味辛、苦，性温。有发表、祛风除湿、活血止痛、排脓的功效。

▲兴安独活复伞形花序

主治用法　用于感冒发热、头痛。水煎服。

用　　量　10 ~ 15 g。

◎参考文献◎

[1] 朱有昌. 东北药用植物 [M]. 哈尔滨: 黑龙江科学技术出版社, 1989: 829-831.
[2] 中国药材公司. 中国中药资源志要 [M]. 北京: 科学出版社, 1994: 862-863.
[3] 江纪武. 药用植物辞典 [M]. 天津: 天津科学技术出版社, 2005: 388.

▲兴安独活果实

▲兴安独活小伞形花序（背）

▲兴安独活植株

▲狭叶短毛独活幼株

▲短毛独活小伞形花序

▲短毛独活小伞形花序（背）

短毛独活 *Heracleum moellendorffii* Hance

别　　名　东北牛防风　短毛白芷

俗　　名　黑瞎子芹　老山芹　倭瓜芹　窝瓜芹　大叶芹　叉子芹　鸭子巴掌　当归　土当归

药用部位　伞形科短毛独活的根。

原 植 物　多年生草本，高 1 ~ 2 m。根圆锥形。茎直立，有棱槽，上部开展分枝。叶有柄，长 10 ~ 30 cm；叶片轮廓广卵形，薄膜质，三出分裂，裂片广卵形至圆形、心形、不规则的 3 ~ 5 裂，长 10 ~ 20 cm，裂片边缘具粗大的锯齿，尖锐至长尖；茎上部叶有显著宽展的叶鞘。复伞形花序顶生和侧生，花序梗长 4 ~ 15 cm；总苞片少数，线状披针形；伞辐 12 ~ 30；小总苞片 5 ~ 10，披针形；花柄细长；萼齿不显著；花瓣白色，二型。分生果圆状倒卵形，顶端凹陷，背部扁平，直径约 8 mm，背棱和中棱线状突起，侧棱宽阔；每棱槽内油管 1，合生面油管 2，棒形。花期 7—8 月，果期 8—9 月。

生　　境　生于阴坡山沟旁、林缘、灌丛及草甸子等处。

短毛独活植株

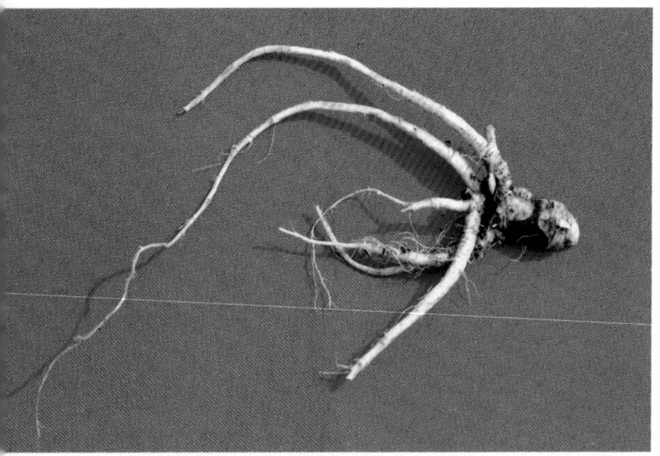

▲短毛独活根

▲市场上的短毛独活幼株

分　　布　黑龙江阿城、尚志、五常、海林、东宁、宁安、穆棱、方正、延寿、伊春、宾县、桦南、勃利、鸡西市区、虎林、饶河、宝清、汤原、通河、依兰、绥芬河等地。吉林长白山各地及九台。辽宁丹东市区、宽甸、凤城、东港、本溪、桓仁、抚顺、清原、新宾、鞍山市区、岫岩、瓦房店、庄河、大连市区、营口、铁岭、开原、西丰、北镇、义县、朝阳、凌源、建昌、建平、绥中等地。内蒙古牙克石、扎兰屯、鄂伦春旗、阿尔山、扎鲁特旗、科尔沁右翼前旗、克什克腾旗、西乌珠穆沁旗等地。河北、山东、陕西、湖北、安徽、江苏、浙江、江西、湖南、云南。朝鲜、俄罗斯（西伯利亚中东部）。

采　　制　春、秋季采挖根，除去泥土，洗净，晒干。

性味功效　味辛、苦，性微温。有祛风除湿、发表散寒、止痛的功效。

主治用法　用于风湿关节痛、伤风头痛、腰腿酸痛、疮疽肿毒等。水煎服，或煎水冲洗患处。

用　　量　5 ~ 15 g。外用适量。

附　　注　本区尚有 1 变种：

狭叶短毛独活 var. *subbipinnatum*（Franch.）Kitag.，

▼短毛独活幼株

叶二回羽状全裂，终裂片狭，卵状披针形，其他与原种同。

◎参考文献◎

[1] 朱有昌 . 东北药用植物 [M]. 哈尔滨：黑龙江科学技术出版社，1989: 829-831.
[2] 钱信忠 . 中国本草彩色图鉴（第三卷）[M]. 北京：人民卫生出版社，2003: 565-566.
[3] 中国药材公司 . 中国中药资源志要 [M]. 北京：科学出版社，1994: 863.

▲短毛独活果实（鲜）

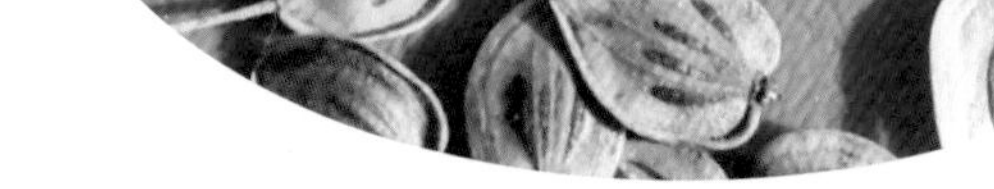

▲短毛独活果实（干）

▲短毛独活复伞形花序

▼短毛独活幼苗

▲香芹果实

▲香芹复伞形花序（背）

▼香芹根

岩风属 *Libanotis* Zinn.

香芹 *Libanotis seseloides*（Fisch. et Mey.）Turcz.

别　　名　邪蒿

俗　　名　野胡萝卜

药用部位　伞形科香芹的全草。

原 植 物　多年生草本，高 30 ~ 120 cm。根颈粗短；根圆柱状。茎直立或稍曲折，单一或自基部抽出 2 ~ 3 茎，粗壮，直径 0.3 ~ 1.2 cm，基部近圆柱形。基生叶有长柄，叶柄长 4 ~ 18 cm；叶片轮廓椭圆形或宽椭圆形，长 5 ~ 18 cm，三回羽状全裂，末回裂片线形或线状披针形，顶端有小尖头；茎生叶柄较短；叶片与基生叶相似，二回羽状全裂。伞形花序多分枝，复伞形花序直径 2 ~ 7 cm；伞辐 8 ~ 20；小伞形花序，有花 15 ~ 30，花柄短；小总苞片 8 ~ 14，线形或线状披针形；花瓣白色，宽椭圆形，花柱长，开展。分生果卵形，背腹略扁压，长 2.5 ~ 3.5 mm，5 棱显著。花期 7—8 月，果期 8—9 月。

生　　境　生于草甸、开阔的山坡草地及林缘灌丛间等处。

分　　布　黑龙江呼玛、塔河、黑河市区、嫩江、嘉荫、饶河、尚

▲香芹植株

▲香芹小伞形花序

志、东宁、虎林、密山、鸡西市区、林口、集贤、桦川、桦南、依兰、汤原、伊春市区、铁力、庆安、绥棱、通河、宾县、阿城、五常、海林、方正、延寿等地。吉林安图、汪清、珲春、抚松、靖宇、长白、通化、集安、辉南、梅河口、东丰、桦甸、磐石、蛟河、吉林市区、舒兰、伊通、长春等地。辽宁沈阳、大连市区、瓦房店、海城、盖州、鞍山市区、抚顺、铁岭、本溪、阜新等地。内蒙古额尔古纳、牙克石、鄂伦春旗、扎兰屯、科尔沁右翼前旗、东乌珠穆沁旗等地。河南、山东、江苏。朝鲜、俄罗斯（西伯利亚）。欧洲中部至亚洲东部。

采　　制　夏、秋季采收全草，洗净，切段，鲜用或晒干。

性味功效　味辛，性温。有利血脉、通肠胃的功效。

主治用法　用于痢疾、恶疮等。水煎服。外用捣烂敷患处。

用　　量　适量。

◎参考文献◎

[1] 朱有昌．东北药用植物 [M]．哈尔滨：黑龙江科学技术出版社，1989: 831-832.

[2] 中国药材公司．中国中药资源志要 [M]．北京：科学出版社，1994: 865-866.

[3] 江纪武．药用植物辞典 [M]．天津：天津科学技术出版社，2005: 457.

藁本属 *Ligusticum* L.

辽藁本 *Ligusticum jeholense*（Nakai et Kitagawa）Nakai et Kitagawa

别　　名　热河藁本　北藁本　藁本　香藁本

俗　　名　山香菜　香草

药用部位　伞形科辽藁本的干燥根。

原 植 物　多年生草本，高 30 ~ 80 cm。根圆锥形。茎直立，圆柱形。叶具柄，基生叶柄长可达 19 cm，向上渐短；叶片轮廓宽卵形，长 10 ~ 20 cm，二至三回三出羽状全裂，羽片 4 ~ 5 对，轮廓卵形，长 5 ~ 10 cm，基部者具柄；小羽片 3 ~ 4 对，卵形，长 2 ~ 3 cm，基部心形至楔形。复伞形花序顶生或侧生，直径 3 ~ 7 cm；总苞片 2，线形；伞辐 8 ~ 10，长 2 ~ 3 cm；小总苞片 8 ~ 10，钻形；小伞形花序具花 15 ~ 20；花瓣白色，长圆状倒卵形；花柱基隆起，半球形，花柱长，果期向下反曲。分生果背腹扁压，椭圆形，长 3 ~ 4 mm，背棱突起，侧棱具狭翅；每棱槽内油管 1 ~ 2。花期 8 月，果期 9—10 月。

▼辽藁本幼株

▲辽藁本植株

生　　境　生于林缘、草地及干燥的石质山坡上。

分　　布　吉林通化、集安、东丰、梅河口、抚松、柳河等地。辽宁朝阳、北票、义县、北镇、凌源、建昌、彰武、抚顺、本溪、新宾、凤城、丹东市区、岫岩、庄河、辽阳、海城、营口市区、盖州、大连市区等地。内蒙古喀喇沁旗、宁城等地。河北、山西、山东。朝鲜、俄罗斯（西伯利亚中东部）。

采　　制　春、秋季采挖根，洗净，晒干。

性味功效　味辛，性温。有祛风散寒、通血脉、祛湿止痛的功效。

主治用法　用于感冒风寒、头痛、牙痛、风湿痹痛、腹痛、胃痉挛、神经性皮炎、妇女阴寒肿瘤、泄泻、疟疾、疥癣、痈疽等。水煎服。外用煎水洗或研末调敷。

用　　量　5～15 g。外用适量。

附　　方

（1）治风寒感冒头痛：辽藁本、川芎各15 g，白芷、菊花各10 g，水煎服。

（2）治胃痉挛、腹痛：辽藁本25 g，苍术15 g，水煎服。

（3）治寒邪郁于足太阳经、头痛及巅顶痛：辽藁本、川芎、细辛、葱头各适量，水煎服。

（4）治疥癣：辽藁本煎汤水浴，并用其洗患者衣服。

▲辽藁本果实

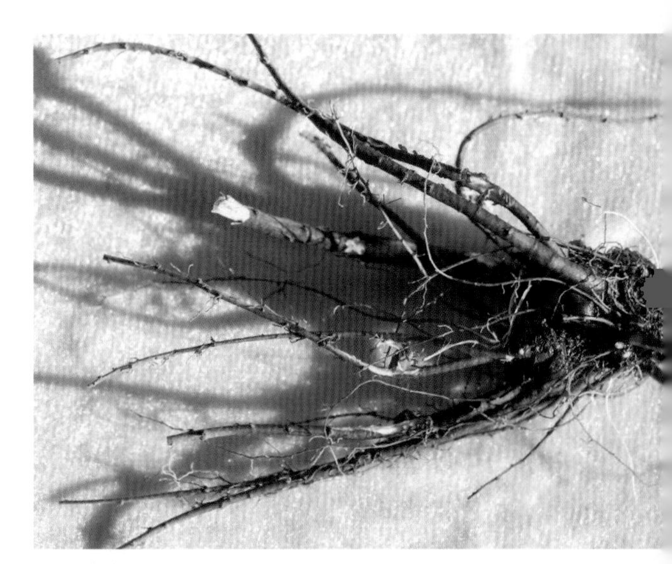
▲辽藁本根

▲辽藁本复伞形花序

▼辽藁本小伞形花序（背）

（5）治神经性皮炎：用质量分数为 50% 的辽藁本注射液于病损处皮下注射。一般对每个病损处每周注射 2 次，每次 5 ~ 10 ml；如病损较多，或范围较大，可每日轮流注射，以便每周每个病损处均能注射 2 次。每次注射后的晚间，局部可用热敷，避免形成硬结。一般在注射 3 ~ 4 次后痒感减退，逐渐好转；病损较小者 8 ~ 10 次可痊愈，最多达 20 次。

附　注　本品为《中华人民共和国药典》（2020 年版）收录的药材，也为东北地道药材。

▼辽藁本小伞形花序

◎参考文献◎

［1］江苏新医学院．中药大辞典（下册）[M]．上海：上海科学技术出版社，1977：2674-2675.

［2］朱有昌．东北药用植物 [M]．哈尔滨：黑龙江科学技术出版社，1989：832-834.

［3］中国药材公司．中国中药资源志要 [M]．北京：科学出版社，1994：867.

▲细叶藁本复伞形花序

▼细叶藁本幼苗

细叶藁本 *Ligusticum tenuissimum*（Nakai）Kitagawa

别　　名　藁本

俗　　名　香草

药用部位　伞形科细叶藁本的干燥根状茎。

原 植 物　多年生草本，高 60 ~ 100 cm。根分叉，有浓烈香气；根颈短。茎直立，圆柱形，中空，具纵条纹，带紫色，上部常分枝并呈“之”字形弯曲。基生叶具长柄；茎下部叶柄长可达 20 cm，基部稍扩大呈鞘状，上部叶柄渐短，以至全部成鞘；叶片三至四回三出羽状全裂，末回裂片宽线形。复伞形花序顶生或侧生，直径 4 ~ 8 cm；总苞片 1 ~ 2，线形，长 1 ~ 2 cm；伞辐 10 ~ 18；小总苞片 5 ~ 8，披针形；萼齿不明显；花瓣白色，倒卵形，长约 2 mm；花柱基短圆锥状，花柱细长。分生果椭圆形，长约 5 mm，背棱突起，侧棱扩大成翅；每棱槽内油管 1，合生面油管 2。花期 8—9 月，果期 9—10 月。

生　　境　生于多石质山坡林下。

▲细叶藁本植株

▲细叶藁本幼株

分　　布　黑龙江尚志、五常等地。吉林长白、靖宇等地。辽宁本溪、凤城、岫岩、庄河、瓦房店、盖州等地。朝鲜。

采　　制　春、秋季采挖根状茎，洗净，晒干。

性味功效　有祛风散寒、镇痛、镇痉的功效。

主治用法　用于头痛、胸痛等。水煎服。

用　　量　5 ~ 15 g。外用适量。

◎参考文献◎

[1] 江苏新医学院. 中药大辞典(下册)[M]. 上海: 上海科学技术出版社, 1977: 2674-2675.

[2] 中国药材公司. 中国中药资源志要 [M]. 北京: 科学出版社, 1994: 867-868.

[3] 江纪武. 药用植物辞典 [M]. 天津: 天津科学技术出版社, 2005: 460.

▲细叶藁本小伞形花序（背）

▼细叶藁本小伞形花序

▲岩茴香幼株

▲岩茴香果实

岩茴香 *Ligusticum tachiroei*（Franch. et Sav.）Hiroe et Constance

别　　名　细叶藁本

药用部位　伞形科岩茴香的根。

原 植 物　多年生草本，高 15 ~ 30 cm。根颈粗短；根常分叉。茎单一或数条簇生，较纤细，常呈“之”字形弯曲，上部分枝。基生叶具长柄；叶片轮廓卵形，长 8 ~ 10 cm，三回羽状全裂，末回裂片线形，长 3 ~ 15 mm；茎生叶少数，向上渐简化。复伞形花序少数，直径 2 ~ 4 cm；总苞片 2 ~ 4，线状披针形，长 0.5 ~ 1.0 cm；伞辐 6 ~ 10；小总苞片 5 ~ 8，线状披针形，长5～7 mm；萼齿显著，钻形；花瓣白色，长卵形至卵形，长约1.5 mm；花柱基圆锥形；花柱较长，后期向下反曲。分生果卵状长圆形，长4 mm，宽1.5 mm，主棱突出；每棱槽内油管1，合生面油管2；胚乳腹面平直。花期7—8月，果期8—9月。

生　　境　生于河岸湿地、石砾荒原及岩石缝间、亚高山岳桦林下和高山苔原带上。

分　　布　吉林长白、抚松、安图等地。辽宁桓仁。河北、河南、山西、安徽、浙江。朝鲜、日本、俄罗斯（西伯利亚中东部）。

采　　制　夏、秋季采挖根，以秋季为最佳，除去泥土，洗净，晒干。

性味功效　味辛，性温。有祛风解表、活血行气的功效。

主治用法　用于伤风感冒、跌打损伤、头痛、胸痛。水煎服。

用　　量　6～9 g。

◎参考文献◎

[1] 中国药材公司．中国中药资源志要[M]．北京：科学出版社，1994：867.

[2] 江纪武．药用植物辞典[M]．天津：天津科学技术出版社，2005：460.

▲岩茴香植株

▲岩茴香复伞形花序

▲岩茴香复伞形花序（背）

▲水芹幼株

▲市场上的水芹幼苗

▲水芹果实（前期）

▼水芹果实（后期）

水芹属 *Oenanthe* L.

水芹 *Oenanthe javanica*（Blume）DC.

别　　名 水芹菜

俗　　名 河芹 野芹菜 野芹 小叶芹

药用部位 伞形科水芹的全草。

原 植 物 多年生草本，高 15 ~ 80 cm。茎直立或基部匍匐。基生叶有柄，柄长达 10 cm；叶片轮廓三角形，一至二回羽状分裂，末回裂片卵形至菱状披针形，长 2 ~ 5 cm；茎上部叶无柄，裂片和基生叶的裂片相似，较小。复伞形花序顶生；无总苞；伞辐 6 ~ 16；小总苞片 2 ~ 8，线形；小伞形花序，有花 20 余，花柄长 2 ~ 4 mm；萼齿线状披针形；花瓣白色，倒卵形，长 1 mm；花柱基圆锥形，花柱直立或两侧分开，长 2 mm。果实近于四角状椭圆形或筒状长圆形，长 2.5 ~ 3.0 mm，宽 2 mm，侧棱较背棱和中棱隆起，分生果横剖面近于五边状的半圆形；每棱槽内油管 1，合生面油管 2。花期 6—7 月，果期 8—9 月。

生　　境　生于沼泽、湿地、沟边及水田中，常聚集成片生长。

分　　布　黑龙江依兰、尚志、五常、东宁、虎林、密山、饶河、哈尔滨市区等地。吉林长白山各地及九台、农安、德惠、榆树、梨树、公主岭、伊通等地。辽宁丹东市区、宽甸、凤城、东港、本溪、桓仁、新宾、铁岭、西丰、开原、昌图、法库、沈阳市区、鞍山市区、岫岩、台安、辽中、新民、大连、营口、北镇、义县、兴城、绥中、凌源等地。全国绝大部分地区。朝鲜、俄罗斯（西伯利亚中东部）、印度、缅甸、越南、马来西亚、印度尼西亚、菲律宾。

采　　制　夏、秋季采收全草，除去杂质，切段，洗净，鲜用或晒干。

性味功效　味甘、辛，性平。有清热解毒、利湿、止血、凉血降压的功效。

主治用法　用于感冒发热、暴热烦渴、呕吐腹泻、黄疸、水肿、尿路感染、淋病、崩漏、带下病、瘰疬、痄腮、高血压等。水煎服或捣汁服。外用鲜品捣烂敷患处。

▼水芹复伞形花序（背）

▼水芹复伞形花序

▲水芹植株

用　　量　50 ~ 100 g。外用适量。

附　　方

（1）治小儿发热、月余不退：水芹、大麦芽、车前子各适量，水煎服。

（2）治小便不利：水芹 15 g，水煎服。

（3）治白带异常：水芹 20 g，景天 10 g，水煎服。

（4）治痄腮（腮腺炎）：水芹捣烂，加茶油敷患处。

（5）治小儿霍乱吐泻：水芹叶细切，煮熟饮汁。

（6）治尿路感染：水芹白根者，去叶捣汁，并水和服。

◎参考文献◎

[1] 江苏新医学院．中药大辞典（上册）[M]．上海：上海科学技术出版社，1977: 512-513.

[2] 朱有昌．东北药用植物 [M]．哈尔滨：黑龙江科学技术出版社，1989: 836-837.

[3] 中国药材公司．中国中药资源志要 [M]．北京：科学出版社，1994: 869.

▲香根芹根

▲香根芹花

▼香根芹花（侧）

香根芹属 *Osmorhiza* Raf.

香根芹 *Osmorhiza aristata*（Thunb.）Makino et Yabe

别　　名 东北香根芹

俗　　名 野胡萝卜

药用部位 伞形科香根芹的干燥根。

原 植 物 多年生草本，高 25 ~ 70 cm。主根圆锥形，有香气。茎圆柱形，有分枝。基生叶片的轮廓呈阔三角形或近圆形，通常二至三回羽状分裂或二回三出羽状复叶，羽片 2 ~ 4 对，下部第二回羽片卵状长圆形或三角状卵形，长 2 ~ 7 cm；叶柄长 5 ~ 26 cm；茎生叶的分裂形状如基生叶。复伞形花序顶生或腋

▲香根芹植株

▲香根芹幼株

生，花序梗上升而开展，长 4 ~ 22 cm；总苞片 1 ~ 4，钻形至阔线形，长 0.5 ~ 1.2 cm；伞辐 3 ~ 5；小总苞片 4 ~ 5；小伞形花序，有孕育花 1 ~ 6，不孕花的花柄丝状，短小；花瓣倒卵圆形，长约 1.2 mm；花丝短于花瓣，花药卵圆形。果实线形或棍棒状，长 1.0 ~ 2.2 cm。花期 7 月，果期 8—9 月。

生　　境　生于林下、林缘及山坡等处。

分　　布　黑龙江虎林、饶河等地。吉林长白山各地。辽宁本溪、桓仁、清原、鞍山等地。河北、陕西、江苏、江西、四川。朝鲜、日本、俄罗斯（西伯利亚中东部）。

采　　制　夏、秋季采挖根，剪掉须根，除去泥土，洗净，晒干药用。

性味功效　味辛，性温。有散寒、发汗、解表、祛风除湿、宣通筋络的功效。

主治用法　用于巅顶痛、风寒感冒、周身疼痛、恶寒无汗发热、风湿性关节疼痛、痈肿疮毒、跌打损伤。水煎服。

用　　量　5 ~ 15 g。

◎参考文献◎

[1] 中国药材公司. 中国中药资源志要 [M]. 北京：科学出版社，1994: 870.

[2] 江纪武. 药用植物辞典 [M]. 天津：天津科学技术出版社，2005: 558.

▲香根芹花序

▲香根芹果实

▲全叶山芹群落

山芹属 *Ostericum* Hoffrn.

全叶山芹 *Ostericum maximowiczii*（Fr. Schmidt ex Maxim.）Kitagawa

别　　名　全叶独活

俗　　名　野胡萝卜

药用部位　伞形科全叶山芹的全草。

原 植 物　多年生草本，高 40 ~ 100 cm。茎直立。基生叶及茎下部叶二回羽状分裂，叶柄长 3 ~ 10 cm；茎上部叶一回羽状分裂，叶柄长 1 ~ 3 cm，基部膨大成长圆形的鞘，抱茎，透明；叶片轮廓为三角状卵形，长 7 ~ 16 cm，第一回裂片有短叶柄，长 3 ~ 7 cm，第二回裂片无柄或少有柄，阔卵形，末回裂片线形或线状披针形，渐尖，长 1 ~ 4 cm。复伞形花序，直径 3.5 ~ 7.0 cm；伞辐 10 ~ 17；总苞片 1 ~ 3，长 0.5 ~ 0.8 cm，宽披针形；小伞形花序，有花 10 ~ 30；小总苞片 5 ~ 7，线状披针形；萼齿圆三角形；花瓣白色，近圆形。果实宽卵形，扁平，长 4.0 ~ 5.5 mm，背棱狭，侧棱宽翅状。花期 8—9 月，果期 9—10 月。

▼全叶山芹小伞形花序（背）

▼全叶山芹小伞形花序

▲全叶山芹植株

▲全叶山芹幼株

生　　境　生于林下、林缘及湿草甸子等处。

分　　布　黑龙江呼玛、黑河、尚志、五常等地。吉林辉南、蛟河、吉林、敦化、安图、抚松、长白等地。内蒙古根河、牙克石等地。朝鲜、俄罗斯（西伯利亚中东部）、日本。

采　　制　夏、秋季采收全草，除去杂质，切段，洗净，鲜用或晒干。

性味功效　有清热解毒的功效。

主治用法　用于毒蛇咬伤。水煎服，或捣烂敷患处。

用　　量　适量。

◎参考文献◎

[1] 中国药材公司．中国中药资源志要 [M]．北京：科学出版社，1994：870-871.

[2] 江纪武．药用植物辞典 [M]．天津：天津科学技术出版社，2005：558.

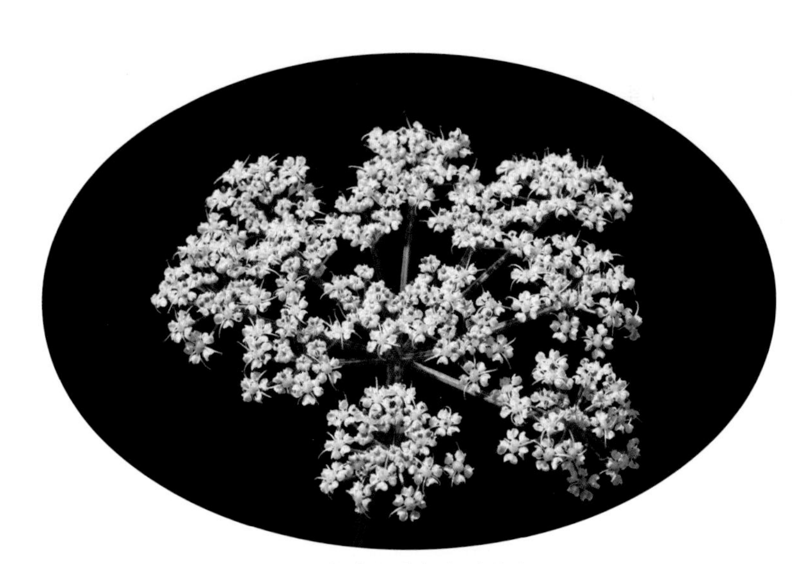

▲全叶山芹复伞形花序

▲全叶山芹果实

▲大齿山芹复伞形花序

大齿山芹 *Ostericum grosseserratum*（Maxim.）Kitag.

别　　名　大齿独活　碎叶山芹　朝鲜独活　朝鲜羌活

俗　　名　山芹菜　鸡爪子芹　小叶芹　碎叶芹

药用部位　伞形科大齿山芹的干燥根。

原 植 物　多年生草本，高达 1 m。根圆锥状或纺锤形。茎直立。叶有柄，柄长 4 ~ 18 cm，基部有狭长而膨大的鞘；叶片轮廓为广三角形，二至三回三出分裂，第一回和第二回裂片有短柄；末回裂片无柄或下延成短柄，阔卵形至菱状卵形，长 2 ~ 5 cm，基部楔形，顶端尖锐，中部以下常 2 深裂，上部叶有短柄，3 裂，小裂片披针形至长圆形。复伞形花序，直径 2 ~ 10 cm；伞辐 6 ~ 14，长 1.5 ~ 3.0 cm；总苞片 4 ~ 6，线状披针形；小总苞片 5 ~ 10，钻形；花白色；花瓣倒卵形。分生果广椭圆形，长 4 ~ 6 mm，基部凹入，背棱突出；棱槽内油管 1，合生面油管 2 ~ 4。花期 7—8 月，果期 8—9 月。

▼大齿山芹小伞形花序

生　　境　生于山坡、草地、溪沟旁及林缘灌丛中。

分　　布　黑龙江五常、尚志、东宁、虎林、饶河等地。吉林长白、抚松、安图、和龙、白山、集安、通化、东丰、梅河口、辉南、桦甸、磐石、蛟河、吉林、舒兰、九台、伊通、长春等地。辽宁丹东市区、凤城、宽甸、东港、本溪、桓仁、清原、新宾、开原、西丰、岫岩、鞍山市区、辽阳、庄河、长海、大连市区、营口、锦州市区、北镇、建平、建昌、凌源、绥中等地。河北、山西、陕西、河南、安徽、江苏、浙江、福建。朝鲜、俄罗斯（西伯利亚中东部）、日本。

采　　制　春、秋季采挖根，除去泥土，洗净，晒干。

性味功效　味辛、苦、微甘，性温。有补中益气、温脾散寒、祛风、除湿止痛的功效。

主治用法　用于脾胃虚寒、虚寒咳嗽、泄泻等。水煎服。

用　　量　5 ~ 25 g。

附　　方

（1）治脾胃虚寒泄泻：大齿山芹 15 ~ 25 g，金樱子干根 25 g，山药、薏米各 15 g，水煎服。或用大齿山芹、大枣各 25 g，水煎服。

（2）治虚寒咳嗽：大齿山芹、桂圆干各 25 g，水煎服。或用大齿山芹 25 g，籼米一碗同炒焦黄，水煎，酌调冰糖服用。

◎参考文献◎

[1] 朱有昌. 东北药用植物 [M]. 哈尔滨: 黑龙江科学技术出版社, 1989: 837-839.

[2] 钱信忠. 中国本草彩色图鉴（第一卷）[M]. 北京：人民卫生出版社，2003: 133-134.

[3] 中国药材公司. 中国中药资源志要 [M]. 北京：科学出版社，1994: 870.

▲大齿山芹小伞形花序（背）

▲大齿山芹植株

▲刺尖前胡幼株

前胡属 *Peucedanum* L.

刺尖前胡 *Peucedanum elegans* Komarov

▲刺尖前胡小伞形花序

别　　名　刺尖石防风

药用部位　伞形科刺尖前胡的干燥根。

原 植 物　多年生草本，高 50 ~ 80 cm。根近纺锤形。茎单一，圆柱形。基生叶有长柄，基部具狭长叶鞘；叶片轮廓卵状长圆形，三回羽状全裂，叶片长 8 ~ 10 cm，第一回羽片 6 ~ 9 对，二回羽片 4 ~ 5 对，末回裂片线状长圆形，全缘，长 4 ~ 20 mm，先端具 1.0 ~ 1.5 mm 长的刺状小尖头。复伞形花序略呈伞房状分枝，序托叶鞘状，顶端伞形花序直径 7 cm；总苞片多数，披针形，先端尾尖，长 8 ~ 12 mm；伞辐 20 ~ 25，长 2 ~ 3 cm，小伞形花序有花 20 余；小总苞片 7 ~ 9，线状披针形；花瓣白色或淡紫色，倒卵状圆形；花柱基圆锥形。分生果长圆形；每棱槽内油管 1，合生面油管 2。花期 7—8 月，果期 8—9 月。

▼刺尖前胡幼苗

生　　境　生于多石山上、针叶疏林内碎石地或河岸旁等处。

分　　布　黑龙江尚志、五常等地。吉林通化、白山、集安、和龙、珲春等地。辽宁桓仁。朝鲜、俄罗斯（西伯利亚中东部）。

▲刺尖前胡植株

采　　制　春、秋季采挖根，除去杂质，洗净，晒干。

性味功效　味苦、辛，性微寒。有发散风热、降气祛痰的功效。

主治用法　用于感冒咳嗽、胸胁胀满、气喘、支气管炎、气管炎、妊娠咳嗽、头风眩痛等。水煎服。

用　　量　5 ~ 10 g。

◎参考文献◎

[1] 中国药材公司. 中国中药资源志要[M]. 北京：科学出版社，1994: 871.

[2] 江纪武. 药用植物辞典[M]. 天津：天津科学技术出版社，2005: 588.

▲刺尖前胡小伞形花序（背）

▲刺尖前胡果实

▲刺尖前胡复伞形花序

▲石防风群落

▼石防风幼株

石防风 *Peucedanum terebinthaceum*（Fisch.）Fisch. ex Turcz.

别　　名　珊瑚菜

俗　　名　山芹菜 山香菜 小叶芹幌子 风芹

药用部位　伞形科石防风的干燥根。

原 植 物　多年生草本，高 30 ～ 120 cm。根长圆锥形。茎直立。基生叶有长柄；叶片轮廓为椭圆形至三角状卵形，长 6 ～ 18 cm，宽 5 ～ 15 cm，二回羽状全裂，第一回羽片 3 ～ 5 对，下部羽片具短柄，末回裂片披针形或卵状披针形；茎生叶与基生叶同形，但较小，无叶柄，仅有宽阔叶鞘抱茎。复伞形花序多分枝，花序直径 3 ～ 10 cm；伞辐 8 ～ 20；总苞片无或有 1 ～ 2，线状披针形，先端尾尖状；小总苞片 6 ～ 10，线形；花瓣白色，倒心形；花柱基圆锥形。分生果椭圆形或卵状椭圆形，背部扁压，长 3.5 ～ 4.0 mm，背棱和中棱线形突起；每棱槽内油管 1，合生面油管 2。花期 7—8 月，果期 9—10 月。

生　　境　生于灌丛、草地及干燥的石质山坡上。

▲石防风植株

分　　布　黑龙江呼玛、黑河、伊春、五常、尚志、东宁、宁安、穆棱、绥芬河等地。吉林长白山各地。辽宁建昌、建平、凌源、绥中、锦州市区、葫芦岛市区、本溪、黑山、阜新、康平、法库、辽中、沈阳市区、抚顺、北镇、鞍山市区、西丰、新宾、桓仁、凤城、丹东市区、岫岩、庄河、大连市区、长海、盖州等地。内蒙古根河、牙克石、鄂伦春旗、科尔沁右翼前旗、多伦等地。朝鲜、蒙古、俄罗斯（西伯利亚中东部）。

采　　制　春、秋季采挖根，除去杂质，洗净，晒干。

性味功效　味苦、辛，性凉。有发散风热、降气祛痰的功效。

主治用法　用于感冒咳嗽、胸肋胀满、气喘、支气管炎、气管炎、妊娠咳嗽、头风眩痛等。水煎服。

用　　量　5 ~ 15 g。

附　　方

（1）治感冒、咳嗽、气喘：石防风、苦杏仁各15 g，紫苏子、桔梗各10 g，水煎服。

（2）治孕妇咳嗽：石防风、当归各15 g，水煎服。

▲石防风果实

▲石防风复伞形花序（背）

▲石防风复伞形花序

◎参考文献◎

[1] 江苏新医学院．中药大辞典（上册）[M]．上海：上海科学技术出版社，1977: 603.
[2] 朱有昌．东北药用植物 [M]．哈尔滨：黑龙江科学技术出版社，1989: 839-841.
[3] 钱信忠．中国本草彩色图鉴（第二卷）[M]．北京：人民卫生出版社，2003: 98-99.
[4] 钱信忠．中国本草彩色图鉴（第四卷）[M]．北京：人民卫生出版社，2003: 29-30.

▲石防风小伞形花序（背）

▲石防风小伞形花序

▲泰山前胡复伞形花序

▲泰山前胡根

▲泰山前胡植株

泰山前胡 *Peucedanum wawrae*（Wolff）Su

药用部位 伞形科泰山前胡的干燥根。

原 植 物 多年生草本，高 30 ~ 70 cm。根颈粗壮；根圆锥形。茎圆柱形，直径 0.3 ~ 1.0 cm，上部分枝呈叉式展开。基生叶具柄，叶柄长 2 ~ 8 cm；叶片轮廓三角状扁圆形，长 4 ~ 22 cm，二至三回三出分裂，末回裂片楔状倒卵形，基部楔形或近圆形，长 1.2 ~ 3.5 cm，3 深裂。复伞形花序顶生和侧生，伞形花序直径 1 ~ 4 cm；伞辐 6 ~ 8，长 0.5 ~ 2.0 cm；总苞片 1 ~ 3，长 3 ~ 4 mm；小伞形花序有花 10 余，小总苞片 4 ~ 6，线形；萼齿钻形显著；花柱细长外曲，花柱基圆锥形；花瓣白色。分生果卵圆形至长圆形，背部扁压，长约 3 mm；每棱槽内油管 2 ~ 3，合生面油管 2 ~ 4。花期 7—8 月，果期 8—9 月。

生　　境 生于山坡草丛中及林缘路旁等处。

分　　布 辽宁长海。山东、安徽、江苏。

采　　制 春、秋季采挖根，除去杂质，洗净，晒干。

性味功效 味辛，性温。有宣肺散热、下气平喘、止咳化痰的功效。

主治用法 用于外感风热、风热咳嗽、气喘、胸胀满、胸闷、头痛等。水煎服。

用　　量 6 ~ 15 g。

◎参考文献◎

[1] 中国药材公司．中国中药资源志要 [M]．北京：科学出版社，1994: 872.

[2] 江纪武．药用植物辞典 [M]．天津：天津科学技术出版社，2005: 589.

▲短果茴芹幼株

▼市场上的短果茴芹幼株

茴芹属 *Pimpinella* L.

短果茴芹 *Pimpinella brachycarpa* （Komar.）Nakai

别　　名　大叶芹 假茴芹

俗　　名　山芹菜

药用部位　伞形科短果茴芹的全草及根。

原 植 物　多年生草本，高 70 ～ 85 cm。茎圆管状。基生叶及茎中、下部叶有柄，长 4 ～ 10 cm；叶鞘长圆形；叶片三出分裂，成三小叶，裂片有短柄，长 0.5 ～ 1.0 cm，两侧的裂片卵形，长 3 ～ 8 cm，顶端的裂片宽卵形，长 5 ～ 8 cmm，基部楔形，顶端短尖；茎上部叶无柄，叶片 3 裂，裂片披针形。通常无总苞片，线形；伞辐 7 ～ 15；小总苞片 2 ～ 5，线形；小伞形花序有花 15 ～ 20；萼齿较大，披针形；花瓣阔倒卵形或近圆形，白色，基部楔形，顶端微凹，有内折的小舌片；花柱基圆锥形；花柱长为花柱基的 2 ～ 3 倍。果实卵球形，果棱线形；每棱槽内油管 2 ～ 3，合生面油管 6。花期 7—8 月，果期 8—9 月。

▼市场上的短果茴芹幼株（去叶）

▲短果茴芹植株

生　　境　生于针阔叶混交林林下、林缘或土壤肥沃、较阴湿的地上等处，常聚集成片生长。

分　　布　黑龙江张广才岭、老爷岭。吉林长白山各地及公主岭、四平、梨树等地。辽宁本溪、桓仁、宽甸、凤城、岫岩、清原、鞍山市区、庄河等地。河北、贵州。朝鲜、俄罗斯（西伯利亚中东部）。

采　　制　夏、秋季采收全草，除去杂质，切段，洗净，鲜用或晒干。春、秋季采挖根，除去杂质，洗净，晒干。

性味功效　有祛风散寒、理气止痛的功效。

主治用法　用于胃寒痛、痢疾、腹泻等。水煎服。

用　　量　5 ~ 10 g。

▲短果茴芹果实（后期）

▲短果茴芹果实（前期）

▲短果茴芹复伞形花序

▲短果茴芹幼苗

◎参考文献◎

[1] 中国药材公司. 中国中药资源志要 [M]. 北京：科学出版社，1994: 873.

[2] 江纪武. 药用植物辞典 [M]. 天津：天津科学技术出版社，2005: 607.

▲短果茴芹小伞形花序

▲短果茴芹小伞形花序（背）

▲棱子芹幼株

▲棱子芹小伞形花序

▼棱子芹果实

棱子芹属 *Pleurospermum* Hoffm.

棱子芹 *Pleurospermum uralense* Hoffm.

俗　　名　黑瞎子芹　走马芹

药用部位　伞形科棱子芹的根。

原 植 物　多年生草本，高 1 ~ 2 m。根粗状。茎中空，表面有细条棱。基生叶或茎下部的叶有较长的柄；叶片轮廓宽卵状三角形，长 15 ~ 30 cm，二回三出羽状全裂，末回裂片狭卵形或狭披针形，叶柄长 15 ~ 30 cm；茎上部的叶有短柄。顶生复伞形花序大，直径 10 ~ 20 cm；总苞片多数，线形或披针形，长 2 ~ 8 cm；伞辐 20 ~ 60，不等长；侧生复伞形花序较小，直径 4 ~ 7 cm；伞辐 10 ~ 15；小总苞片 6 ~ 9，线状披针形；花多数；花白色，花瓣宽卵形，长 2.0 ~ 2.5 mm；花药黄色。果实卵形，长 7 ~ 10 mm，宽 4 ~ 6 mm，果棱狭翅状，每棱槽油管 1，合生面油管 2。花期 7 月，果期 8—9 月。

生　　境　生于林下、林缘、河岸及亚高山草地上等处。

分　　布　黑龙江尚志、五常等地。吉林长白山各地。辽宁本溪、

▲棱子芹植株

▲棱子芹花（背）

▲棱子芹花

凤城、新宾、清原、辽中等地。内蒙古西乌珠穆沁旗。河北、山西。朝鲜、俄罗斯（西伯利亚中东部）、日本。

采　　制　夏、秋季采挖根，除去杂质，洗净，晒干。

性味功效　有活血、补血、养血的功效。

主治用法　用于毒蛇咬伤。外用鲜品捣烂敷患处。

用　　量　适量。

◎参考文献◎

[1] 中国药材公司. 中国中药资源志要 [M]. 北京：科学出版社，1994: 874.

[2] 江纪武. 药用植物辞典 [M]. 天津：天津科学技术出版社，2005: 620.

▼市场上的棱子芹幼株

▲变豆菜幼苗

变豆菜属 *Sanicula* L.

变豆菜 *Sanicula chinensis* Bge.

俗　　名　鸡爪芹　鸭巴芹　鸭巴掌　碗儿芹　鸭掌芹

药用部位　伞形科变豆菜的干燥全草。

原 植 物　多年生草本，高达 60 cm。根状茎粗而短，斜生或近直立。茎粗壮或细弱，直立，上部重覆叉式分枝。基生叶少数，近圆形、圆肾形至圆心形，通常 3 裂，中间裂片倒卵形，基部近楔形，长 3 ~ 10 cm；叶柄长 7 ~ 30 cm，基部有透明的膜质鞘；茎生叶逐渐变小，通常 3 裂。花序二至三回叉式分枝，总苞片叶状，通常 3 深裂；伞形花序二至三出；小总苞片 8 ~ 10，卵状披针形或线形；小伞形花序，有花 6 ~ 10，雄花 3 ~ 7，花柄长 1.0 ~ 1.5 mm；萼齿窄线形；花瓣白色或绿白色、倒卵形至长倒卵形；两性花 3 ~ 4；萼齿和花瓣的形状、大小同雄花。果实圆卵形，长 4 ~ 5 mm。花期 5—6 月，果期 6—7 月。

生　　境　生于林下、林缘、沟旁及山坡等处。

分　　布　黑龙江尚志、五常、海林、宁安、东宁等地。吉林长白山各地及九台。辽宁丹东市区、宽甸、凤城、本溪、桓仁、抚顺、清原、开原、西丰、法库、沈阳市区、庄河、瓦房店、大连市区等地。华东、中南、西北、西南。朝鲜、俄罗斯（西伯利亚）、日本。

▲变豆菜植株

采　　制　夏、秋季采收全草，切段，洗净，晒干。

性味功效　味甘、辛，性凉。有清热解毒、散寒止咳、行血通经、杀虫的功效。

主治用法　用于风寒咳嗽、百日咳、月经不调、月经过多、经闭、腰痛、痈肿疮毒、蛔虫病、血尿、外伤出血等。水煎服。外用捣烂敷患处。

用　　量　9 ~ 15 g。外用适量。

▲变豆菜花

◎参考文献◎

[1] 钱信忠. 中国本草彩色图鉴（第五卷）[M]. 北京：人民卫生出版社，2003: 81-82.

[2] 中国药材公司. 中国中药资源志要 [M]. 北京：科学出版社，1994: 876.

[3] 江纪武. 药用植物辞典 [M]. 天津：天津科学技术出版社，2005: 717.

▲变豆菜果实

▼变豆菜幼株

市场上的红花变豆菜植株

▲红花变豆菜果实

▲红花变豆菜植株

红花变豆菜 *Sanicula rubriflora* Fr. Schmidt

别　　名　紫花变豆菜

俗　　名　鸡爪芹　碗儿芹　鸭巴芹　紫花芹　鸭巴掌　鸭掌芹

药用部位　伞形科红花变豆菜的根。

原 植 物　多年生草本，高 20 ~ 50 cm。根状茎短。茎直立，下部不分枝。基生叶多数；叶片通常圆心形或肾状圆形，长 3.5 ~ 10.0 cm，掌状 3 裂，中间裂片倒卵形，基部楔形，侧面裂片宽倒卵形；总苞片 2，叶状，无柄，每片 3 深裂，长 3.5 ~ 9.0 cm。伞形花序三出；小总苞片 3 ~ 7，倒披针形或宽线形，长 0.7 ~ 3.5 cm；小伞形花序多花；雄花 15 ~ 20；花柄长 2 mm；萼齿卵状披针形；花瓣淡红色至紫红色，长 2.0 ~ 2.5 mm；花丝长 3 ~ 4 mm，花药长 0.7 ~ 1.0 mm；两性花 3 ~ 5，近无柄，萼齿、花瓣与雄花同色、同形。果实卵形或卵圆形，长约 4.5 mm，基部有瘤状突起，油管 5。花期 5—6 月，果期 6—7 月。

▲红花变豆菜花序

▲红花变豆菜花序（侧）

生　　境　生于林缘、林下、沟边、灌丛及溪流旁等处。

分　　布　黑龙江张广才岭、老爷岭等。吉林长白山各地。辽宁本溪、桓仁、凤城、东港、鞍山市区、岫岩、庄河、西丰等地。朝鲜、俄罗斯（西伯利亚）、蒙古、日本。

采　　制　夏、秋季采挖根，除去泥土，洗净，晒干。

性味功效　根含皂苷和香豆素。叶含皂苷、香豆素、维生素 C、精油等。

主治用法　民间用作利尿剂。

用　　量　适量。

◎参考文献◎

[1] 中国药材公司. 中国中药资源志要 [M]. 北京: 科学出版社, 1994: 877.

[2] 江纪武. 药用植物辞典 [M]. 天津: 天津科学技术出版社, 2005: 717.

▼红花变豆菜幼株

▲防风植株（侧）

防风属 *Saposhnikovia* Schischk.

▲防风根

防风 *Saposhnikovia divaricata*（Turcz.）Schischk.

别　　名　北防风　关防风　屏风

俗　　名　旁风　白毛花　白毛草　屏风草

药用部位　伞形科防风的干燥根。

原 植 物　多年生草本，高 30 ~ 80 cm。根粗壮，细长圆柱形。茎单生，自基部分枝较多，斜上升，有细棱，基生叶丛生，有扁长的叶柄，基部有宽叶鞘。叶片卵形或长圆形，长 14 ~ 35 cm，二回或近于三回羽状分裂，第一回裂片卵形或长圆形，长 5 ~ 8 cm，第二回裂片下部具短柄，末回裂片狭楔形。茎生叶与基生叶相似。复伞形花序多数，生于茎和分枝，顶端花序梗长 2 ~ 5 cm；伞辐 5 ~ 7，长 3 ~ 5 cm；小伞形花序有花 4 ~ 10；小总苞片 4 ~ 6，线形或披针形；萼齿短三角形；花瓣倒卵形，白色。双悬果狭圆形或椭圆形，长 4 ~ 5 mm；每棱槽内通常油管 1，合生面油管 2。花期 8—9 月，果期 9—10 月。

生　　境　生于灌丛、草原、沙地及干燥的石质山坡上。

分　　布　黑龙江嫩江、黑河、安达、大庆市区、肇东、肇源、肇州、杜尔伯特、泰来、齐齐哈尔市区、龙江、林甸、甘南、富裕等地。吉林省各地。辽宁西丰、开原、铁岭、建昌、建平、凌源、朝阳、义县、葫芦岛市区、康平、法库、彰武、阜新、北镇、黑山、新民、沈阳市区、

▲市场上的防风幼株

▲防风群落

▲防风植株

▲防风小伞形花序（背）

▼防风小伞形花序

辽阳、台安、抚顺、本溪、新宾、岫岩、庄河、辽阳市区、鞍山市区、海城、营口、瓦房店、大连市区等地。内蒙古额尔古纳、牙克石、鄂伦春旗、科尔沁右翼前旗、扎兰屯、科尔沁右翼中旗、科尔沁左翼中旗、科尔沁左翼后旗、扎赉特旗、扎鲁特旗、克什克腾旗、巴林左旗、巴林右旗、翁牛特旗、阿鲁科尔沁旗、东乌珠穆沁旗、西乌珠穆沁旗、苏尼特左旗、苏尼特右旗、阿巴嘎旗、正蓝旗、镶黄旗、正镶白旗、太仆寺旗等地。华北、西北、华东等。朝鲜、蒙古、俄罗斯（西伯利亚中东部）。

采　　制　夏、秋季采挖根，洗净，晒干药用。

性味功效　味辛、甘，性温。有祛风发表、胜湿止痛、解痉的功效。

主治用法　用于外感风寒、头痛、目眩、项强、风寒湿痹、风疹瘙痒、荨麻疹、骨节酸痛、四肢挛急及破伤风等。水煎服或入丸、散。外用研末调敷。

用　　量　7.5 ~ 15.0 g。外用适量。

附　　方

（1）治感冒头痛：防风、白芷、川芎各 15 g，荆芥 10 g，水煎服。

（2）治风湿性关节炎：防风、茜草、苍术、老鹳草各 25 g，白酒 1 L，浸泡 7 d，每服 10 ~ 15 ml，每日 3 次。

▲防风幼株

或用防风、木瓜各 15 g，水煎服。

（3）治风热头痛、胸腹痞闷：防风、荆芥、连翘、炙大黄各 25 g，石膏、桔梗、甘草各 50 g。共研细末，每服 10 g，或做丸，每次吞服 10 ~ 15 g，用温开水送下。

（4）治自汗：防风、黄芪各 50 g，白术 100 g。每服 15 g，水一碗半，姜 3 片煎服。

（5）治盗汗：防风 25 g，川芎 12.5 g，人参 6.5 g。为细末，每服 10 g，临睡前饮下。

（6）治受风头痛：防风 15 g，白芷 10 g，水煎服。

（7）治荨麻疹受风着凉即发：防风、荆芥各 15 g，生甘草 10 g，水煎服。

（8）治皮肤瘙痒、全身瘙痒症：防风、蝉蜕各 10 g，苦参、地肤子各 15 g，水煎服。

附　注

（1）叶入药，可治疗中风热汗出。水煎服，用量 5 ~ 15 g。花入药，可治疗心腹痛、骨节酸痛、四肢挛急、经脉虚羸及行走不得等。水煎服，用量 2.5 ~ 7.5 g。外用研末调敷。血虚、痉病、肝阳头痛者禁服。

（2）本品为《中华人民共和国药典》（2020 年版）收录的药材，也为东北地道药材。

▲防风果实

◎参考文献◎

[1] 江苏新医学院. 中药大辞典（上册）[M]. 上海：上海科学技术出版社，1977：985-988.

[2] 朱有昌. 东北药用植物 [M]. 哈尔滨：黑龙江科学技术出版社，1989：842-845.

[3]《全国中草药汇编》编写组. 全国中草药汇编（上册）[M]. 北京：人民卫生出版社，1975：351-352.

▲泽芹群落

泽芹属 *Sium* L.

▲泽芹果实

泽芹 *Sium suave* Walt.

别　　名　细叶泽芹

俗　　名　野芹菜

药用部位　伞形科泽芹的干燥根及根状茎。

原 植 物　多年生草本，高 60 ~ 120 cm。茎直立，粗大。叶片轮廓呈长圆形至卵形，长 6 ~ 25 cm，一回羽状分裂，有羽片 3 ~ 9 对，披针形至线形，长 1 ~ 4 cm，宽 3 ~ 15 mm；上部的茎生叶较小，有 3 ~ 5 对羽片，形状与基部叶相似。复伞形花序顶生和侧生，花序梗粗壮，长 3 ~ 10 cm，总苞片 6 ~ 10，披针形或线形；小总苞片线状披针形，长 1 ~ 3 mm，尖锐，全缘；伞辐 10 ~ 20，细长，长 1.5 ~ 3.0 cm；花白色，花柄长 3 ~ 5 mm；萼齿细小；花柱基短圆锥形。果实卵形，长 2 ~ 3 mm，分生果的果棱肥厚，近翅状；每棱槽内油管 1 ~ 3，合生面油管 2 ~ 6；心皮柄的分枝贴近合生面。花期 8—9 月，果期 9—10 月。

▲泽芹植株

▲泽芹复伞形花序

▲泽芹小伞形花序

生　　境　生于沼泽、湿草甸子、溪边及水旁较阴湿处的山坡上。

分　　布　黑龙江尚志、五常、东宁、宁安、密山、虎林、饶河、呼玛等地。吉林长白山各地及镇赉、扶余、洮南等地。辽宁新宾、铁岭、法库、沈阳市区、北镇、彰武等地。内蒙古额尔古纳、鄂伦春旗、阿尔山、科尔沁右翼前旗、科尔沁右翼中旗、东乌珠穆沁旗、西乌珠穆沁旗、正蓝旗、正镶白旗等地。东北、华北、华东。朝鲜、俄罗斯（西伯利亚）。亚洲东部、北美洲。

采　　制　春、秋季采挖根及根状茎，除去泥土，洗净，晒干。

性味功效 味甘，性平。有散风寒、止头痛、降血压的功效。

主治用法 用于风寒头痛、巅顶痛、寒湿腹痛、泄泻、疝瘕、疥癣等。水煎服。外用鲜品捣烂敷患处。

用　　量 5 ~ 15 g。外用适量。

◎参考文献◎

[1] 中国药材公司．中国中药资源志要 [M]．北京：科学出版社，1994: 879.

[2] 江纪武．药用植物辞典 [M]．天津：天津科学技术出版社，2005: 754.

▲泽芹小伞形花序（背）

▼泽芹幼株

▲迷果芹群落

▼迷果芹幼株

迷果芹属 *Sphallerocarpus* Bess. ex DC.

迷果芹 *Sphallerocarpus gracilis*（Bess.）K. -Pol.

别　　名　东北迷果芹

俗　　名　小叶红山萝卜

药用部位　伞形科迷果芹的果实。

原 植 物　多年生草本，高 50 ~ 120 cm。根块状或圆锥形。茎圆形。茎生叶二至三回羽状分裂，二回羽片卵形或卵状披针形，长 1.5 ~ 2.5 cm；末回裂片边缘羽状缺刻或齿裂；叶柄长 1 ~ 7 cm，基部有阔叶鞘，鞘棕褐色。复伞形花序顶生和侧生；伞辐 6 ~ 13，不等长；小总苞片通常 5，长卵形至广披针形，长 1.5 ~ 2.5 mm；小伞形花序有花 15 ~ 25；花柄不等长；萼齿细小；花瓣倒卵形，长约 1.2 mm；花丝与花瓣同长或稍超出，花药卵圆形，长约 0.5 mm。果实椭圆状长圆形，长 4 ~ 7 mm，两侧微扁，背部有 5 条突起的棱，棱略呈波状；每棱槽内油管 2 ~ 3，合生面油管 4 ~ 6；胚乳腹面内凹。花期 7—8 月，果期 8—

9月。

生　　境　生于路旁、村庄附近、湖滨山坡、河岸、草甸及荒草地上。

分　　布　黑龙江安达、大庆市区、肇东、泰来、杜尔伯特等地。吉林镇赉、通榆、洮南、长岭、前郭、大安、珲春等地。辽宁彰武。内蒙古额尔古纳、牙克石、鄂伦春旗、扎兰屯、科尔沁右翼前旗、扎鲁特旗、东乌珠穆沁旗、西乌珠穆沁旗、正蓝旗、镶黄旗、正镶白旗等地。河北、山西、内蒙古、甘肃、青海、新疆等。朝鲜、俄罗斯（西伯利亚）、蒙古。

采　　制　秋季采收果实，除去杂质，晒干。

性味功效　味辛、苦，性温。有清热明目、清火解毒、退云翳、消肿的功效。

主治用法　用于角膜白斑、目赤肿痛、云翳。

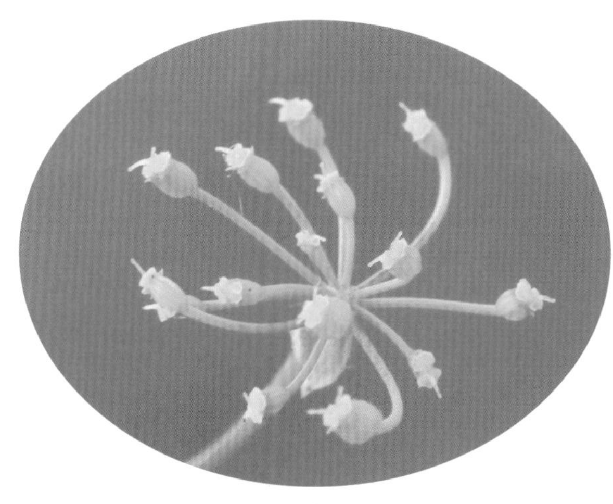

▲迷果芹果实

▼迷果芹幼苗

▲迷果芹复伞形花序

用　　量　适量。

◎参考文献◎

[1] 中国药材公司．中国中药资源志要 [M]．北京：科学出版社，1994: 879.

[2] 江纪武．药用植物辞典 [M]．天津：天津科学技术出版社，2005: 767.

▲迷果芹小伞形花序（背）

▲迷果芹小伞形花序

▲迷果芹植株

▲小窃衣植株

▲小窃衣复伞形花序

▲小窃衣小伞形花序（背）

窃衣属 *Torilis* Adans.

小窃衣 *Torilis japonica*（Houtt.）DC.

别　　名　破子草　窃衣

俗　　名　小叶芹　草黏子　罗芹

药用部位　伞形科小窃衣的果实（入药称“破子草”）。

原 植 物　一年生或多年生草本，高 20 ~ 120 cm。主根细长，圆锥形。茎有纵条纹及刺毛。叶柄长 2 ~ 7 cm，下部有窄膜质的叶鞘；叶片长卵形，一至二回羽状分裂，第一回羽片卵状披针形，长 2 ~ 6 cm，末回裂片披针形至长圆形。复伞形花序顶生或腋生，花序梗长 3 ~ 25 cm；总苞片 3 ~ 6，长 0.5 ~ 2.0 cm，通常线形；伞辐 4 ~ 12，长 1 ~ 3 cm；小总苞片 5 ~ 8，线形或钻形，长 1.5 ~ 7.0 mm；小伞形花序有花 4 ~ 12，花柄长 1 ~ 4 mm；萼齿细小；花瓣白色，倒圆卵形，顶端内折；花丝长约 1 mm，花药圆卵形，长约 0.2 mm。果实圆卵形，长 1.5 ~ 4.0 mm，通常有内弯或呈钩状的皮刺。花期 7—8 月，果期 8—9 月。

生　　境　生于杂木林下、林缘、路旁、河沟边以及溪边草丛等处。

分　　布　黑龙江牡丹江、七台河、鸡西、哈尔滨等地。吉林长白山各地。辽宁本溪、桓仁、新宾、西丰、凤城、沈阳、鞍山市区、

▲小窃衣幼株

海城、瓦房店、长海、大连市区等地。全国绝大部分地区（除内蒙古及新疆外）。欧洲、非洲北部及亚洲的温带地区。

采　制　秋季采收果实，除去杂质，晒干。

性味功效　味苦、辛，性微温。有小毒。有活血消肿、收敛杀虫的功效。

主治用法　用于慢性腹泻、蛔虫病、痈疮溃烂久不收口、阴道滴虫。水煎服。外用煎水冲洗。

用　量　3 ~ 9g。外用适量。

▲小窃衣果实

▼小窃衣幼苗

◎参考文献◎

[1] 朱有昌. 东北药用植物 [M]. 哈尔滨：黑龙江科学技术出版社，1989: 845-846.
[2] 钱信忠. 中国本草彩色图鉴（第四卷）[M]. 北京：人民卫生出版社，2003: 117-118.
[3] 中国药材公司. 中国中药资源志要 [M]. 北京：科学出版社，1994: 879-880.

▲黑龙江南瓮河国家级自然保护区湿地秋季景观

▲球果假水晶兰植株（前期）

▲球果假水晶兰花

鹿蹄草科 Pyrolaceae

本科共收录 5 属、11 种、1 变种。

假水晶兰属 *Monotropastrum* Andres

▲球果假水晶兰幼株

球果假水晶兰 *Monotropastrum humile*（D. Don）H. Hara

别　　名　长白假水晶兰　东北假水晶兰　坛果拟水晶兰　长白拟水晶兰　球状拟水晶兰

药用部位　鹿蹄草科球果假水晶兰的全草。

原 植 物　腐生草本植物，多年生，干后变黑，肉质，高 7 ~ 17 cm。茎粗 3 ~ 6 mm。根细而分枝，集成鸟巢状，质脆。叶鳞片状，无柄，互生，长圆形、阔椭圆形、阔倒卵形或披针状长圆形，长 10 ~ 20 mm。花单一，顶生，下垂，无色，花冠管状钟形，长 14 ~ 25 mm；萼片 2 ~ 5，长圆形，长 17 ~ 19 mm；花瓣 3 ~ 5，长方状长圆形；

雄蕊 8 ~ 12，长 10 ~ 15 mm，花药近倒卵圆形，紧贴在柱头周围，橙黄色；子房卵形或长圆形，柱头宽大。浆果近卵球形或椭圆形，长 12 ~ 19 mm，直径 11 ~ 15 mm，下垂；种子多数，椭圆形或卵状椭圆形，长 0.45 ~ 0.50 mm，淡褐色，有光泽及网状突起。花期 6—7 月，果期 8—9 月。

生　　境　生于林下、林缘及山坡湿润肥沃的土壤中。

分　　布　黑龙江尚志、五常、东宁、宁安、密山、勃利等地。吉林安图、抚松、长白、柳河、和龙、临江、靖宇等地。辽宁宽甸、桓仁等地。湖北、浙江、台湾、云南、西藏。朝鲜、俄罗斯（西伯利亚中东部）、日本、印度、尼泊尔、不丹、缅甸。

采　　制　夏、秋季采挖全草，阴干或晒干药用。

性味功效　味微咸，性平。有补虚的功效。

主治用法　用于慢性支气管炎及咳喘等。水煎或炖肉服。

用　　量　30 g。

◎参考文献◎

[1] 朱有昌．东北药用植物 [M]．哈尔滨：黑龙江科学技术出版社，1989：851-852.

[2] 江纪武．药用植物辞典 [M]．天津：天津科学技术出版社，2005：1672.

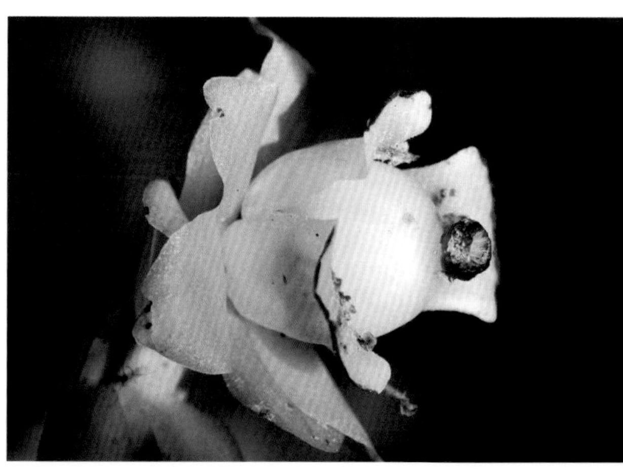

▲球果假水晶兰果实

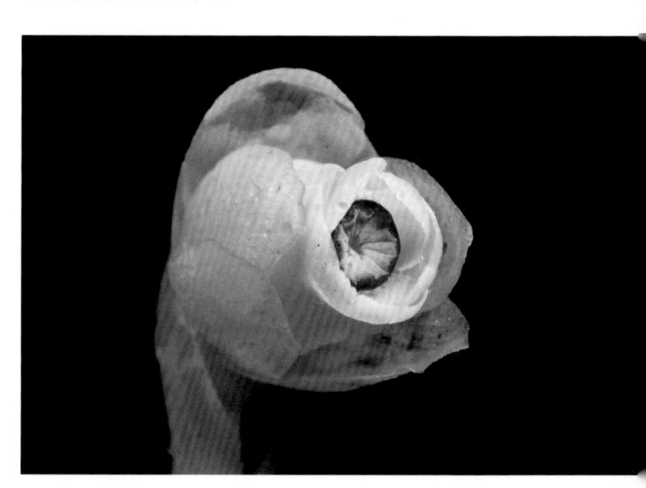

▲球果假水晶兰花（侧）

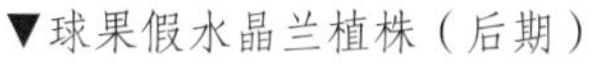

▼球果假水晶兰植株（后期）

喜冬草属 *Chimaphila* Pursh.

喜冬草 *Chimaphila japonica* Miq.

别　　名　梅笠草

药用部位　鹿蹄草科喜冬草的干燥全草。

原 植 物　常绿草本状小半灌木，高 6 ~ 20 cm。叶对生或 3 ~ 4 轮生，革质，阔披针形，长 1.6 ~ 3.0 cm，宽 0.6 ~ 1.2 cm，先端急尖，基部圆楔形或近圆形；叶柄长 2 ~ 8 mm；鳞片状叶互生，褐色。花葶有细小疣，有 1 ~ 2 长圆状卵形苞片，长 6.5 ~ 7.0 mm，宽 3 ~ 4 mm，先端急尖或短渐尖。花单一，顶生或叶腋生，半下垂，白色，直径 13 ~ 18 mm；萼片膜质，卵状长圆形或长圆状卵形，长 5.5 ~ 7.0 mm；花瓣倒卵圆形，长 7 ~ 8 mm，先端圆形；雄蕊 10，花丝短，花药长约 2 mm，有小角，顶孔开裂，黄色；花柱极短，倒圆锥形，柱头大，圆盾形，5 圆浅裂。蒴果扁球形，直径 5.0 ~ 5.5 mm。花期 7—8 月，果期 8—9 月。

生　　境　生于山地针阔叶混交林、阔叶林或灌丛下。

分　　布　黑龙江依兰。吉林长白山各地。辽宁桓仁、宽甸、鞍山市区等地。山西、陕西、安徽、台湾、湖北、贵州、四川、云南、西藏。朝鲜、俄罗斯（西伯利亚中东部）、日本。

采　　制　夏、秋季采挖全草，阴干或晒干药用。

性味功效　叶：有消炎、利尿、镇痛、滋补强壮的功效。全草、茎：有活血调经的功效。

主治用法　全草、茎：用于月经不调。水煎服。

用　　量　9 ~ 16 g。

◎参考文献◎

[1] 中国药材公司．中国中药资源志要 [M]．北京：科学出版社，1994：881-882.

[2] 江纪武．药用植物辞典 [M]．天津：天津科学技术出版社，2005：168.

▼喜冬草花

▼喜冬草果实

▲喜冬草植株

▲伞形喜冬草幼株

▲伞形喜冬草花（侧）

伞形喜冬草 *Chimaphila umbellata*（L.）W. Barton

别　　名　伞形梅笠草

药用部位　鹿蹄草科伞形喜冬草的干燥全草。

原 植 物　常绿草本状小半灌木，高 10 ~ 20 cm。叶近对生或多数轮生，厚革质，倒卵状长楔形或匙状倒披针形，长 3.5 ~ 6.0 cm，先端圆钝，基部狭楔形。花葶有细小疣，花 2 ~ 10，聚成伞形花序；花倾斜，白色，偶带红色，直径 8 ~ 12 mm；花梗直立，长 1 ~ 2 cm，有细小疣；苞片宽线形，长 3 ~ 4 mm，早落；萼片圆卵形，长 1.5 ~ 2.0 mm，最宽处 2.0 ~ 2.2 mm，先端圆钝，边缘有细齿；花瓣倒卵形，长 5.5 ~ 6.0 mm，宽 4.0 ~ 4.5 mm，先端圆钝；雄蕊 10，花丝下半部膨大并有缘毛，花药长约 2 mm，宽约 1 mm，有小角，顶孔开裂，黄色；近无花柱，柱头圆盾状，5 圆浅裂。蒴果扁球形，直径 5 ~ 6 mm。花期 6—7 月，果期 8—9 月。

生　　境　生于干燥的阔叶林或针阔叶混交林下。

分　　布　吉林安图、长白、抚松、临江等地。朝鲜、日本、俄罗斯。欧洲、北美洲。

采　　制　夏、秋季采挖全草，阴干或晒干药用。

性味功效　味苦，性平。有消炎、利尿、助消化、镇痛的功效。

主治用法　用于上呼吸道感染、膀胱炎、肾炎、尿石症、肺结核、肠结核、淋病、食欲不振、胃痛、牙痛等。水煎服。

▲伞形喜冬草果实

▲伞形喜冬草植株

用　　量　9 ~ 16 g。

附　　注　俄罗斯专家发现全草提取物对治疗唇癌、乳腺癌、腭扁桃体癌及其他腺体癌有一定的疗效。

◎参考文献◎

[1] 钱信忠. 中国本草彩色图鉴（第二卷）[M]. 北京：人民卫生出版社，2003: 527-528.

[2] 朱有昌. 东北药用植物 [M]. 哈尔滨：黑龙江科学技术出版社，1989: 849-850.

[3] 中国药材公司. 中国中药资源志要 [M]. 北京：科学出版社，1994: 882.

▲伞形喜冬草花

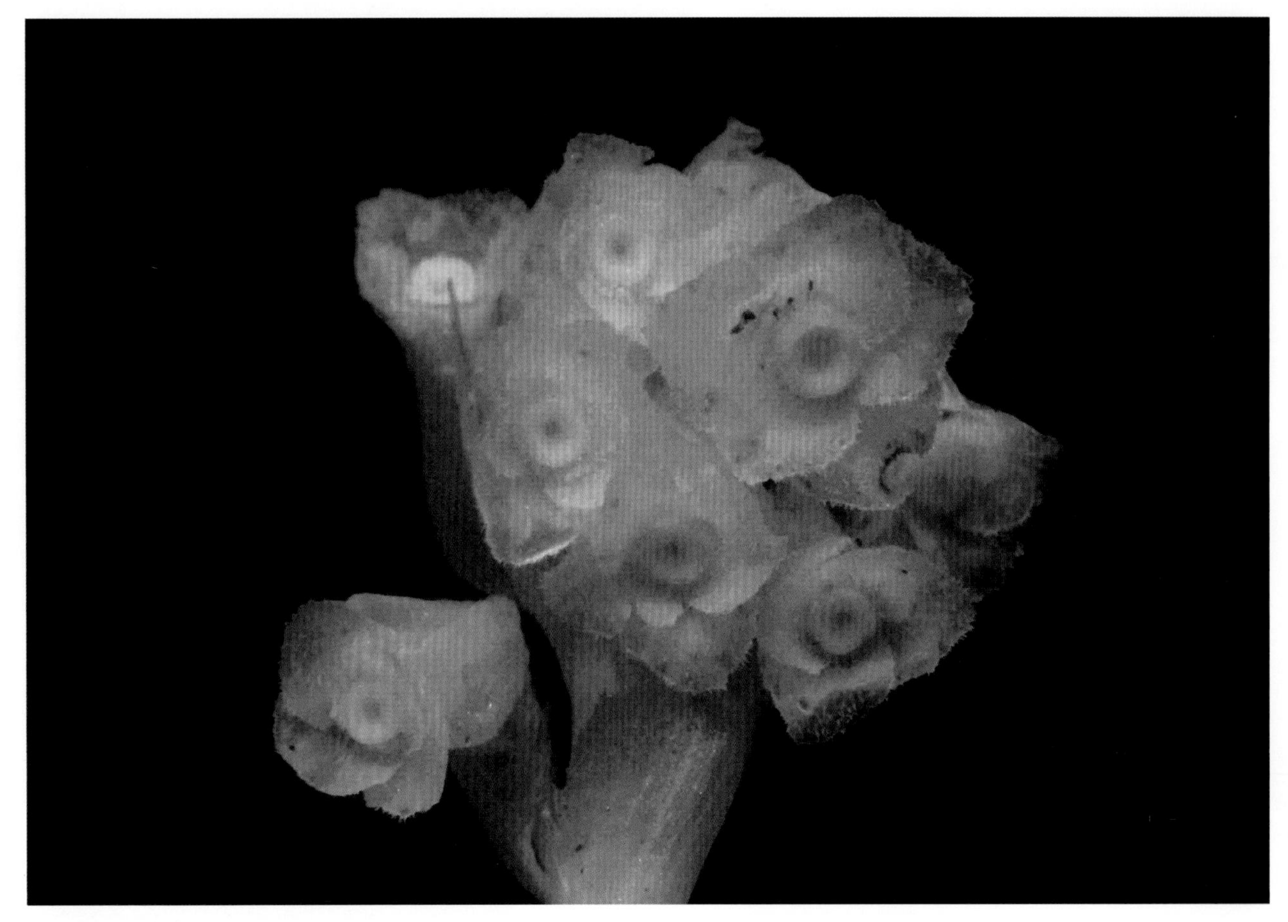

▲毛花松下兰花

水晶兰属 *Monotropa* L.

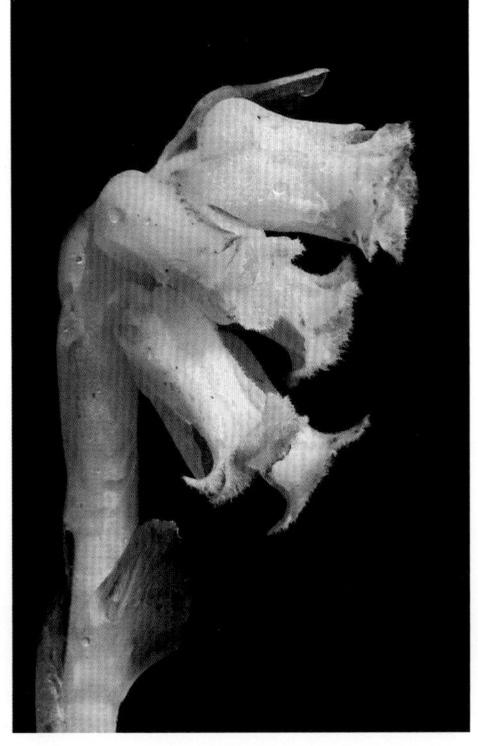

▲松下兰花

松下兰 *Monotropa hypopitys* L.

俗　　名　地花　土花

药用部位　鹿蹄草科松下兰的全草。

原 植 物　多年生草本，腐生，高 8 ～ 27 cm，全株无叶绿素，白色或淡黄色，肉质，干后变黑褐色。根细而分枝密。叶鳞片状，卵状长圆形或卵状披针形，长 1.0 ～ 1.5 cm。总状花序，有花 3 ～ 8；花初下垂，后渐直立，花冠筒状钟形，长 1.0 ～ 1.5 cm，直径 0.5 ～ 0.8 cm；苞片卵状长圆形或卵状披针形，长 10 ～ 16 mm；萼片长圆状卵形，长 7 ～ 10 mm，先端急尖，早落；花瓣 4 ～ 5，长圆形或倒卵状长圆形，长 12 ～ 14 mm；雄蕊 8 ～ 10，短于花冠，花药橙黄色毛，中轴胎座，4 ～ 5 室；花柱直立，长 2.5 ～ 5.0 mm，柱头膨大成漏斗状，4 ～ 5 圆裂。蒴果椭圆状球形，长 7 ～ 10 mm，直径 5 ～ 7 mm。花期 7—8 月，果期 8—9 月。

生　　境　生于针阔叶混交林下及林缘等土质肥沃的地方，常聚集成片生长。

分　　布　黑龙江宁安、海林、萝北等地。吉林汪清、通化、长白、抚松、安图、临江等地。辽宁鞍山、宽甸、凤城、本溪、桓仁、凌源等地。内蒙古根河、牙克石等地。山西、陕西、湖北、四川、青海、甘肃、新疆。朝鲜、俄罗斯、日本。欧洲、北美洲。

采　　制　夏、秋季采挖全草，除去杂质，洗净，晒干。

性味功效　有解痉、镇咳、利尿、催吐的功效。

主治用法　用于痉挛性咳嗽、哮喘、气管炎等。水煎服或制成浸剂，遵医嘱服用。

用　　量　适量。

附　　注

（1）在东北尚有 1 变种：

毛花松下兰 var. *hirsuta* Roth 茎、花梗、萼片、花瓣、花丝、子房和花柱等各部分均有白色粗毛，有时上部叶下面基部也有毛。其他与原种同。

（2）本品在北美洲被用作强壮剂、镇静剂、解痉剂、健神经剂。

▲松下兰植株

◎参考文献◎

[1] 朱有昌．东北药用植物 [M]．哈尔滨：黑龙江科学技术出版社，1989: 850-851.

[2] 中国药材公司．中国中药资源志要 [M]．北京：科学出版社，1994: 882.

[3] 江纪武．药用植物辞典 [M]．天津：天津科学技术出版社，2005: 525.

▲松下兰果实

▲单侧花幼株

▼单侧花花（侧）

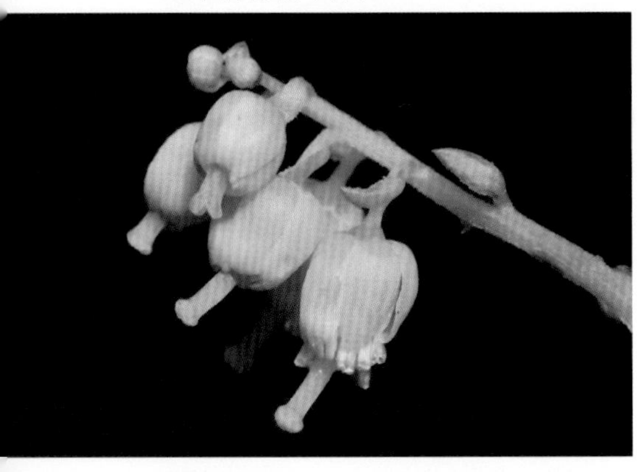

▼单侧花花序

单侧花属 *Orthilia* Rafin.

单侧花 *Orthilia secunda*（L.）House

药用部位 鹿蹄草科单侧花的干燥全草。

原 植 物 常绿草本状小半灌木，高 10 ~ 25 cm。叶 3 ~ 5，轮生或近轮生于地上茎下部，薄革质，长圆状卵形，长 2.2 ~ 3.7 cm，宽 1.4 ~ 2.6 cm；叶柄较短，长 1.0 ~ 1.5 cm。花葶细，有 1 ~ 3 小型鳞片状叶，卵状披针形。总状花序长 2.5 ~ 4.5 cm，有花 8 ~ 15，密生，偏向一侧；花水平倾斜，或下部花半下垂，花冠卵圆形或近钟形，较小，直径 4.5 ~ 5.0 mm，淡绿白色；花梗长 3.0 ~ 3.2 mm；萼片卵圆形或阔三角形；花瓣长圆形，长 4.0 ~ 4.5 mm；雄蕊 10，花丝细长，花药长 1.5 ~ 1.8 mm，黄色；花柱直立，长 5.0 ~ 5.5 mm，伸出花冠，柱头肥大，5 浅裂。蒴果近扁球形，直径 4.5 ~ 6.0 mm。花期 7 月，果期 7—8 月。

生　　境 生于阴湿的山地针阔叶混交林或暗针叶林下。

▲单侧花果实

▲单侧花植株

分　　布　黑龙江尚志、五常、东宁、宁安、铁力等地。吉林安图、长白、抚松、临江、和龙等地。辽宁鞍山。内蒙古额尔古纳、根河、牙克石、阿尔山等地。山西、四川、甘肃、青海、新疆。朝鲜、蒙古、俄罗斯。欧洲、北美洲。

附　　注　本品被收录为内蒙古药用植物。

◎参考文献◎

[1] 江纪武. 药用植物辞典 [M]. 天津: 天津科学技术出版社, 2005: 556.

▲单侧花花

▲钝叶单侧花居群

▼钝叶单侧花花序

▼钝叶单侧花幼株

钝叶单侧花 *Orthilia obtusata* （Turcz.）Hara

别　　名　团叶单侧花

药用部位　鹿蹄草科钝叶单侧花的干燥全草。

原 植 物　常绿草本状小半灌木，高 4 ~ 15 cm。叶近轮生于地上茎下部，薄革质，阔卵形，长 1.2 ~ 2.5 cm；叶柄长 0.6 ~ 1.3 cm。花葶上部有疏细小疣，有卵状披针形鳞片状叶 1 ~ 3，长 3 ~ 5 mm。总状花序较短，长 1.4 ~ 4.0 cm，有花 4 ~ 8，偏向一侧；花水平倾斜，或下部花半下垂，花冠卵圆形或近钟形，直径 3.5 ~ 4.2 mm，淡绿白色；花梗较短，腋间有膜质苞片；萼片卵圆形或阔三角状圆形，长 1.0 ~ 1.2 mm；花瓣长圆形，长 4.0 ~ 4.5 mm；雄蕊 10，花丝细长，花药长 1.4 ~ 1.8 mm；花柱直立，长 4 ~ 5 mm，伸出花冠；柱头肥大，5 浅裂。蒴果近扁球形，直径 4.0 ~ 4.5 mm。花期 7 月，果期 7—8 月。

生　　境　生于山地明亮针叶林下。

▲钝叶单侧花植株

分　　布　黑龙江塔河、呼玛、漠河、呼中、五常、尚志、铁力等地。吉林安图、长白、抚松、临江、和龙、敦化等地。内蒙古根河、牙克石、鄂伦春旗、科尔沁右翼前旗等地。山西、四川、甘肃、青海、新疆。朝鲜、俄罗斯、蒙古。欧洲北部、北美洲。

附　　注　本品被内蒙古收录为药用植物。

◎参考文献◎

[1] 江纪武. 药用植物辞典 [M]. 天津: 天津科学技术出版社, 2005: 556.

▲钝叶单侧花果实

▲肾叶鹿蹄草幼株

▼肾叶鹿蹄草花（单花）

▲市场上的肾叶鹿蹄草植株

▼肾叶鹿蹄草果实

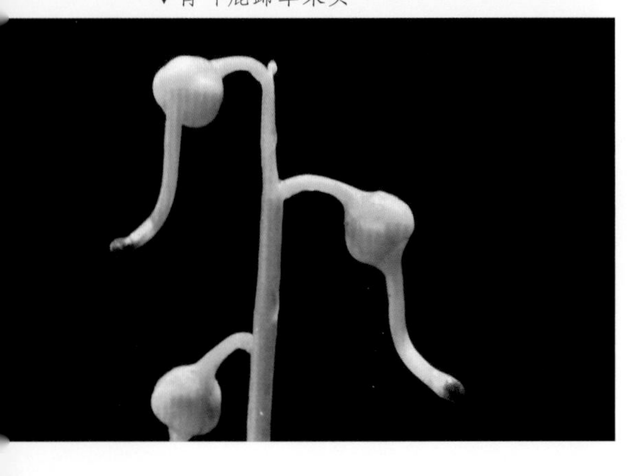

鹿蹄草属 *Pyrola* L.

肾叶鹿蹄草 *Pyrola renifolia* Maxim.

俗　　名　鹿蹄草

药用部位　鹿蹄草科肾叶鹿蹄草的全草。

原 植 物　常绿草本状小半灌木，高 10 ~ 21 cm。叶 2 ~ 6，基生，薄革质，肾形或圆肾形，长 1 ~ 3 cm；叶柄长 2 ~ 6 cm。花葶细长，具棱。总状花序长 1.8 ~ 5.0 cm，有花 2 ~ 5，疏生，花倾斜，稍下垂，花冠宽碗状，直径 1.0 ~ 1.5 cm，白色微带淡绿色；花梗长 3.5 ~ 5.0 mm，果期长达 5 ~ 8 mm；萼片较小，半圆形或三角状半圆形，长 1.2 ~ 1.5 mm；花瓣倒卵圆形，长 5.0 ~ 6.5 mm，宽 4.0 ~ 5.5 mm，先端圆钝；雄蕊 10，花药长 2.5 ~ 3.0 mm，黄色；花柱长 8 ~ 11 mm，倾斜，上部稍向上弯曲，伸出花冠，果期更明显，顶端稍加粗成环状突起；柱头 5 圆裂。蒴果扁球形，直径4.0 ~ 6.5 mm。花期6—7 月，果期7—8 月。

生　　境　生于云杉、冷杉及落叶松林下湿润的苔藓层中。

分　　布　黑龙江伊春。吉林安图、抚松、长白、和龙、临江、敦化、汪清等地。辽宁宽甸、大连等地。河北。朝鲜、俄罗斯（西伯利亚中东部）、日本。

采　　制　春、秋季采挖全草，阴干或晒干药用。。

性味功效　味甘、微苦，性温。有祛风除湿、补肾壮骨、收敛止血、温肺止咳、解蛇虫毒的功效。

主治用法　用于风湿痹痛、虚劳腰痛、腰膝无力、神经痛、肺结核咯血、支气管炎咳嗽、衄血、子宫出血、创伤出血、毒蛇咬伤、水田皮炎等。水煎服。

用　　量　9 ~ 15 g。

◎参考文献◎

[1]《全国中草药汇编》编写组．全国中草药汇编（上册）[M]．北京：人民卫生出版社，1975: 719-720.

[2] 中国药材公司．中国中药资源志要[M]．北京：科学出版社，1994: 882.

[3] 江纪武．药用植物辞典 [M]．天津：天津科学技术出版社，2005: 659.

▲肾叶鹿蹄草植株

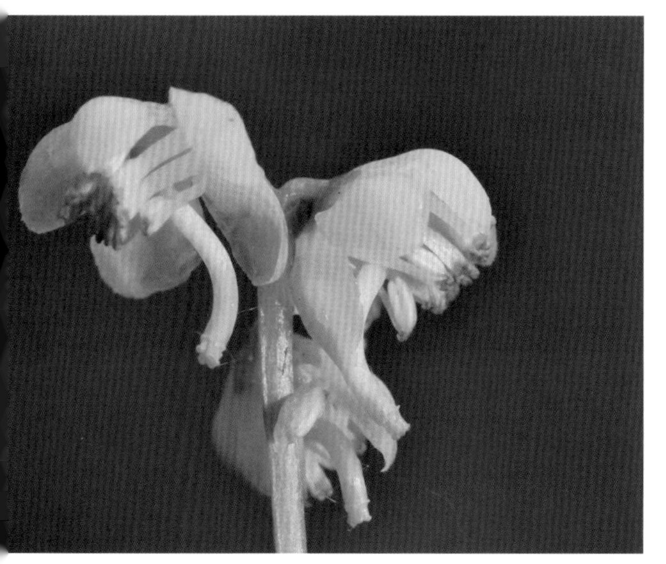

▲肾叶鹿蹄草花（侧）

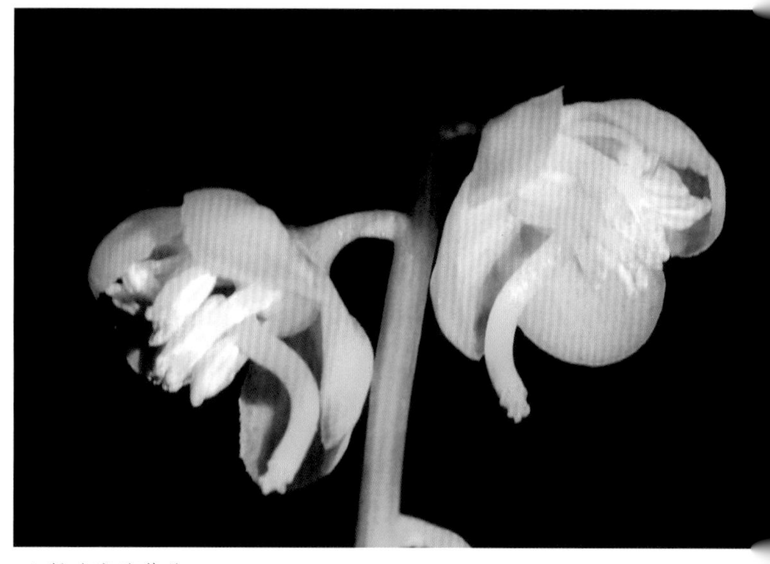

▲肾叶鹿蹄草花

▲红花鹿蹄草群落

红花鹿蹄草 *Pyrola asarifolia* subsp. *incarnata* （DC.）E. Haber et H. Takahashi

俗　　名　鹿寿草　鹿寿茶　鹿含草

药用部位　鹿蹄草科红花鹿蹄草的干燥全草。

原 植 物　常绿草本状小半灌木，高 15 ~ 30 cm。根状茎细长。叶 3 ~ 7，基生，薄革质，近圆形或圆卵形或卵状椭圆形，长 3.5 ~ 6.0 cm；叶柄长 5.5 ~ 7.0 cm。花葶常带紫色，有 2 ~ 3 褐色的鳞片状叶。总状花序长 5 ~ 16 cm，有花 7 ~ 15，花倾斜，稍下垂，花冠广开，碗形，直径 13 ~ 20 mm，紫红色；花梗长 6.0 ~ 7.5 mm，果期达 7 ~ 12 mm，腋间有膜质苞片，披针形，长 7 ~ 8 mm；萼片三角状宽披针形；花瓣倒圆卵形；雄蕊 10，花药长 2.0 ~ 2.5 mm，宽 1.0 ~ 1.2 mm；花柱长 6 ~ 10 mm，倾斜，上部向上弯曲，顶端有环状突起，伸出花冠；柱头 5 圆裂。蒴果扁球形，高 4.5 ~ 5.0 mm，带紫红色。花期 6—7 月，果期 9 月。

▲红花鹿蹄草花

生　　境　生于阴湿地针叶林、针阔叶混交林或阔叶林下，常聚集成片生长。

分　　布　黑龙江漠河、塔河、呼玛、黑河市区、嫩江、嘉荫、萝北、伊春市区、铁力等地。吉林安图、

▲红花鹿蹄草植株

▲红花鹿蹄草幼株

▲红花鹿蹄草花序（浅粉色）

抚松、长白、柳河、和龙、临江、靖宇、敦化、汪清、辉南、江源等地。辽宁宽甸、鞍山等地。内蒙古额尔古纳、根河、陈巴尔虎旗、牙克石、阿尔山、扎鲁特旗、东乌珠穆沁旗等地。河北、河南、山西、新疆。朝鲜、俄罗斯（西伯利亚中东部）、蒙古、日本。

采　　制　春、秋季采挖全草，阴干或晒干药用。

性味功效　味苦，性温。有舒筋活络、祛风除湿、补肾强骨、收敛止血的功效。

主治用法　用于风湿痹痛、腰膝无力、腰痛、月经过多、子宫出血、久咳劳嗽、腹泻、便秘、胃炎、痔疮出血、多种皮肤病等。水煎服。外用捣烂敷患处。

用　　量　9 ~ 15 g。外用适量。

附　　方

（1）治慢性气管炎：红花鹿蹄草、朱砂七各 15 g，参叶 5 g，糖炙地龙、鲜猪胆汁各 3 g，蜂蜜 10 g。将红花鹿蹄草、朱砂七、参叶加水适量煎 3 次，每次煎 30 min，过滤合并浓缩；胆汁高压灭菌；活地龙清水洗净 3 次，然后加糖，取其糖炙液。各药混合制成 100 ml。每日 2 次分服，服前振动加温。连服 30 d。

（2）治慢性细菌性痢疾：红花鹿蹄草 300 ~ 600 g，加水 0.5 ~ 1.0 L，文火煎沸后再煎 30 min，过滤分装 6 剂，每剂含红花鹿蹄草 50 ~ 100 g。每服 1 剂，每日 3 次，炖温空腹服。10 ~ 15 d 为一个疗程。

▲红花鹿蹄草果实

◎参考文献◎

[1]《全国中草药汇编》编写组．全国中草药汇编（上册）[M]．北京：人民卫生出版社，1975: 719-720.

[2] 朱有昌．东北药用植物 [M]．哈尔滨：黑龙江科学技术出版社，1989: 853-854.

[3] 钱信忠．中国本草彩色图鉴（第二卷）[M]．北京：人民卫生出版社，2003: 679.

▲红花鹿蹄草花（侧）

▲市场上的红花鹿蹄草植株

▲红花鹿蹄草花序

▲短柱鹿蹄草花

▲短柱鹿蹄草花序

短柱鹿蹄草 *Pyrola minor* L.

俗　　名　鹿蹄草

药用部位　鹿蹄草科短柱鹿蹄草的全草。

原 植 物　常绿草本状小半灌木，高 7 ~ 20 cm。叶 3 ~ 8，茎生，纸质，宽椭圆形或近圆形或宽卵形；叶柄有狭翼。花葶有线形鳞片状叶 1 ~ 2。总状花序长 2.0 ~ 3.5 cm，有花 7 ~ 20，密生，花倾斜，稍下垂；花冠圆球状，花瓣稍张开或几乎不张开，直径 6 ~ 7 mm，白色或带淡红色；花梗长 3 ~ 6 mm；萼片宽三角形或宽卵状三角形，先端急尖或钝头，长为花瓣的 1/3；花瓣长椭圆形，长 5 ~ 6 mm，先端凹入；雄蕊 10，花丝短粗，花药短圆柱形，长 1.0 ~ 1.5 mm；花柱极短，长 2.0 ~ 2.2 mm，直立，不伸出花冠，顶端无环状突起，柱头极宽，5 圆裂。蒴果扁球形，高 3.0 ~ 5.5 mm，宿存花柱直立。花期 8 月，果期 9 月。

生　　境　生于山地针叶林下。

分　　布　黑龙江尚志、五常等地。吉林安图、抚松、长白、和龙、临江等地。新疆。朝鲜、俄罗斯。欧洲、北美洲。

▲短柱鹿蹄草植株

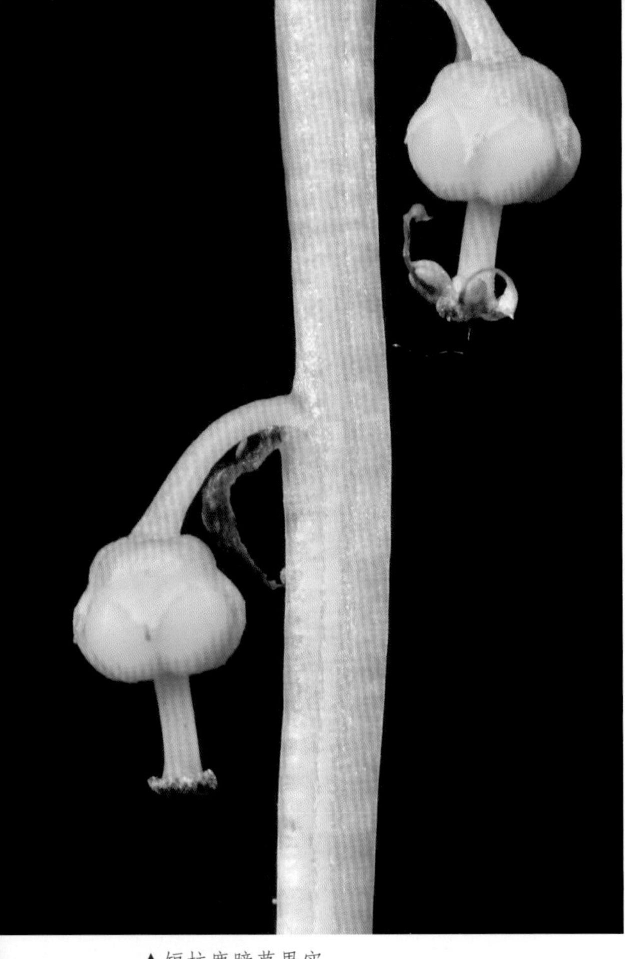

采　　制　春、秋季采收全草，除去杂质，洗净，鲜用或晒干。

性味功效　味甘、微苦，性温。有止咳化痰、祛风除湿、强筋壮骨的功效。

主治用法　用于咳嗽、咳痰、风湿寒痹、肢节疼痛、关节挛痛、腰膝酸软、半身不遂、食物中毒等。水煎服。

用　　量　9 ~ 15 g。

◎参考文献◎

[1]《全国中草药汇编》编写组. 全国中草药汇编 [M]（上册）. 北京：人民卫生出版社，1975: 719-720.

[2] 中国药材公司. 中国中药资源志要 [M]. 北京：科学出版社，1994: 882.

[3] 江纪武. 药用植物辞典 [M]. 天津：天津科学技术出版社，2005: 663.

▲短柱鹿蹄草果实

▼短柱鹿蹄草花（侧）

▲日本鹿蹄草植株

日本鹿蹄草 *Pyrola japonica* Klenze ex Alef.

俗　　名　鹿寿草　鹿寿茶　鹿含草

药用部位　鹿蹄草科日本鹿蹄草的干燥全草(入药称“鹿寿草”)。

原 植 物　常绿草本状小半灌木，高 15 ~ 30 cm。叶 3 ~ 8，基生，近革质，椭圆形或卵状椭圆形；叶柄有狭翼，长 3 ~ 6 cm。花葶有 1 ~ 2 膜状鳞片状叶或缺如，披针形，长 7 ~ 15 mm。总状花序长 6 ~ 10 cm，有花 3 ~ 12，花倾斜，半下垂，花冠碗形，直径 10 ~ 12 mm，白色；花梗长 4 ~ 6 mm；萼片披针状三角形，长 3.5 ~ 4.0 mm；花瓣倒卵状椭圆形或卵状椭圆形，长 5.0 ~ 6.5 mm，宽 3.5 ~ 4.5 mm，先端圆钝；雄蕊 10，花药长 2.2 ~ 2.5 mm，宽 1.0 ~ 1.1 mm，上端有小角，末端有短尾尖；花柱长 11 ~ 13 mm，倾斜，上部向上弯曲，顶端增粗，无环状突起。蒴果扁球形，直径 6 ~ 8 mm。花期 6—7 月，果期 8—9 月。

生　　境　生于针阔叶混交林或阔叶林内，常聚集成片生长。

分　　布　黑龙江宝清、虎林、饶河等地。吉林长白山各地。辽宁宽甸、桓仁等地。内蒙古额尔古纳、阿尔山等地。河北、河南、台湾。朝鲜、俄罗斯（西伯利亚中东部）、日本。

采　　制　春、秋季采挖全草，阴干或晒干药用。

性味功效　味苦，性温。有补肾壮阳、补肺定喘，收敛止血的功效。

▲日本鹿蹄草花（侧）

▲日本鹿蹄草花序

▲日本鹿蹄草果实

主治用法　用于肾虚腰痛、虚劳咳嗽、风寒湿痹、半身不遂、足膝无力、吐血、咯血、衄血、便血、尿血、崩漏、外伤出血等。水煎服。外用鲜品捣烂敷患处。

用　　量　15 ~ 25 g。外用适量。

◎参考文献◎

[1] 江苏新医学院．中药大辞典（下册）[M]．上海：上海科学技术出版社，1977：2239.

[2]《全国中草药汇编》编写组．全国中草药汇编（上册）[M]．北京：人民卫生出版社，1975：719-720.

[3] 朱有昌．东北药用植物 [M]．哈尔滨：黑龙江科学技术出版社，1989：854-855.

▼日本鹿蹄草花

▼日本鹿蹄草幼株

▲兴安鹿蹄草幼株

兴安鹿蹄草 *Pyrola dahurica*（H. Andr.）Kom.

别　　名　圆叶鹿蹄草　鹿蹄草

俗　　名　鹿含草

药用部位　鹿蹄草科兴安鹿蹄草的全草（入药称“鹿衔草”）。

原 植 物　常绿草本状小半灌木，高 15 ~ 23 cm。茎直立。叶 2 ~ 7，基生，革质，近圆形或广卵形；叶柄长 2.8 ~ 4.5 cm。花莛有鳞片状叶 1 ~ 2，相距甚远，卵状披针形或卵状长圆形。总状花序长 4 ~ 10 cm，有花 5 ~ 10，花倾斜，稍下垂，花冠展开，碗状，较小，直径约 1 cm，白色；花梗较短，长 4 ~ 5 mm；萼片舌形，长 3 ~ 4 mm；花瓣广倒卵形，质地较厚，长 5 ~ 7 mm，宽 4 ~ 5 mm，先端圆钝；雄蕊 10，花丝较短，长约 5 mm，花药长 2.5 ~ 2.7 mm；花柱长 6 ~ 7 mm，果期长达 9 ~ 10 mm，倾斜，上部向上弯曲，稍伸出花冠。蒴果扁球形，高 3 ~ 4 mm，直径 4 ~ 6 mm。花期 7 月，果期 8 月。

▲市场上的兴安鹿蹄草植株

生　　境　生于针叶林、针阔叶混交林或阔叶林下。

分　　布　黑龙江嫩江、黑河市区、伊春市区、铁力、

▲兴安鹿蹄草花序

虎林等地。吉林安图、抚松、长白、和龙、临江等地。辽宁宽甸、桓仁、新宾、清原等地。内蒙古额尔古纳、牙克石、阿尔山等地。朝鲜、俄罗斯（西伯利亚中东部）。

采　　制　春、秋季采收全草，除去杂质，洗净，鲜用或晒干。

性味功效　味甘、苦，性温。有补虚益肾、祛风除湿、活血调经的功效。

主治用法　用于风湿关节痛、腰痛、筋骨痛、崩漏、白带、月经不调、劳伤吐血、便血、外伤出血、虚弱痨病、咳嗽、惊悸、惊痫、盗汗等。水煎服。外用捣烂敷患处。

用　　量　25 ~ 50 g。外用适量。

附　　方

（1）治慢性菌痢：鹿衔草 300 ~ 600 g。加水 1 000 ~ 2 000 ml，文火煎沸后再煎 30 min，过滤分装 6 剂，每剂含鹿衔草 50 ~ 100 g。每服 1 剂，每日 3 次，炖温空腹服。10 ~ 15 d 为一个疗程。

（2）治虚劳：鹿衔草 50 g，猪蹄 1 对，炖食。

（3）治肺结核咯血：鹿衔草、白及各 20 g，水煎服。

▲兴安鹿蹄草果实

（4）治慢性风湿性关节痛、风湿性关节炎：鹿衔草、白术各 20 g，泽泻 15 g，水煎服。或用鹿衔草 20 g，黄檗 15 g，苍术 20 g。水煎，日服 2 次。

（5）治慢性肠炎、痢疾：鹿衔草 25 g，水煎服。

（6）治崩漏：鹿衔草 25 g，地榆炭 50 g。水煎，日服 2 次。或用鹿衔草 200 g，猪肉 500 g，炖熟，加盐少许，2 d 吃完。

（7）治外伤出血，蛇、虫、狗咬伤：鲜鹿衔草捣烂或干品研末外敷。

◎参考文献◎

[1] 江苏新医学院．中药大辞典（下册）[M]．上海：上海科学技术出版社，1977: 2243-2244.

[2] 朱有昌．东北药用植物 [M]．哈尔滨：黑龙江科学技术出版社，1989: 855-857.

[3]《全国中草药汇编》编写组．全国中草药汇编（上册）[M]．北京：人民卫生出版社，1975: 719-720.

▲兴安鹿蹄草花（侧）

▲兴安鹿蹄草花

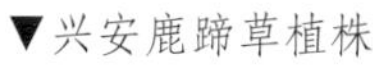

▼兴安鹿蹄草植株

▲吉林长白山国家级自然保护区天池湿地夏季景观

▲黑北极果植株（花期）

▼黑北极果花

杜鹃花科 Ericaceae

本科共收录 4 属、12 种、3 变种、2 变型。

北极果属 *Arctous* Niedenzu

黑北极果 *Arctous alpinus*（L.）Niedenzu

别　　名　黑果天栌

药用部位　杜鹃花科黑北极果的叶。

原 植 物　落叶、垫状、稍铺散小灌木，高 20 ～ 40 cm。叶互生，倒卵形或倒披针形，厚纸质，长 12 ～ 40 mm，先端钝尖或近锐尖头；叶柄长 6 ～ 12 mm，腹面具槽。花少数，组成短总状花序，生于去年生枝的顶端；基部有苞片 2 ～ 4，苞片叶状，长约 5 mm，先端具尖头，边缘干膜质；花梗长

▲黑北极果植株（果期）

约5 mm，顶端稍粗大，无毛；花萼小，5裂，裂片宽而短，无毛；花冠坛形，长4～6 mm，绿白色，口部齿状5浅裂；雄蕊8，长1～2 mm，花药深红色，具芒状附属物，花丝被毛，花柱比雄蕊长，但短于花冠。浆果球形，直径6～9 mm，有光泽，初时红色，后变为黑紫色，多汁。花期6—7月，果期8—9月。

生　　境　生于高山石砾地、高山灌丛及冻原带上，常聚集成片生长。

分　　布　黑龙江呼玛、漠河、呼中、塔河等地。吉林长白、抚松、安图。内蒙古根河。陕西、四川、甘肃、青海、新疆。朝鲜。欧洲、亚洲、美洲的环北极地区。

采　　制　夏、秋季采摘叶子，

▼黑北极果果实

▲黑北极果群落

▲黑北极果种子

除去杂质，洗净、阴干。

性味功效　有利尿的功效。

主治用法　用于尿道炎。水煎服。

用　　量　适量。

◎参考文献◎

[1] 江纪武. 药用植物辞典 [M]. 天津：天津科学技术出版社，2005: 62-63.

▼黑北极果花（侧）

▲杜香植株（山坡型）

杜香属 *Ledum* L.

杜香 *Ledum palustre* L.

▼杜香幼株

别　　名　细叶杜香　狭叶杜香　喇叭茶　白山苔

俗　　名　白山茶　绊脚丝　万年青　香草

药用部位　杜鹃花科杜香的枝和叶。

原 植 物　半常绿小灌木，直立或茎下部俯卧，高达 50 cm 以上。幼枝黄褐色；芽卵形，鳞片密被毛。叶质稍厚，密而互生，有强烈香味，狭条形，叶长通常为 1.5 ～ 4.0 cm，宽 1.5 ～ 3.0 mm。壮枝叶披针状条形，长 3.5 ～ 4.5 cm，宽约 8 mm，先端钝头，基部狭成短柄，上面深绿色，中脉凹入，有皱纹，下面密生锈褐色和白色茸毛及腺鳞，中脉凸

▲杜香群落

▲杜香果实

▲宽叶杜香花序

起，全缘。伞房花序，生于前一年生枝的顶端，花梗细，长1～2 cm，密生锈褐色绒毛；花多数，小形，白色；萼片5，圆形，尖头，宿存；花冠5深裂，裂片长卵形；雄蕊10，花丝基部有细毛；花柱宿存。蒴果卵形，生有褐色细毛。花期6—7月，果期7—8月。

生　境　生于泥炭藓类沼泽中或落叶松林缘、林下、湿润山坡等处，常成单优势的大面积群落。

分　布　黑龙江漠河、塔河、呼玛、呼中、新林、松岭、黑河、伊春市区等地。吉林安图、抚松、长白、柳河、临江、靖宇、敦化等地。辽宁宽甸、桓仁等地。内蒙古额尔古纳、根河、牙克石、鄂伦春旗、阿尔山、科尔沁右翼前旗等地。朝鲜、俄罗斯（西伯利亚）。欧洲北部。

采　制　春、夏、秋三季采收枝条和采摘叶，除去杂质，阴干药用。

性味功效　味辛，性寒。有解热、止咳平喘、祛痰、利尿、调经、催乳、止痒的功效。

主治用法　用于感冒咳嗽、气管炎、糖尿病、结肠炎、胃溃疡、月经不调、不孕症、皮肤瘙痒、头癣、脚气等。水煎服。民间用叶制成药膏。

用　量　5～10 g。外用适量。

附　方

（1）治月经不调、妇女不孕：杜香叶及嫩枝适量，水煎过滤，浓缩成膏，酌情内服（吉林安图朝鲜族民间方）。

（2）治胃溃疡：杜香嫩枝叶15 g，水煎，日服2次。

（3）治慢性气管炎：杜香原油胶囊100 mg，每日服

3 次，一个月为一个疗程。或用杜香油单萜烃馏分胶囊，每丸 50 mg，每次 2 丸，每日 3 次。

附　注　在东北尚有 1 变种：

宽叶杜香 var. *kilatatum* Wahlinb. 叶长圆状披针形或长圆形，长 2.5 ~ 8.0 cm，宽 4 ~ 18 mm，背面除锈褐色长毛外，成叶长毛脱落呈现白色。其他与原种同。

◎参考文献◎

[1] 江苏新医学院．中药大辞典（上册）[M]．上海：上海科学技术出版社，1977: 696.

[2] 朱有昌．东北药用植物 [M]．哈尔滨：黑龙江科学技术出版社，1989: 857-860.

[3] 中国药材公司．中国中药资源志要 [M]．北京：科学出版社，1994: 886-887.

▲杜香花序

▼杜香植株（林下型）

▲牛皮杜鹃居群

▼牛皮杜鹃果实

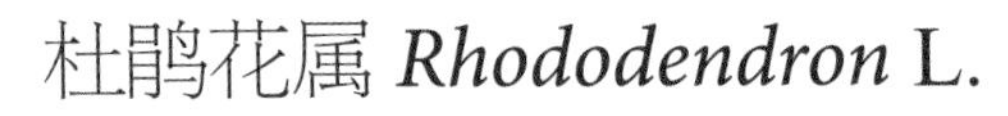

杜鹃花属 *Rhododendron* L.

牛皮杜鹃 *Rhododendron aureum* Georgi

俗　　名　高山茶　牛皮茶

药用部位　杜鹃花科牛皮杜鹃的叶（入药称“牛皮茶”）。

▼牛皮杜鹃种子

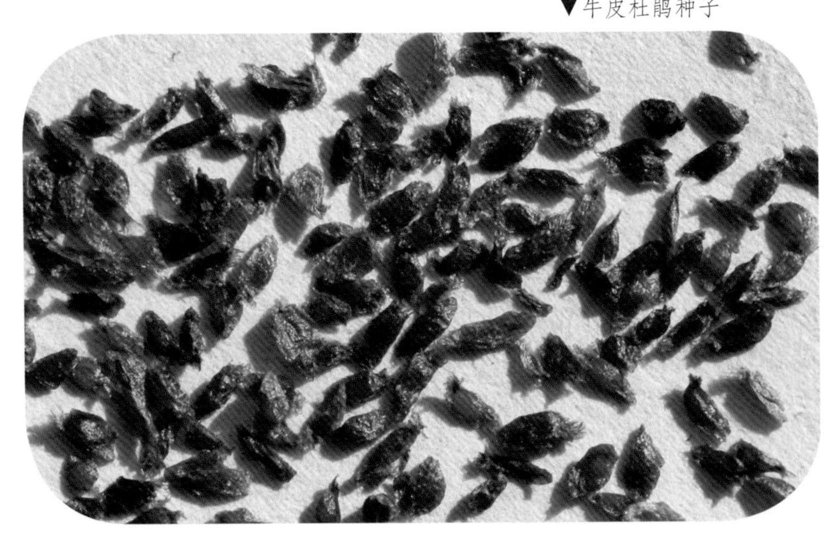

原植物 常绿矮小灌木，高 10 ~ 50 cm。叶革质，常 4 ~ 5 集生于小枝顶端，倒披针形或倒卵状长圆形，长 2.5 ~ 8.0 cm；叶柄长 5 ~ 10 mm。顶生伞房花序，有花 5 ~ 8，总轴长约 1 cm；花梗直立，长约 3 cm；花萼小，长约 2 mm，具 5 小齿裂；花冠钟形，长 2.5 ~ 3.0 cm，淡黄色，5 裂，裂片近圆形，长 1.0 ~ 1.2 cm，顶端微缺；雄蕊 10，不等长，长 1.2 ~ 2.3 cm，花丝基部被白色微柔毛，花药椭圆形，淡褐色，长 2 mm；子房卵球形，长 5 mm，花柱长 2.5 cm，柱头小，浅 5 裂。果序直立，果梗长 4.5 ~ 6.0 cm，疏被柔毛，蒴果长圆柱形，长 1.0 ~ 1.4 cm，直径 5 ~ 6 mm，5 裂，多少被茸毛。花期 6—7 月，果期 8—9 月。

▲牛皮杜鹃花（粉色）

生　境 生于高山苔原带、高山草甸、高山湿地、林下及林缘等处，常聚集成片生长。

分　布 黑龙江尚志、五常。吉林安图、抚松、长白、敦化、临江。辽宁桓仁。朝鲜、俄罗斯（西伯利亚中东部）、蒙古、日本。

采　制 夏、秋季采摘叶，去掉杂质，阴干。

性味功效 有收敛、抗菌、发汗、强心、利尿、麻醉的功效。能提高心脏的工作能力，降低静脉压。

主治用法 用于痢疾、腰痛、头痛、风湿病、足痛、慢性气管炎。水煎服。

用　量 2 ~ 5 g。

▲牛皮杜鹃花蕾

▼牛皮杜鹃枝条

▲牛皮杜鹃植株

▲牛皮杜鹃群落（花期）

▲牛皮杜鹃群落（果期）

▲牛皮杜鹃花（黄色）

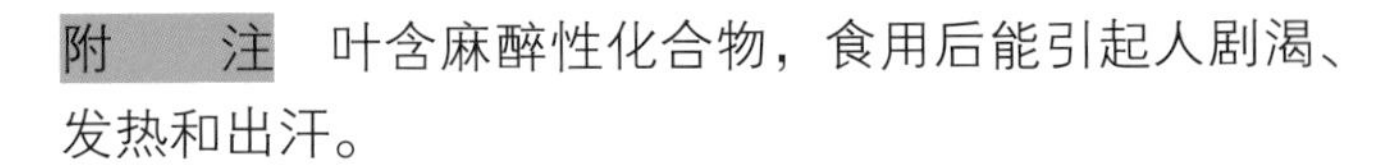

附　　注　叶含麻醉性化合物，食用后能引起人剧渴、发热和出汗。

◎参考文献◎

[1] 朱有昌．东北药用植物 [M]．哈尔滨：黑龙江科学技术出版社，1989：862-863.

[2] 钱信忠．中国本草彩色图鉴（第一卷）[M]．北京：人民卫生出版社，2003：475-476.

[3] 中国药材公司．中国中药资源志要 [M]．北京：科学出版社，1994：890.

▼牛皮杜鹃花（乳白色）

▼牛皮杜鹃花（浅粉色）

▲照山白植株（果期）

照山白 *Rhododendron micranthum* Turcz.

别　　名　照白杜鹃　小花杜鹃

俗　　名　白镜子　冬青　冻青　药芦　羊药　老鞑子花　鞑子香　光腚花

药用部位　杜鹃花科照山白的枝叶。

▼照山白果实

▼照山白枝条

▲照山白群落

原植物　常绿灌木，高可达 2.5 m。茎灰棕褐色。幼枝被鳞片及细柔毛。叶近革质，倒披针形、长圆状椭圆形至披针形，长 1.5 ~ 6.0 cm，宽 0.4 ~ 2.5 cm，顶端钝，急尖或圆，具小突尖，基部狭楔形，表面深绿色，有光泽，常被疏鳞片，背面黄绿色，被淡或深棕色有宽边的鳞片，鳞片相互重叠、邻接或相距为其直径的角状披针形或披针状线形，外面被鳞片，被缘毛。花冠钟状，长 4 ~ 10 mm，外面被鳞片，内面无毛，花裂片 5，较花管稍长；雄蕊 10，花丝无毛；子房长 1 ~ 3 mm，室 5 ~ 6，密被鳞片，花柱与雄蕊等长或较短，无鳞片。蒴果长圆形，长 4 ~ 8 mm，被疏鳞片。花期 6—7 月，果期 8—9 月。

生　境　生于山坡灌丛、山谷、峭壁及石岩上，常成单优势的大面积群落。

分　布　吉林靖宇。辽宁丹东市区、宽甸、凤城、本溪、桓仁、鞍山市区、岫岩、庄河、盖州、瓦房店、大连市区、营口市区、朝阳、建平、喀左、绥中、北票、义县、北镇、建昌、凌源等地。内蒙古科尔沁右翼前旗、巴林右旗、巴林左旗、敖汉旗、东乌珠穆沁旗、西乌珠穆沁旗、正蓝旗、镶黄旗、正镶白旗等地。河北、河南、山东、山西、陕西、湖北、四川、甘肃。朝鲜。

采　制　秋、冬季采摘枝叶，除去杂质，洗净，晒干。

▼照山白花（背）

▼照山白花

性味功效　味酸、辛，性温。有大毒。有清热解毒、祛风通络、调经止痛、止血、止咳祛痰的功效。

主治用法　用于咳嗽痰喘、老年慢性气管炎、痢疾、风湿痹痛、腰痛、痛经、月经不调、产后周身关节痛、高血压、疮疖、跌打损伤、骨折等。水煎服。外用捣烂敷患处。本品有大毒，做成制剂方可内服。

用　量　3 ~ 5 g。外用适量。

附　方

（1）治老年慢性气管炎：鲜照山白叶 0.5 kg，甘草 50 g。加水 1.5 L，放锅内煎煮，待沸后煮 1 h，过滤，再加水煎煮，合并二次滤液，浓缩至 500 ml，每日 2 ~ 3 次，每次 10 ml，饭后服，连服 30 d。

（2）治月经不调、痛经、产后关节痛：照山白糖浆，每服 5 ml，每日 2 次（切勿超量），孕妇忌服。

（3）治产后周身疼痛：照山白 5 g，水煎服。每日服 1 次，连服 20 d。

（4）治骨折及疮肿：照山白花叶，捣烂外敷。

（5）治高血压病：用质量分数为 20% 的照山白酊，开始每次用 5 ml，以后渐增，最多每次不超过 15 ml。每日 3 次饭后服。2 周为一个疗程，根据需要可连续治疗 1 ~ 4 个疗程。

附　注　据报道本品的枝叶具有毒性，春季采者较秋季采者毒性强 10

▲照山白植株（花期）

倍左右，杜鹃花属植物多数有此特性，用时要特别注意。

▼照山白花序

◎参考文献◎

[1] 江苏新医学院．中药大辞典（下册）[M]．上海：上海科学技术出版社，1977:2489-2490.
[2] 朱有昌．东北药用植物[M]．哈尔滨：黑龙江科学技术出版社，1989:864-866.
[3]《全国中草药汇编》编写组．全国中草药汇编（上册）[M]．北京：人民卫生出版社，1975:884.

▲高山杜鹃植株（湿地型）

▼高山杜鹃枝条（湿地型）

高山杜鹃 *Rhododendron lapponicum*（L.）Wahl.

别　　名　小叶杜鹃

俗　　名　金达莱

药用部位　杜鹃花科高山杜鹃的叶及枝（入药称“小叶杜鹃”）。

原 植 物　常绿小灌木，高 20 ~ 100 cm。叶常散生于枝条顶部，革质，长圆状椭圆形至卵状椭圆形，或长圆状倒卵形，长

▲高山杜鹃群落（高山型）

▲高山杜鹃群落（湿地型）

4 ~ 25 mm；叶柄长 1.5 ~ 4.0 mm，被鳞片。花序顶生，伞形，有花 2 ~ 6；花梗长 3 ~ 6 mm，果期伸长达 12 mm；花萼小，长 0.5 ~ 2.0 mm，带红色或紫色，裂片 5，卵状三角形或近圆形，被疏或密的鳞片；花冠宽漏斗状，长 6.5 ~ 16.0 mm，淡紫蔷薇色至紫色，罕为白色，花管长 1.5 ~ 6.0 mm，裂片 5，开展，长于花管；雄蕊 5 ~ 10，约与花冠等长，花丝基部被绵毛；子房 5 室，长 1.2 mm，密被鳞片，花柱长 1.1 ~ 1.5 cm。蒴果长圆状卵形，长 3 ~ 6 mm，密被鳞片。花期 6 月，果期 9—10 月。

▲高山杜鹃花（高山型）

▲高山杜鹃果实

▲高山杜鹃植株（高山型）

▲高山杜鹃花（高山型，红粉色）

▲高山杜鹃花（湿地型）

生　　境　生于石质山地、林间沼泽地带、高山草地、亚高山灌丛及高山苔原带上，常成单优势的大面积群落。

分　　布　黑龙江漠河、塔河、呼玛等地。吉林安图、抚松、长白、柳河、和龙、临江、靖宇等地。辽宁桓仁。内蒙古额尔古纳、根河、牙克石、鄂伦春旗、东乌珠穆沁旗等地。朝鲜、俄罗斯（西伯利亚）、加拿大、美国阿拉斯加。

采　　制　夏、秋季采摘叶，除去杂质，阴干。春、夏、秋三季割取枝条，切段，洗净，晒干。

性味功效　味辛，性温。有祛痰、止咳、平喘、收敛、抗菌、发汗、强心的功效。

主治用法　用于慢性气管炎、咳嗽痰多、咳喘、腰痛风、四肢痛风、足痛风等。水煎服。

用　　量　9 ~ 15 g。

◎参考文献◎

[1] 钱信忠．中国本草彩色图鉴（第一卷）[M]．北京：人民卫生出版社，2003: 305-306.

[2] 中国药材公司．中国中药资源志要 [M]．北京：科学出版社，1994: 894.

[3] 江纪武．药用植物辞典 [M]．天津：天津科学技术出版社，2005: 685.

▲兴安杜鹃群落（火山地貌型）

兴安杜鹃 *Rhododendron dauricum* L.

别　　名　达乌里杜鹃　满山红

俗　　名　金达莱　达子香　映山红　迎山红　靠山红　山崩子　野杜鹃花

药用部位　杜鹃花科兴安杜鹃的干燥叶及根（入药称“满山红”）。

原 植 物　半常绿灌木，高 0.5 ~ 2.0 m。叶片近革质，椭圆形或长圆形，长 1 ~ 5 cm，

▼兴安杜鹃花（浅粉色）

▼市场上的兴安杜鹃花

▲兴安杜鹃群落（山坡型）

▲兴安杜鹃群落（岩生型）

▲兴安杜鹃群落（河岸型）

表面深绿，散生鳞片，背面淡绿，密被鳞片，鳞片不等大，褐色，覆瓦状或彼此邻接，或相距为其直径的 1/2 或 1.5 倍；叶柄长 2 ~ 6 mm，被微柔毛。花序腋生枝顶或假顶生，具花 1 ~ 4，先叶开放，伞形着生；花芽鳞早落或宿存；花梗长 2 ~ 8 mm；花萼长不及 1 mm，5 裂，密被鳞片；花冠宽漏斗状，长 1.3 ~ 2.3 cm，粉红色或紫红色，外面无鳞片，通常有柔毛；雄蕊 10，短于花冠，花药紫红色；子房 5 室，密被鳞片，花柱紫红色，光滑，长于花冠。蒴果长圆形，长 1.0 ~ 1.5 cm，先端 5 瓣开裂。花期 5—6 月，果期 7 月。

生　境　生于山顶砬子、干燥石质山坡、火山迹地、山地落叶松林、排水良好的山坡或陡坡蒙古栎林下，常聚集成片生长，构成一个大的群落。

分　　布　黑龙江漠河、塔河、呼玛、黑河、伊春市区、嘉荫、萝北、饶河、虎林、尚志、五常、东宁、宁安、海林、勃利、铁力等地。吉林长白山各地。辽宁桓仁、北票等地。内蒙古额尔古纳、根河、牙克石、扎兰屯、阿尔山、科尔沁右翼前旗、西乌珠穆沁旗等地。朝鲜、俄罗斯（西伯利亚中东部）、蒙古、日本。

采　　制　夏、秋季采摘叶，除去杂质，洗净，阴干。春、秋季采挖根，除去泥土，洗净，晒干。

性味功效　叶：味苦，性寒。有解表、化痰、止咳、平喘、利尿的功效。根：味苦，性寒。有止痢的功效。

主治用法　叶：用于支气管炎、咳嗽、哮喘、感冒头痛、慢性气管炎、急性气管炎、湿热泄泻、痢疾等。水煎服。还可直接泡酒饮用。根：用于肠炎、痢疾等。

用　　量　叶：10 ~ 15 g（鲜品 15 ~ 30 g）。根：15 ~ 25 g

附　　方

（1）慢性支气管炎：兴安杜鹃叶 100 g，研粗粉，白酒 0.5 L，浸 7 d。每服 10 ~ 15 ml，每

▲兴安杜鹃果实

▲兴安杜鹃幼株

▲市场上的兴安杜鹃叶

▲兴安杜鹃花（6 瓣）

▲兴安杜鹃花（淡红色）

▲白花兴安杜鹃花

日 2 ~ 3 次。或用满山红片，每服 3 ~ 4 片，每日 3 次。临床用兴安杜鹃酒，每服 10 ~ 15 ml，每日 2 ~ 3 次。又方：兴安杜鹃叶 20 ~ 40 g，三颗针、暴马子各 15 g，水煎，分 2 次服用。

（2）治急性菌痢：鲜满山红根 250 g，洗净，切片，加水 1 500 ~ 2 000 ml，煎 1 ~ 2h 取汁。成人 150 ~ 200 ml，儿童（3 ~ 5 岁）50 ml，均日服 3 次。或用满山红 25 g，水煎服。

▲兴安杜鹃植株

附　注

（1）本品为《中华人民共和国药典》（2020 年版）收录的药材。

（2）该物种为中国植物图谱数据库收录的有毒植物。

（3）在东北尚有 1 变种：

白花兴安杜鹃 var. *albiflorum*（Turcz.）C. F. Fang 花白色，直径较小，其他与原种同。

▲兴安杜鹃花（淡粉色）

▲白花兴安杜鹃植株

▲兴安杜鹃枝条

▲兴安杜鹃花

◎参考文献◎

[1] 江苏新医学院．中药大辞典（下册）[M]．上海：上海科学技术出版社，1977:2506-2507，2509.

[2] 朱有昌．东北药用植物 [M]．哈尔滨：黑龙江科学技术出版社，1989:863-864.

[3] 《全国中草药汇编》编写组．全国中草药汇编（上册）[M]．北京：人民卫生出版社，1975:861-862.

▲迎红杜鹃植株（岩生型）

▲迎红杜鹃花（背）

迎红杜鹃 *Rhododendron mucronulatum* Turcz.

别　　名　尖叶杜鹃

药用部位　杜鹃花科迎红杜鹃的叶。

俗　　名　金达莱　达子香　映山红　满山红　山崩子　野杜鹃花　云彩红　香鞑子

原 植 物　落叶灌木，高 1 ～ 2 m。叶片质薄，椭圆形或椭圆状披针形，长 3 ～ 7 cm，宽 1.0 ～ 3.5 cm，顶端锐尖、渐尖或钝，边缘全缘或有细圆齿；叶柄长 3 ～ 5 mm。花序腋生枝顶或假顶生，具花 1 ～ 3，先叶开放，伞形着生；花芽鳞宿存；花梗长 5 ～ 10 mm，疏生鳞片；花萼长 0.5 ～ 1.0 mm，5 裂，被鳞片，无毛或疏生刚毛；花冠宽漏斗状，长 2.3 ～ 2.8 cm，直径 3 ～ 4 cm，淡红紫色，外面被短柔毛，无鳞片；雄蕊 10，不等长，稍短于花冠，花丝下部被短柔毛；子房 5 室，密被鳞片，花柱光滑，长于花冠。蒴果长圆形，长 1.0 ～ 1.5 cm，直径 4 ～ 5 mm，先端 5 开裂。花期 4—5 月，果期 6—7 月。

▼市场上的迎红杜鹃花

生　　境　生于山地灌丛中、干燥石质山坡及石砬子上，常成单优势的大面积群落。

分　　布　吉林长白山各地。辽宁丹东市区、宽甸、凤城、本溪、桓仁、鞍山市区、岫岩、抚顺、西丰、庄河、瓦房店、大连市区、绥中、北票、义县、北镇

▲迎红杜鹃花（淡粉色）

等地。内蒙古西乌珠穆沁旗。河北、山东、江苏。朝鲜、俄罗斯（西伯利亚中东部）、蒙古、日本。

采　　制　秋季采摘叶，鲜用或阴干。

性味功效　味苦，性平。有解表、清肺、止咳、祛痰、平喘的功效。

主治用法　用于支气管炎、急性气管炎、慢性气管炎、咳嗽、哮喘、感冒头痛等。水煎服或浸酒。根：用于肠炎、急性痢疾。

用　　量　15 ~ 25 g。

附　　方

（1）治感冒：迎红杜鹃叶 15 g，水煎，日服 2 次。

（2）治咳嗽、哮喘：迎红杜鹃叶 100 g，白酒 0.5 L，浸泡 5 ~ 7 d。每次饮酒 1 小杯约 50 ml，每日 2 次。

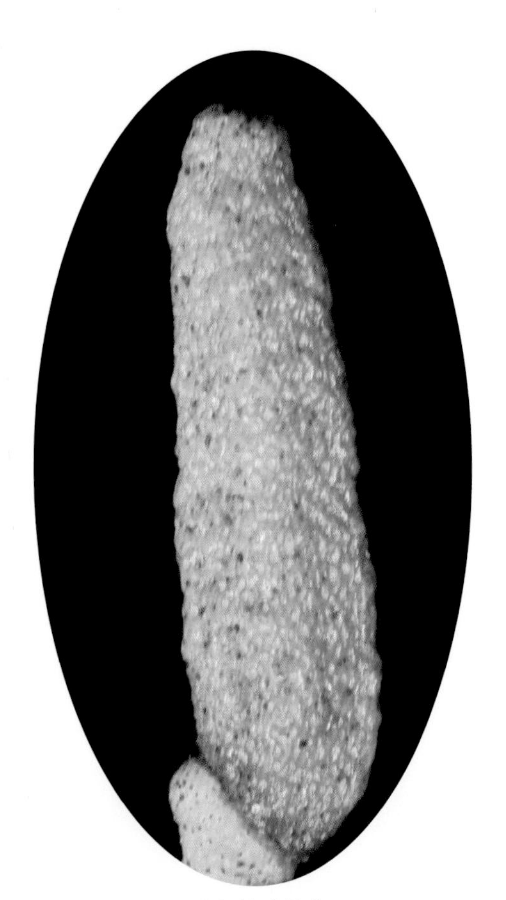
▲迎红杜鹃果实

▲迎红杜鹃枝条（果期）

附　　注　在东北尚有 1 变型：

白花迎红杜鹃 f. *album* Nakai.，花白色。其他与原种同。

▲迎红杜鹃枝条（花期）

▲迎红杜鹃花（红色）

◎参考文献◎

[1] 钱信忠. 中国本草彩色图鉴（第三卷）[M]. 北京：人民卫生出版社，2003:126-127.
[2] 朱有昌. 东北药用植物 [M]. 哈尔滨：黑龙江科学技术出版社，1989:866-867.
[3] 《全国中草药汇编》编写组. 全国中草药汇编（上册）[M]. 北京：人民卫生出版社，1975:464.

▲白花迎红杜鹃花

▲迎红杜鹃植株（山坡型）

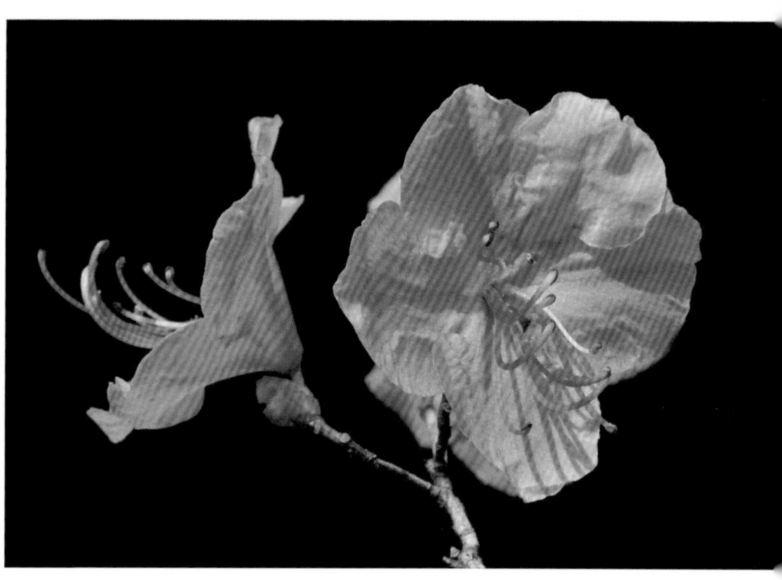
▲迎红杜鹃花（浅粉色）

▲迎红杜鹃群落

▲迎红杜鹃居群

▲越橘植株（果期）

越橘属 *Vaccinium* L.

越橘 *Vaccinium vitis-idaea* L.

▼市场上的越橘果实(前期)

别　　名 越桔 温普乌饭树

俗　　名 牙疙瘩 红豆 小苹果

药用部位 杜鹃花科越橘的叶及果实。

原 植 物 常绿矮小灌木。茎纤细，直立或下部平卧。叶密生，叶片革质，椭圆形或倒卵形，长 0.7 ~ 2.0 cm，顶端圆，有凸尖或微凹缺，基部宽楔形，边缘反卷。花序短总状，生于上年生枝顶，长1.0 ~ 1.5 cm，稍下垂，有花2 ~ 8，序轴纤细，有微毛；苞片红色，宽卵形，长约 3 mm；小苞片 2，卵形，长约 1.5 mm；花梗长1 mm，被微毛；萼筒无毛，萼片4，宽三角形，长约 1 mm；花冠白色或淡红色，钟状，长约 5 mm，4 裂，裂片三角状卵形，直立；雄蕊 8，

▲越橘植株（花期）

比花冠短，长约 3 mm，花丝很短，药室背部无距，药管与药室近等长；花柱稍超出花冠。浆果球形，直径 5 ~ 10 mm，紫红色。花期 6—7 月，果期 8—9 月。

生　境　生于落叶松林下、白桦林下、高山苔原或水湿台地等处，常成单优势的大面积群落。

分　布　黑龙江漠河、塔河、呼玛、新林、呼中、黑河、伊春市区、尚志等地。

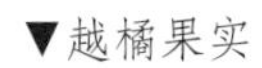

▼越橘果实

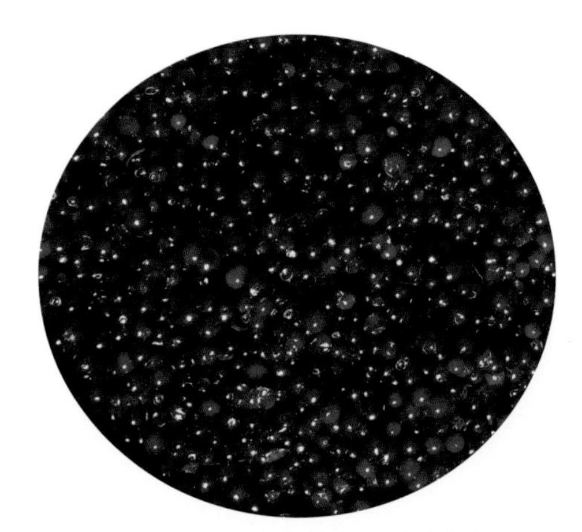

▲市场上的越橘果实（后期）

▲越橘群落

吉林安图、抚松、长白、柳河、和龙、临江、靖宇、敦化、汪清等地。内蒙古额尔古纳、根河、牙克石、鄂伦春旗、鄂温克旗、阿尔山、科尔沁右翼前旗、东乌珠穆沁旗等地。朝鲜、日本、俄罗斯、蒙古。欧洲、北美洲。

采　　制　春、夏、秋三季采摘叶，除去杂质，阴干或鲜用。秋季采摘成熟果实，洗净，晒干。

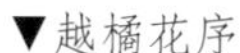
▼越橘花序

性味功效　叶：味苦、涩，性温。有小毒。有利尿、消炎、解毒的功效。果实：味酸、甘，性平。有止痢、止痛的功效。

主治用法　叶：用于淋毒性尿道炎、膀胱炎、小便涩痛、肾结石、痛风等。水煎服。果实：用于泄泻、痢疾、肠炎等。水煎服或直接食用。

用　　量　叶：2.5 ~ 10.0 g。果实：5 ~ 15 g。

附　　方

（1）治尿道炎、膀胱炎：越橘叶 5 g，水煎服。

（2）治肠炎、痢疾：越橘果实 10 g，水煎服。

◎参考文献◎

[1] 江苏新医学院．中药大辞典（下册）[M]．上海：上海科学技术出版社，1977: 2335.

[2] 朱有昌．东北药用植物 [M]．哈尔滨：黑龙江科学技术出版社，1989: 868-869.

[3] 钱信忠．中国本草彩色图鉴（第五卷）[M]．北京：人民卫生出版社，2003: 57-58.

笃斯越橘 *Vaccinium uliginosum* L.

别　　名　笃斯

俗　　名　甸果　地果　黑豆树　蛤塘果　高丽葡萄　蓝莓

药用部位　杜鹃花科笃斯越橘的叶及果实。

原 植 物　落叶灌木，高 0.5 ~ 1.0 m。叶多数，散生，叶片纸质，倒卵形、椭圆形至长圆形，长 1.0 ~ 2.8 cm，宽 0.6 ~ 1.5 cm，顶端圆形，有时微凹，基部宽楔形或楔形，全缘，背面微被柔毛，中脉、侧脉和网脉均纤细，在表面平坦，在背面突起；叶柄短，长 1 ~ 2 mm，被微毛。花下垂，1 ~ 3 朵着生于上年生枝顶叶腋；花梗 0.5 ~ 1.0 cm，顶端与萼筒之间无关

▲笃斯越橘植株（花期）

▼笃斯越橘果实（长圆形）

▲高山笃斯越橘花

▲高山笃斯越橘群落

节，下部有小苞片2，小苞片着生处有关节；萼筒无毛，萼齿4～5，三角状卵形，长约1 mm；花冠绿白色，宽坛状，长约5 mm，4～5浅裂；雄蕊10，药室背部有2距。浆果近球形或椭圆形，直径约1 cm，成熟时蓝紫色，被白粉。花期6月，果期7—8月。

生　　境　生于山坡落叶松林下、林缘、沼泽湿地及高山苔原等处，常成单优势的大面积群落。

分　　布　黑龙江漠河、塔河、呼玛、新林、呼中、黑河等地。吉林安图、抚松、长白、和龙、临江、靖宇、敦化、汪清等地。辽宁桓仁。内蒙古额尔古纳、根河、

▼笃斯越橘植株（果期）

▼笃斯越橘花（侧）

▲笃斯越橘花（乳黄色）

▲市场上的笃斯越橘果实（干）

▲高山笃斯越橘种子

牙克石、阿尔山、科尔沁右翼前旗、东乌珠穆沁旗等地。朝鲜、俄罗斯、蒙古、日本。欧洲、北美洲。

采　　制　夏、秋季采摘叶，除去杂质，洗净，晒干。秋季采摘成熟果实，除去杂质，洗净，鲜用或晒干。

性味功效　味甘，性温。有清热解毒、收敛、消炎、利尿的功效。

主治用法　用于腹泻、痢疾、胃炎、膀胱炎等。水煎服。

用　　量　10 ~ 15 g。

附　　注

（1）干树皮粉可用于外敷伤口。

（2）在东北尚有 1 变种、1 变型：

高山笃斯越橘 var. *alpinum* Nakai，植株匍匐，叶较小。生于高山苔原带上及岳桦林下，常聚集成片生长。分布于吉林长白、抚松和安图，朝鲜。其他与原种同。

长果笃斯越橘 f. *ellipticum* Nakai，果实椭圆形，长约 1.5 cm。其他与原种同。

▲高山笃斯越橘植株

▼笃斯越橘果实

▲市场上的笃斯越橘果实（鲜）

◎参考文献◎

[1] 中国药材公司．中国中药资源志要 [M]．北京：科学出版社，1994: 898-899.

[2] 江纪武．药用植物辞典 [M]．天津：天津科学技术出版社，2005: 838.

▲红果越橘果实

▼红果越橘花

▼红果越橘花（侧）

红果越橘 *Vaccinium koreanum* Nakai

别　　名　朝鲜越橘

药用部位　杜鹃花科红果越橘的果实。

原 植 物　落叶灌木，高30～50 cm。茎多分枝，幼枝淡黄色，有沟槽，被白色短柔毛，老枝无毛。叶多数，散生枝上，叶片纸质，椭圆形或卵形，长3.0～6.5 cm，宽1.3～3.0 cm，顶端锐尖或渐尖，基部楔形、宽楔形至略微钝形，边缘有细锯齿，幼时两面被白色疏柔毛，中脉和侧脉纤细，在表面略显，在背面略微隆起；叶柄长1～2 mm，被疏柔毛。花未见。浆果1～3生于上年生枝顶叶腋，果梗长6～8 mm，

▲红果越橘枝条（果期）

无毛，与果实相接处有关节；果成熟时红色，长圆形，具5棱，无毛；宿存花萼具5齿，萼齿三角形或半圆形，长2 ~ 3 mm，基部连合，无毛。花期6月，果期7—8月。

生　境　生于林下石壁及山脊石砾缝隙中。

分　布　吉林通化、集安等地。辽宁宽甸、凤城等地。朝鲜、俄罗斯（西伯利亚中东部）、日本。北美洲。

采　制　秋季采摘成熟果实，除去杂质，洗净，晒干。

性味功效　有收敛、清热的功效。

用　量　适量。

▼红果越橘枝条（花期）

◎参考文献◎

[1] 中国药材公司. 中国中药资源志要 [M]. 北京：科学出版社，1994: 897.

[2] 江纪武. 药用植物辞典 [M]. 天津：天津科学技术出版社，2005: 837.

▲红莓苔子植株（果期）

▲市场上的红莓苔子果实

红莓苔子 *Vaccinium oxycoccos* L.

别　　名　大果毛蒿豆

俗　　名　甸虎　蔓越橘　蔓越桔

药用部位　杜鹃花科红莓苔子的果实。

原 植 物　常绿半灌木，高 10 ~ 15 cm。茎纤细，有细长匍匐的走茎，长可达 60 cm。叶散生，叶片革质，长圆形或卵形，长 0.5 ~ 1.1 cm，顶端锐尖，基部钝圆，边缘反卷，全缘；叶柄长约 1 mm。花 1 ~ 4 生于枝顶，近于伞形着生；花梗细长，长 1 ~ 2 cm，顶端下弯；苞片着生花梗基部，卵形，长约 2 mm，小苞片 2，着生花梗中部，线形，长约 1.5 mm，无毛；萼筒无毛，萼裂片 4，半圆形，长约 0.5 mm；花冠淡红色，4 深裂，裂片长圆形，长 4 ~ 6 mm，反折；雄蕊 8，长 2 ~ 3 mm，花丝扁平；子房 4 室，花柱细长，超出雄蕊。浆果球形，直径约 1 cm，红色。花期 6—7 月，果期 7—8 月。

▼红莓苔子果实

▲红莓苔子植株（花期）

生　　境　生于有苔植物的水湿台地中（植株下部埋在苔藓植物中，仅上部露出），常聚集成片生长。

分　　布　黑龙江漠河、塔河、呼玛等地。吉林长白、抚松、安图、和龙、靖宇、柳河、临江等地。内蒙古根河。朝鲜、俄罗斯、日本、法国、意大利。北美洲。北半球亚寒带及寒带。

采　　制　秋季采摘成熟果实，除去杂质，洗净，晒干。

性味功效　味酸，性凉。有止血、抗菌、消炎的功效。

主治用法　用于伤口化脓、皮肤瘙痒、糠疹、瘰疬等。外用鲜品捣烂敷或煎水洗患处。

用　　量　适量。

附　　注　本品果汁注射液可治疗血栓静脉炎、动脉粥样硬化症及血管栓塞等。

▲红莓苔子花

◎参考文献◎

[1] 朱有昌．东北药用植物 [M]．哈尔滨：黑龙江科学技术出版社，1989: 860-862.

[2] 中国药材公司．中国中药资源志要 [M]．北京：科学出版社，1994: 888.

[3] 江纪武．药用植物辞典 [M]．天津：天津科学技术出版社，2005: 838.

▲小果红莓苔子植株（花期）

▼小果红莓苔子花（花瓣反卷）

小果红莓苔子 *Vaccinium microcarpum*（Turcz. ex Rupr.）Schmalh.

别　　名　毛蒿豆

俗　　名　甸虎　蔓越橘　蔓越桔

药用部位　杜鹃花科小果红莓苔子的果实。

原 植 物　常绿半灌木，高 5 ~ 10 cm。茎纤细，有细长匍匐的走茎。叶散生，叶片革质，卵形或椭圆形，通常至基部变宽，长 2 ~ 6 mm；叶柄极短，长不超过 1 mm，幼时被微柔毛。花 1 ~ 2 生于枝顶；花梗细弱，长 1.5 ~ 2.5 cm，顶端稍下弯；苞片着生花梗基部，卵形，长约 1 mm，小苞片 2，着生花梗中部，线形，长约 1.5 mm；萼齿 4，半圆形，长约 0.5 mm，无毛；花冠粉红色，4 深裂，裂片长圆形，向外反折，长约 5 mm；雄蕊 8，长约 4 mm，花丝扁平，长约 2 mm，无毛，药室背部无距，药管与药室近等长；子房 4 室，花柱细长，超出雄蕊。浆果球形，直径约 6 mm，红色。花期 6—7 月，果期 8—9 月。

生　　境　生于有落叶松林下或苔藓植物生长的水湿台地（植株下部埋在苔藓植物中，仅上部露出），常聚集成片生长。

▲小果红莓苔子植株（果期）

▲小果红莓苔子果实

分　　布　黑龙江漠河、塔河、呼玛等地。吉林安图、抚松、长白、和龙、临江等地。内蒙古额尔古纳、根河等地。朝鲜、俄罗斯、日本。欧洲、北美洲。

采　　制　秋季采摘成熟果实，除去杂质，洗净。晒干。

附　　注　其他同红莓苔子。

◎参考文献◎

[1] 钱信忠．中国本草彩色图鉴（第一卷）[M]．北京：人民卫生出版社，2003: 333-334.

[2] 朱有昌．东北药用植物 [M]．哈尔滨：黑龙江科学技术出版社，1989: 860-862.

[3] 中国药材公司．中国中药资源志要 [M]．北京：科学出版社，1994: 888.

▲小果红莓苔子花（花瓣伸展）

▲吉林长白山国家级自然保护区天池湿地冬季景观

▲东北岩高兰果实

▼东北岩高兰花

岩高兰科 Empetraceae

本科共收录 1 属、1 种。

岩高兰属 *Empetrum* L.

东北岩高兰 *Empetrum nigrum* L. var. *japonicum* K. Koch

俗　名 肝复灵

药用部位 岩高兰科东北岩高兰的枝叶及果实。

原 植 物 常绿匍匐状小灌木，高 20 ~ 50 cm；多分枝，小枝红褐色。叶轮生或交互对生，下倾或水平伸展，线形，长 4 ~ 5 mm。宽 1.0 ~ 1.5 mm，先端钝，边缘略反卷，叶面具皱纹，幼叶边缘具稀疏腺状缘毛，叶面中脉凹陷；无柄。花单性异株，1 ~ 3 生于上部叶腋，无花梗；苞片 3 ~ 4，鳞片状，卵形，长约 1 mm，边

▲东北岩高兰群落

缘具细睫毛，萼片 6，外层卵圆形，长约 1.5 mm，里层披针形，与外层等长，暗红色，花瓣状，先端内卷，无花瓣；雄蕊 3，花丝线形，长约 4 mm，花药较小；子房近陀螺形，长约 0.6 mm，花柱极短，柱头辐射状 6 ~ 9 裂。果直径约 5 mm，成熟时紫红色至黑色。花期 6—7 月，果期 8—9 月。

生　　境　生于高山冻原带、高山石砾质地及岩石缝隙中。

分　　布　黑龙江漠河、塔河、呼玛等地。吉林长白、抚松、安图。内蒙古根河、科尔沁右翼前旗。朝鲜、俄罗斯（西伯利亚）、蒙古、日本。

采　　制　春季采摘嫩枝叶，洗净，晒干。秋季采摘成熟果实，除去杂质，洗净，鲜用或晒干。

性味功效　枝叶：有补脾和胃、助消

▲东北岩高兰花（侧）

▲东北岩高兰枝条（果期）

化的功效。果实：有补阴、养肝、明目的功效。

主治用法 枝叶：用于肚腹胀满、消化不良等。水煎服。果实：用于肝炎、结膜炎等。水煎服。

用　　量 适量。

◎参考文献◎

[1] 江纪武．药用植物辞典[M]．天津：天津科学技术出版社，2005：282.

▲市场上的东北岩高兰植株（精装）

▲市场上的东北岩高兰植株

▲东北岩高兰植株

▲内蒙古自治区西乌珠穆沁旗巴拉噶尔河草原秋季景观

▲点地梅植株

▼点地梅果实

报春花科 Primulaceae

本科共收录 5 属、20 种、1 变种。

点地梅属 *Androsace* L.

点地梅 *Androsace umbellata*（Lour.）Merr.

别　　名　铜钱草　白花珍珠菜

俗　　名　山烟　地梅花　天星草

药用部位　报春花科点地梅的全草（入药称“喉咙草”）。

原 植 物　一年生或二年生草本。具多数须根。叶全部基生，叶片近圆形或卵圆形，直径 5 ~ 20 mm，先端钝圆，基部浅心形至近圆形；叶柄长 1 ~ 4 cm。花葶通常数枚自叶丛中抽出，高 4 ~ 15 cm。伞形花序，具花 4 ~ 15；苞片卵形至披针形，长

▲点地梅居群

3.5 ~ 4.0 mm；花梗纤细，长 1 ~ 3 cm，果时伸长可达 6 cm；花萼杯状，长 3 ~ 4 mm，密被短柔毛，分裂近达基部，裂片菱状卵圆形，具纵脉 3 ~ 6，果期增大，呈星状展开；花冠白色，直径 4 ~ 6 mm，筒部长约 2 mm，短于花萼，喉部黄色，裂片倒卵状长圆形，长 2.5 ~ 3.0 mm，宽 1.5 ~ 2.0 mm。蒴果近球形，直径 2.5 ~ 3.0 mm，果皮白色，近膜质。花期 5—6 月，果期 6—7 月。

生　　境　生于田间、林缘、草地及疏林下。

分　　布　黑龙江呼玛、黑河、萝北、同江、抚远、饶河、虎林、东宁、宁安、五常、尚志、安达、大庆、肇东等地。吉林长白山和西部草原各地。辽宁宽甸、本溪、桓仁、清原、沈阳、长海、大连市区等地。内蒙古扎兰屯、科尔沁右翼中旗、科尔沁左翼中旗、科尔沁左翼后旗、扎赉特旗等

▼点地梅花（背）

▲点地梅花

地。华北和秦岭以南各省区。朝鲜、俄罗斯（西伯利亚中东部）、日本、菲律宾、越南、缅甸、印度。

采　　制　夏、秋季采收全草，洗净，晒干入药。

性味功效　味苦、辛，性微寒。有清热解毒、祛风除湿、消肿止痛的功效。

主治用法　用于咽喉肿痛、扁桃体炎、肺痈、口腔炎、急性结膜炎、目翳、头痛、牙痛、风湿、哮喘、淋浊、血崩、白带异常、疔疮肿毒、烫伤及跌打损伤等。水煎服、研末或浸酒。外用捣敷或研末掺。

用　　量　5 ~ 15 g。外用适量。

附　　方

（1）治急性扁桃体炎、咽喉炎、口腔炎：点地梅 15 g（鲜品加倍），水煎服。

（2）治咽喉肿痛、白口疮：点地梅研成极细粉末，吹在患处。

（3）治偏、正头痛，牙痛，风火赤眼：点地梅 15 ~ 50 g，水煎服。

（4）治咯血：点地梅 50 g，炕干研末，兑酒吞服。

（5）治风湿关节痛、碰伤、摔伤肿痛：点地梅 35 g，水煎服。

（6）治哮喘：鲜点地梅 50 ~ 100 g，水煎服。

◎参考文献◎

[1] 江苏新医学院．中药大辞典（下册）[M]．上海：上海科学技术出版社，1977: 2374-2375.

[2] 朱有昌．东北药用植物 [M]．哈尔滨：黑龙江科学技术出版社，1989: 869-870.

[3]《全国中草药汇编》编写组．全国中草药汇编（上册）[M]．北京：人民卫生出版社，1975: 598-599.

小点地梅 *Androsace gmelinii*（Gaertn.）Roem. et Schult.

别　　名　高山点地梅 兴安点地梅

药用部位　报春花科小点地梅的全草。

原 植 物　一年生小草本。主根细长，具少数支根。叶基生，叶片近圆形或圆肾形，直径 4 ~ 7 mm，基部心形或深心形，边缘具圆齿 7 ~ 9，两面疏被伏贴的柔毛；叶柄长 2 ~ 3 cm，被稍开展的柔毛。花葶柔弱，高 3 ~ 9 cm，被开展的长柔毛；伞形花序，具花 2 ~ 5；苞片小，披针形或卵状披针形，长 1 ~ 2 mm，先端锐尖；花梗长 3 ~ 15 mm；花萼钟状或阔钟状，长 2.5 ~ 3.0 mm，密被白色长柔毛和稀疏腺毛，分裂约达中部，裂片卵形或卵状三角形，先端锐尖，果期略开张或稍反折；花冠白色，与花萼近等长或稍伸出花萼，裂片长圆形，长约 1 mm，宽 0.5 mm，先端钝或微凹。蒴果近球形。花期 5—6 月，果期 6—7 月。

▼小点地梅植株

▲小点地梅花（侧）

▲小点地梅花

生　　境　生于河岸湿地、山地沟谷及林缘草甸等处。

分　　布　吉林松原。内蒙古海拉尔。俄罗斯（西伯利亚）、蒙古。

采　　制　夏、秋季采收全草，洗净，晒干。

性味功效　有祛风清热、消肿解毒的功效。

用　　量　适量。

◎参考文献◎

[1] 中国药材公司．中国中药资源志要 [M]．北京：科学出版社，1994:910.

[2] 江纪武．药用植物辞典 [M]．天津：天津科学技术出版社，2005:50.

▲东北点地梅居群

东北点地梅 *Androsace filiformis* Retz.

别　　名　丝点地梅

药用部位　报春花科东北点地梅的全草。

原 植 物　一年生草本。主根不发达，具多数纤维状须根。莲座状叶丛单生，直径2～8 cm；叶长圆形至卵状长圆形，长6～25 mm，先端钝或稍锐尖，基部短渐狭，边缘具稀疏

▼东北点地梅花

▼东北点地梅幼株

▲东北点地梅植株

▼东北点地梅果实

小牙齿，无毛；叶柄纤细，等长于或稍长于叶片。花葶通常3至多枚自叶丛中抽出，高2.5～15.0 cm；伞形花序多花；苞片线状披针形，长约2 mm；花梗丝状，长短不等，长2～7 cm；花萼杯状，长2.0～2.5 mm，分裂约达中部，裂片三角形，先端锐尖，具极狭的膜质边缘，无毛或有时疏被腺毛；花冠白色，直径约3 mm，筒部比花萼稍短，裂片长圆形。蒴果近球形，直径约2 mm，果皮近膜质，带白色。花期5—6月，果期6—7月。

生　　境　生于湿地、林下、荒地等处，常聚集成片生长。

分　　布　黑龙江呼玛、黑河、萝北、饶河、虎林、密山、东宁、五常、尚志、勃利等地。吉林前郭及中部以东各地。辽宁凤城、桓仁、清原、新宾、开原、沈阳、鞍山等地。内蒙古额尔古纳、根河、牙克石、鄂温克旗、阿尔山、科尔沁右翼中旗、扎赉特旗、东乌珠穆沁旗、西乌珠穆沁旗、正蓝旗、正镶白旗等地。新疆。朝鲜、俄罗斯（西伯利亚中东部）、蒙古。

采　　制　夏、秋季采收全草，除去杂质，洗净，晒干。

性味功效　味苦、辛，性寒。有清热解毒、消炎止痛的功效。

主治用法　用于咽喉痛、乳蛾、扁桃体炎、口腔溃烂、急性结膜炎、目赤、偏正头痛、牙痛、跌打损伤。水煎服。外用鲜品捣烂敷患处。

用　　量　15～20 g。外用适量。

◎参考文献◎

[1] 中国药材公司．中国中药资源志要[M]．北京：科学出版社，1994：910.

[2] 江纪武．药用植物辞典[M]．天津：天津科学技术出版社，2005：50.

▼东北点地梅花（背）

▲北点地梅群落

北点地梅 *Androsace septentrionalis* L.

别　　名　雪山点地梅

药用部位　报春花科北点地梅的全草。

原 植 物　一年生草本。主根直而细长，具少数支根。莲座状叶丛单生，直径 1 ~ 6 cm；叶倒披针形或长圆状披针形，长 5 ~ 30 mm，宽 1.5 ~ 5.0 mm，先端钝或稍锐尖，下部渐狭，中部以上边缘具稀疏牙齿。花葶一至数枚，直立，高 8 ~ 30 cm，下部略带紫红色；伞形花序多花，苞片小，钻形，长 2 ~ 3 mm；花梗长短不等，长 1.0 ~ 1.7 cm，花后伸长，至果时长 2 ~ 10 cm；花萼钟状或陀螺状，长约 2.5 mm，明显具 5 棱，分裂达全长的 1/3，裂片狭三角形，先端锐尖，颜色较筒部深；花冠白色，筒部短于花萼，裂片通常长圆形，长 1.0 ~ 1.2 mm，宽 0.6 ~ 1.0 mm。蒴果近球形，稍长于花萼。花期 5—

▲北点地梅幼株

▲北点地梅植株

6 月，果期 6—7 月。

生　境　生于路旁、山地阳坡及沟谷中等处，常聚集成片生长。

分　布　黑龙江塔河、呼玛等地。吉林延吉、龙井等地。内蒙古额尔古纳、根河、牙克石、鄂伦春旗、鄂温克旗、扎兰屯、阿尔山、科尔沁右翼前旗、克什克腾旗、东乌珠穆沁旗、西乌珠穆沁旗、正蓝旗、正镶白旗等地。河北、新疆。俄罗斯（西伯利亚）、蒙古。北美洲。

▼北点地梅花

采　制　夏、秋季采收全草，除去杂质，洗净，晒干。

性味功效　味苦、辛，性寒。有清热解毒、消肿止痛的功效。

主治用法　用于疖痛、急慢性咽喉肿痛、风火赤眼、创伤等。水煎服。外用鲜品捣烂敷患处。

用　量　15 ~ 20 g。外用适量。

◎参考文献◎

[1] 中国药材公司．中国中药资源志要 [M]．北京：科学出版社，1994: 910.

[2] 江纪武．药用植物辞典 [M]．天津：天津科学技术出版社，2005: 50.

▲大苞点地梅果实

大苞点地梅 *Androsace maxima* L.

▼大苞点地梅群落

别　　名　大果点地梅

药用部位　报春花科大苞点地梅的全草。

原 植 物　一年生草本。主根细长，具少数支根。莲座状叶丛单生；叶片狭倒卵形、椭圆形或倒披针形，长 5 ~ 15 mm，宽 2 ~ 5 mm，先端锐尖或稍钝。花葶 2 ~ 4 自叶丛中抽出，高 2.0 ~ 7.5 cm；伞形花序多花；苞片大，椭圆形或倒卵状长圆形，长 5 ~ 7 mm，宽 1.0 ~ 2.5 mm，先端钝或微尖；花梗直立，长 1.0 ~ 1.5 cm；花萼杯状，长 3 ~ 4 mm，果时增大，长可达 9 mm，分裂约达全长的 2/5；裂片三角状披针形，先端渐尖，质地稍厚，老时黄褐色；花冠白色或淡粉红色，直径

▲大苞点地梅植株

▲大苞点地梅花

3 ~ 4 mm，筒部长约为花萼的 2/3，裂片长圆形，长 1.0 ~ 1.8 mm，先端钝圆。蒴果近球形，与宿存花萼等长或稍短。花期5—6 月，果期7—8 月。

生　境　散生于山谷草地、山坡砾石地、固定沙地及丘间低地等处。

分　布　内蒙古额尔古纳、陈巴尔虎旗、新巴尔虎右旗等地。山西、陕西、宁夏、甘肃、新疆。俄罗斯（西伯利亚）。亚洲（中部）、非洲（北部）、欧洲。

采　制　夏、秋季采收全草，除去杂质，洗净，晒干。

主治用法　用于淋病、白带异常等。水煎服。

用　量　适量。

◎参考文献◎

[1] 江纪武. 药用植物辞典 [M]. 天津: 天津科学技术出版社, 2005: 50.

▲旱生点地梅花

旱生点地梅 *Androsace lehmanniana* Spreng.

别　　名　长毛点地梅　曼点点地梅

药用部位　报春花科旱生点地梅的全草。

原 植 物　多年生草本，植株由着生于根出条上的莲座状叶丛形成疏丛。根出条节间长 1 ~ 2 cm。莲座状叶丛直径通常 1 ~ 2 cm；叶呈不明显的二型，外层叶舌状长圆形，长 3 ~ 6 mm，先端钝或稍锐尖；内层叶椭圆状倒卵形至椭圆状倒披针形，干时变褐色，长 5 ~ 15 mm，宽 2.5 ~ 4.0 mm，先端钝圆，基

▲旱生点地梅幼株

▲旱生点地梅花（背）

▲旱生点地梅植株

部楔状渐狭。花葶单一，高2～7 cm；伞形花序，具花3～6，苞片狭椭圆形或披针状长圆形，长3～6 mm；花梗短于苞片或与苞片近等长；花萼钟状，长约3 mm，分裂达中部，裂片卵圆形，先端稍钝，被柔毛；花冠白色或粉红色，直径6～9 mm，裂片阔倒卵形，近全缘。蒴果近球形。花期7月，果期8月。

▲旱生点地梅群落

生　　境　生于高山苔原带及高山荒漠带上，常聚集成片生长。

分　　布　吉林长白、安图、抚松等地。新疆。朝鲜、俄罗斯、蒙古。

采　　制　夏、秋季采收全草，除去杂质，洗净，晒干。

性味功效　有利水消肿的功效。

用　　量　适量。

◎参考文献◎

[1] 江纪武. 药用植物辞典 [M]. 天津：天津科学技术出版社，2005: 50.

▲白花点地梅植株

白花点地梅 *Androsace incana* Lam.

药用部位 报春花科白花点地梅的全草。

原植物 多年生草本，植株由着生于根出条上的莲座状叶丛形成密丛。莲座状叶丛直径6 ~ 10 mm；叶近等长或内层叶较外层叶稍长，披针形、狭舌形或狭倒披针形，长3 ~ 9 mm，宽0.8 ~ 2.0 mm，先端锐尖或稍钝，质地稍厚。花葶单一，极短或高1 ~ 5 cm。花1 ~ 4生于花葶端；苞片披针形至阔线形，长3 ~ 5 mm，基部稍突起，与花梗、花萼均被白色长柔毛；花梗通常短于苞片或有时与苞片近等长；花萼钟状，长约3.5 mm，分裂近达中部，裂片狭三角形，先端锐尖或稍钝；花冠白色或淡黄色，直径5 ~ 8 mm，喉部紧缩，紫红色或黄色，有环状凸起，裂片阔倒卵形，先端近圆形或微具波状圆齿。蒴果长圆形，

▲白花点地梅花

▲白花点地梅植株（侧）

▲白花点地梅花（侧）

稍长于花萼。花期5—6月，果期6—7月。

生　　境　生于砾石质草原、石质山坡上及石质丘陵顶部等处。

分　　布　内蒙古额尔古纳、陈巴尔虎旗、新巴尔虎左旗、新巴尔虎右旗、鄂温克旗、东乌珠穆沁旗、西乌珠穆沁旗、正蓝旗、正镶白旗等地。河北、山西、陕西、宁夏、新疆。俄罗斯（西伯利亚）、蒙古。

采　　制　夏、秋季采收全草，除去杂质，洗净，鲜用或晒干。

性味功效　有除湿利尿的功效。

用　　量　15～25 g。外用适量。

◎参考文献◎

[1] 江纪武．药用植物辞典[M]．天津：天津科学技术出版社，2005: 50.

▲西藏点地梅群落

西藏点地梅 *Androsace mariae* Kanitz

药用部位 报春花科西藏点地梅的全草。

原 植 物 多年生草本，高 5 ~ 15 cm。主根粗壮，黄褐色。茎短缩或近无茎，多数少分枝，形成密丛。单数羽状复叶，长 4 ~ 11 cm，具小叶 13 ~ 15；托叶膜质，卵形或三角状披针形，先端渐尖，小叶卵形至披针形，长 5 ~ 12 mm，宽 3 ~ 5 mm，先端渐尖。总状花序近头状，长 2 ~ 3 cm，具花 5 ~ 9；苞片宽椭圆形，两端尖，较萼短；花萼筒状，长 9 ~ 12 mm，宽 4 ~ 5 mm，萼齿披针形，长 2.5 ~ 3.5 mm；花冠蓝紫色、紫红色或天蓝色，旗瓣长 20 ~ 25 mm，瓣片倒卵状矩圆形或矩圆形，先端微凹，中部以下渐狭，翼瓣长 18 ~ 20 mm，瓣片矩圆状倒卵形，先端钝，爪与瓣片近等长，龙骨瓣长约 17 mm，爪较瓣片长 1.5 ~ 2.0 倍，喙长约 2 mm。荚果卵状矩圆形，长 1.5 ~ 2.0 cm，膨胀，先端具短喙。花期 6—7 月，果期 7—9 月。

生　　境 生于山坡草地、林缘及沙石地上。

分　　布 内蒙古西乌珠穆沁旗。山西、宁夏、甘肃、青海、四川、西藏等。

采　　制 夏、秋季采收全草，洗净，晒干。

性味功效 味苦、辛，性寒。有清热解毒、除湿利尿、止痒、消炎止痛的功效。

▲西藏点地梅花（背）

▲西藏点地梅花

▲西藏点地梅植株（花淡粉色）

主治用法 用于咽喉肿痛、扁桃体炎、乳蛾、口腔炎、口疮、目赤、急性结膜炎、偏正头痛、牙痛、跌打损伤等。水煎服。

用　　量 9 ~ 15 g。

◎参考文献◎

[1] 江纪武. 药用植物辞典 [M]. 天津：天津科学技术出版社，2005: 50.

[2] 赵一之，赵利清，曹瑞. 内蒙古植物志 [M]. 3 版. 呼和浩特：内蒙古人民出版社，2020: 32-33.

▼西藏点地梅植株

▲海乳草植株

海乳草属 *Glaux* L.

海乳草 *Glaux maritima* L.

▼海乳草果实

药用部位 报春花科海乳草的全草。

原 植 物 多年生草本。茎高 3 ~ 25 cm，直立或下部匍匐。叶近于无柄，交互对生或有时互生，间距极短，或有时稍疏离，近茎基部的 3 ~ 4 对鳞片状，膜质，上部叶肉质，线形、线状长圆形或近匙形，长 4 ~ 15 mm，宽 1.5 ~ 5.0 mm，先端钝或稍锐尖，基部楔形，全缘。花单生于茎中上部叶腋；花梗长可达 1.5 mm，有时极短，不明显；花萼钟形，白色或粉红色，花冠状，长约 4 mm，分裂达中部，裂片倒卵状长圆形，宽 1.5 ~ 2.0 mm，先端圆形；雄蕊 5，稍短于花萼；子房卵珠形，上半部密被小腺点，花柱与雄蕊等长或稍短。蒴果卵状球形，长 2.5 ~ 3.0 mm，先端稍尖，略呈喙状。花期 6 月，果期 7—8 月。

生　　境 生于河漫滩盐碱地、沼泽草甸中及海岸等处，常聚集成片生长。

分　　布 黑龙江安达、泰来、大庆市区、杜尔伯特、林甸、肇东、肇源等地。吉林镇赉、通榆、洮南、前郭、大安、长岭、双辽等地。辽宁建平、彰武等地。内蒙古科尔沁右翼中旗、科尔沁左翼中旗、

▲海乳草群落

科尔沁左翼后旗、扎赉特旗、扎鲁特旗、克什克腾旗、巴林左旗、巴林右旗、翁牛特旗、阿鲁科尔沁旗、东乌珠穆沁旗、西乌珠穆沁旗、苏尼特左旗、苏尼特右旗、阿巴嘎旗、正蓝旗、镶黄旗、正镶白旗、太仆寺旗等地。河北、山东、陕西、四川、甘肃、新疆、青海、西藏。俄罗斯（西伯利亚）、日本。欧洲、北美洲。

采　　制　夏、秋季采收全草，切段，洗净，晒干。

性味功效　有清热解毒的功效。

用　　量　适量。

▼海乳草花（侧）

▼海乳草花

◎参考文献◎

[1] 中国药材公司．中国中药资源志要[M]．北京：科学出版社，1994：911．

[2] 江纪武．药用植物辞典[M]．天津：天津科学技术出版社，2005：359．

▲黄连花群落

▲黄连花幼苗

珍珠菜属 *Lysimachia* L.

黄连花 *Lysimachia davurica* Ledeb.

别　　名　黄花珍珠菜

俗　　名　狗尾巴梢

药用部位　报春花科黄连花的干燥全草（入药称“黄莲花”）。

原 植 物　多年生草本。株高 40 ~ 80 cm，具横走的根状茎。茎直立。

▼市场上的黄连花幼株

▼黄连花植株

▲黄连花果实

▼黄连花花（侧）

叶对生或3～4轮生，椭圆状披针形至线状披针形，长4～12 cm，宽5～40 mm，先端锐尖至渐尖。总状花序顶生，通常复出而成圆锥花序；苞片线形；花梗长7～12 mm；花萼长约3.5 mm，分裂近达基部，裂片狭卵状三角形；花冠深黄色，长约8 mm，分裂近达基部，裂片长圆形，先端圆钝，有明显脉纹，内面密布淡黄色小腺体；雄蕊比花冠短，花丝基部合生成高约1.5 mm的筒，分离部分长2～3 mm，密被小腺体；花药卵状长圆形；花粉粒具3孔沟；子房无毛，花柱长4～5 mm。蒴果褐色，直径2～4 mm。

▼黄连花花（背）

▼黄连花花（6瓣）

花期 7—8 月，果期 8—9 月。

生　　境　生于草甸、河岸、林缘及灌丛中。

分　　布　黑龙江塔河、呼玛、黑河、嘉荫、萝北、饶河、虎林、密山、五常、尚志、伊春市区、安达、泰来、肇东等地。吉林长白山及西部草原各地。辽宁丹东市区、宽甸、凤城、清原、新宾、本溪、鞍山市区、海城、大连、康平、彰武等地。内蒙古额尔古纳、根河、牙克石、鄂伦春旗、鄂温克旗、阿尔山、科尔沁右翼中旗、扎鲁特旗、克什克腾旗、东乌珠穆沁旗、西乌珠穆沁旗等地。山东、江苏、浙江、云南。朝鲜、俄罗斯（西伯利亚中东部）、日本。

采　　制　夏、秋季采收全草，切段，洗净，晒干。

性味功效　味酸、涩，性微寒。有镇静降压、消炎止血的功效。

主治用法　用于高血压、失眠、头痛、喉炎、口腔溃疡、痢疾、腹泻、子宫脱垂、淋巴结结核、跌打损伤、狗咬伤。水煎服。外用研末调敷或捣烂敷患处。

用　　量　15 ~ 25 g。

▲黄连花幼株

▼黄连花花序

附　　方

（1）治高血压、失眠：黄连花 25 g，水煎服，每日 2 次。

（2）治咽喉肿痛、口腔溃疡：黄连花适当水煎，含漱。

◎参考文献◎

[1] 江苏新医学院．中药大辞典（下册）[M]．上海：上海科学技术出版社，1977: 2062.

[2] 朱有昌．东北药用植物 [M]．哈尔滨：黑龙江科学技术出版社，1989: 873-874.

[3] 钱信忠．中国本草彩色图鉴（第四卷）[M]．北京：人民卫生出版社，2003: 552-553.

▼黄连花花

▼黄连花花（7 瓣）

▲狼尾花居群

▼狼尾花幼株

狼尾花 *Lysimachia barystachys* Bge.

别　　名　狼尾草　狼尾珍珠菜　重穗排草　垂穗排草　重穗珍珠菜　血经草

俗　　名　狗尾巴　狗尾巴酸　狗尾巴酸浆　酸娘娘

药用部位　报春花科狼尾花的干燥全草（入药称“狼尾巴花”）。

原 植 物　多年生草本，具横走的根状茎。茎直立，高30～100cm。叶互生或近对生，长圆状披针形、倒披针形至线形，长4～10cm。总状花序顶生，花密集，常转向一侧；花序轴长4～6cm；苞片线状钻形，花梗长4～6mm；花萼长3～4mm，分裂近达基部，裂片长圆形，周边膜质，顶端圆形，略呈啮蚀状；花冠白色，长7～10mm，基部合生部分长约2mm，裂片舌状狭长圆形，宽约2mm；雄蕊内藏，花丝基部约1.5mm连合并贴生于花冠基部，分离部分长约3mm；花药椭圆形，长约1mm；花粉粒具3孔沟，长球形，表面近于平滑；花柱短，长3.0～3.5mm。蒴果球形，直径2.5～4.0mm。花期7—8月，果期8—9月。

生　　境　生于草甸、沙地、路旁及灌丛间等处。

分　　布　黑龙江黑河、孙吴、嘉荫、萝北、饶河、虎林、密山、东宁、宁安、绥芬河、大庆市区、杜尔伯特、肇东等地。吉林长白山各地和西部草原。辽宁丹东市区、宽甸、凤城、本溪、桓仁、抚顺、清原、新宾、西丰、盖州、鞍山市区、庄河、大连市区、锦州市区、北镇、义县、凌源、建昌、建平、绥中等地。内蒙古根河、鄂伦春旗、

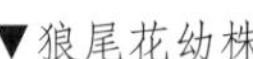

▲狼尾花植株

鄂温克旗、科尔沁右翼中旗、扎鲁特旗、扎赉特旗、科尔沁左翼后旗、东乌珠穆沁旗、西乌珠穆沁旗等地。河北、山西、陕西、湖北、河南、安徽、山东、江苏、浙江、四川、贵州、甘肃、云南等。朝鲜、俄罗斯、日本。

采　　制　夏、秋季采收全草，洗净，鲜用或晒干。

性味功效　味酸、微苦，性平。有调经散瘀、清热消肿、活血利尿的功效。

主治用法　用于月经不调、痛经、血崩、白带异常、小便不利、功能性子宫出血、风热感冒、咽喉肿痛、肺痈、跌打损伤、乳腺炎、疮疖、刀伤等。水煎服，浸酒服或捣汁服。外用鲜草捣烂敷或研末撒敷患处。

▲狼尾花花序

▼狼尾花花（侧）

用　　量　15 ~ 25 g。外用适量。

附　　方

（1）治疗月经不调、痛经：狼尾巴花 50 g，水煎，兑黄酒 50 ml 内服。又方：狼尾巴花、益母草各 15 g，月季花、马

鞭草各 10 g，水煎服。

（2）治白带异常：狼尾巴花 15 g，马齿苋 12 g，四叶葎 9 g，水煎服。

（3）治跌打损伤：狼尾巴花 50 g，水酒各半煎服。外用狼尾巴花、葱白、酒糟各适量，捣烂炒热敷患处。

（4）治小儿发热：狼尾巴花、灶心土各 15 g，白茅根、淡竹叶各 10 g，水煎服。

（5）治咽喉肿痛：鲜狼尾巴花、鲜马兜铃根各 15 g。切碎，加开水适量，捣汁服。

（6）治乳痈：狼尾巴花 25 g，葱白 7 个，酒水各半煎服。

（7）治腰扭伤、风湿性关节炎、跌打损伤：狼尾巴花 100 g，泡酒 500 ml，5 ~ 7 d 后取服。每次 5 ~ 10 ml，每日 2 次。

◎参考文献◎

[1] 江苏新医学院．中药大辞典（下册）[M]．上海：上海科学技术出版社，1977：1902.

[2] 朱有昌．东北药用植物 [M]．哈尔滨：黑龙江科学技术出版社，1989：870-871.

[3] 钱信忠．中国本草彩色图鉴（第四卷）[M]．北京：人民卫生出版社，2003：103-104.

▲狼尾花果实

▼狼尾花花

▲矮桃居群

▼矮桃幼苗

矮桃 *Lysimachia clethroides* Duby

别　　名　珍珠菜　山柳珍珠叶　山柳珍珠菜　虎尾珍珠菜　狼尾珍珠菜

俗　　名　狼尾巴　狼尾巴酸浆　红根草　过路红

药用部位　报春花科矮桃的根及全草（入药称“珍珠菜”）。

原 植 物　多年生草本。根状茎横走，淡红色。茎直立，高 40 ~ 100 cm，圆柱形，基部带红色。叶互生，长椭圆形或阔披针形，长 6 ~ 16 cm。总状花序顶生，盛花期长约 6 cm，花密集，常转向一侧，后渐伸长，果时长 20 ~ 40 cm；苞片线状钻形，比花梗稍长；花梗长 4 ~ 6 mm；花萼长 2.5 ~ 3.0 mm，分裂近达基部，裂片卵状椭圆形；花冠白色，长 5 ~ 6 mm，基部合生部分长约 1.5 mm，裂片狭长圆形，先端圆钝；雄蕊内藏，花丝基部约 1 mm 连合并贴生于花冠基部；花药长圆形，长约 1 mm；花粉粒具 3 孔沟；子房卵珠形，花柱稍粗，长 3.0 ~ 3.5 mm。蒴果近球形，直径 2.5 ~ 3.0 mm。花期 6—7 月，果期 8—9 月。

生　　境　生于林缘、山坡及杂木林下。

分　　布　吉林辉南、柳河、靖宇、长白、抚松、安图、临江、

▲矮桃植株

▲矮桃花序（直立）

▲矮桃花序（平展）

通化、集安等地。辽宁宽甸、凤城、本溪、桓仁、清原、新宾、岫岩等地。华北及长江以南各地。朝鲜、日本、蒙古、俄罗斯（西伯利亚中东部）。

采　制　春、秋季采挖根，除去泥土，洗净，晒干。夏、秋季采收全草，除去杂质，切段，洗净，鲜用或晒干。

性味功效　味辛、微涩，性平。有清热解毒、活血调经、利水消肿、健脾和胃的功效。

主治用法　用于月经不调、带下病、小儿疳积、水肿、痢疾、风湿性关节炎、跌打损伤、咽喉痛、乳痈、衄血、乳腺炎、急性淋巴结炎、石淋、胆囊炎、毒蛇咬伤、疖肿等。水煎服。外用适量煎水洗或捣烂敷患处。

用　量　25 ~ 50 g。外用适量。

附　方

（1）治月经不调：珍珠菜根、益母草各 15 g，月月红、马鞭草各 10 g，水煎服。

（2）治白带异常、痢疾：珍珠菜 250 g，水煎服。

（3）治小儿疳积：珍珠菜根 50 g，鸡蛋 1 个，水煮，服汤吃蛋。

（4）治跌打损伤：珍珠菜根、马兰根各 25 g，酒水各半煎服。

（5）治乳腺炎：珍珠菜根 25 g，葱白 7 个，酒水各半煎服。

（6）治急性淋巴管炎：鲜珍珠菜捣烂外敷。

◎参考文献◎

[1] 江苏新医学院．中药大辞典（下册）[M]．上海：上海科学技术出版社，1977: 1498.

[2] 朱有昌．东北药用植物 [M]．哈尔滨：黑龙江科学技术出版社，1989: 871-872.

[3] 《全国中草药汇编》编写组．全国中草药汇编（上册）[M]．北京：人民卫生出版社，1975: 578-579.

▲矮桃花（侧）

▼矮桃幼株

▲矮桃果穗

▼矮桃果实

▲狭叶珍珠菜植株

狭叶珍珠菜 *Lysimachia pentapetala* Bge.

药用部位 报春花科狭叶珍珠菜的全草。

原 植 物 一年生草本。茎直立，高30 ~ 60 cm。叶互生，狭披针形至线形，长2 ~ 7 cm，宽2 ~ 8 mm。总状花序顶生，初时因花密集而呈圆头状，后渐伸长，果时长4 ~ 13 cm；苞片钻形。长5 ~ 6 mm；花梗长5 ~ 10 mm；花萼长2.5 ~ 3.0 mm，下部合生达全长的1/3或近1/2，裂片狭三角形，边缘膜质；花冠白色，长约5 mm，基部合生仅0.3 mm，近于分离，裂片匙形或倒披针形，先端圆钝；雄蕊比花冠短，花丝贴生于花冠裂片的近中部，分离部分长约0.5 mm；花药卵圆形，长约1 mm；花粉粒具3孔沟，长球形，表面具网状纹饰；子房无毛，花柱长约2 mm。蒴果球形，直径2 ~ 3 mm。花期7—8月，果期8—9月。

生　　境 生于山坡荒地、路旁、田边及疏林下等处。

分　　布 辽宁大连市区、瓦房店、庄河、盖州、绥中、凌源等地。河北、山西、安徽、山东、陕西、河南、湖北、四川、甘肃。朝鲜。

采　　制 夏、秋季采收全草，除去

▼狭叶珍珠菜果实

▼狭叶珍珠菜花（背）

▲狭叶珍珠菜居群

▲狭叶珍珠菜幼苗

杂质，切段，洗净，鲜用或晒干。

性味功效 味辛、涩，性平。有祛风解毒、消肿的功效。

用　　量 适量。

◎参考文献◎

[1] 中国药材公司. 中国中药资源志要 [M]. 北京：科学出版社，1994: 917.

[2] 江纪武. 药用植物辞典 [M]. 天津：天津科学技术出版社，2005: 489.

▲狭叶珍珠菜花序

▲狭叶珍珠菜花

▲樱草植株（花深粉色）

▲樱草幼苗

▼樱草果实

报春花属 *Primula* L.

樱草 *Primula sieboldii* E. Morren

别　　名　翠南报春　樱草报春　翠蓝报春

俗　　名　翠兰花　野白菜　癞棘疤子花　鸡屁眼子花　小猫眼花　老母猪花　老母猪哼哼

药用部位　报春花科樱草的根。

原 植 物　多年生草本。根状茎倾斜或平卧。叶 3 ～ 8 丛生，叶片卵状矩圆形至矩圆形，长 4 ～ 10 cm，宽 2 ～ 7 cm，先端钝圆，基部心形，边缘圆齿状浅裂；叶柄长 4 ～ 18 cm。花葶高 12 ～ 30 cm；伞形花序顶生，具花 5 ～ 15；苞片线状披针形，长 4 ～ 10 mm；花梗长 4 ～ 30 mm，被毛同苞片；花萼钟状，长 6 ~ 8 mm；花冠紫红色至淡红色，稀白色，冠筒长 9 ~ 13 mm，冠檐直径 1 ～ 3 cm，裂片倒卵形，先端 2 深裂，小裂片全缘或具小圆齿；长花柱花：雄蕊着生处稍低于冠筒中部，花柱长近达冠筒口；短花柱花：雄蕊顶端接近冠筒口，花柱略超过冠筒中部。蒴果近球形，长约为花萼的一半。花期 5 月，果期 6 月。

生　　境　生于湿地、沼泽化草甸及湿草地等处，常聚集成片生长。

▲樱草植株（花淡粉色）

▼樱草花（背）

▼樱草花

分　　布　黑龙江塔河、黑河、嘉荫、萝北、饶河、虎林、东宁、宁安、五常、尚志、勃利、铁力等地。吉林长白山各地及洮南。辽宁丹东市区、宽甸、凤城、本溪、桓仁、新宾等地。内蒙古额尔古纳、牙克石、鄂伦春旗、科尔沁右翼前旗、扎鲁特旗等地。朝鲜、俄罗斯（西伯利亚）、日本。

采　　制　春、秋季采挖根，除去泥土，洗净，晒干。

性味功效　味甘，性平。有止咳化痰、平喘的功效。

主治用法　用于上呼吸道感染、痰喘咳嗽、咽炎、支气管炎等。水煎服。

用　　量　10 ~ 15 g。

附　　方　治咳嗽：樱草根 15 g，水煎服。

▲樱草群落

▲樱草幼株

◎参考文献◎

[1] 江苏新医学院．中药大辞典（下册）[M]．上海：上海科学技术出版社，1977：2590-2591.

[2] 朱有昌．东北药用植物 [M]．哈尔滨：黑龙江科学技术出版社，1989：874-875.

[3] 钱信忠．中国本草彩色图鉴（第五卷）[M]．北京：人民卫生出版社，2003：419-420.

▼樱草花（白色）

▲樱草植株（花白色）

▲肾叶报春花序

▲肾叶报春植株

肾叶报春 *Primula loeseneri* Kitag.

别　　名　心叶报春 鸭绿报春

药用部位　报春花科肾叶报春的全草。

原 植 物　多年生草本，具粗短根状茎。叶 2 ~ 3 丛生；叶片肾圆形至近圆形，长 5 ~ 15 cm，基部心形，边缘 7 ~ 9 浅裂，裂片三角形；叶脉掌状，基出或近于基出；叶柄长 8 ~ 30 cm。花葶高 25 ~ 50 cm；伞形花序通常 2 轮，每轮花 2 ~ 8；苞片线状披针形，长 4 ~ 9 mm；花梗长 3 ~ 12 mm；花萼钟状，长 6 ~ 10 mm，分裂达全长的 1/2 ~ 3/4，裂片披针形；花冠红紫色，冠筒口周围绿黄色，冠筒长 1.2 ~ 1.3 cm，冠檐直径 1.0 ~ 1.5 mm，裂片倒卵形，先端具深凹缺；长花柱花：雄蕊着生于冠筒中部，花柱长约 8 mm，接近筒口；短花柱花：雄蕊接近冠筒口，花柱长约 4 mm。蒴果椭圆体状。花期 5—6 月，果期 6—7 月。

生　　境　生于林下及林缘等处。

分　　布　辽宁宽甸、本溪、凤城等地。山东。朝鲜、日本。

采　　制　春、秋季采收全草，除去杂质，洗净，晒干。

性味功效　有清热除湿、淋浊带下、排毒生肌的功效。

用　　量　适量。

◎参考文献◎

[1] 江纪武. 药用植物辞典 [M]. 天津：天津科学技术出版社，2005: 647.

▲肾叶报春花（侧）

▲裸报春花序

▼裸报春花序（白色）

粉报春 *Primula farinosa* L.

别　　名　黄报春　红花粉叶报春

药用部位　报春花科粉报春的全草。

原 植 物　多年生草本。叶多数，形成较密的莲座丛，叶片矩圆状倒卵形、窄椭圆形或矩圆状披针形，长1～7 cm，宽0.3～4.0 mm，先端近圆形或钝，下面被青白色或黄色粉。花葶稍纤细，高3～15 cm；伞形花序顶生，通常多花；苞片多数，狭披针形或先端渐尖成钻形；花梗长3～15 mm；花萼钟状，长4～6 mm，具5棱，内面通常被粉；花冠淡紫红色，冠筒口周围黄色，冠筒长5～6 mm，冠檐直径8～10 mm，裂片楔状倒卵形，先端2深裂；长花柱花；雄蕊着生于冠筒中部，花柱长约3 mm；短花柱花；雄蕊着生于冠筒中上部，花

▲粉报春植株

柱长约 1.2 mm。蒴果筒状，长 8 ~ 7 mm，长于花萼。花期 6—7 月，果期 7—8 月。

生　境　生于亚高山岳桦林下岩石缝中、高山苔原带、低湿地草甸、沼泽化草甸、亚高山草甸及沟谷灌丛中等处。

分　布　黑龙江黑河。吉林长白、抚松、安图。内蒙古额尔古纳、鄂伦春旗、鄂温克旗、科尔沁右翼前旗、克什克腾旗、东乌珠穆沁旗、西乌珠穆沁旗等地。甘肃、新疆、西藏。朝鲜、俄罗斯、蒙古、日本。欧洲。

▼粉报春花

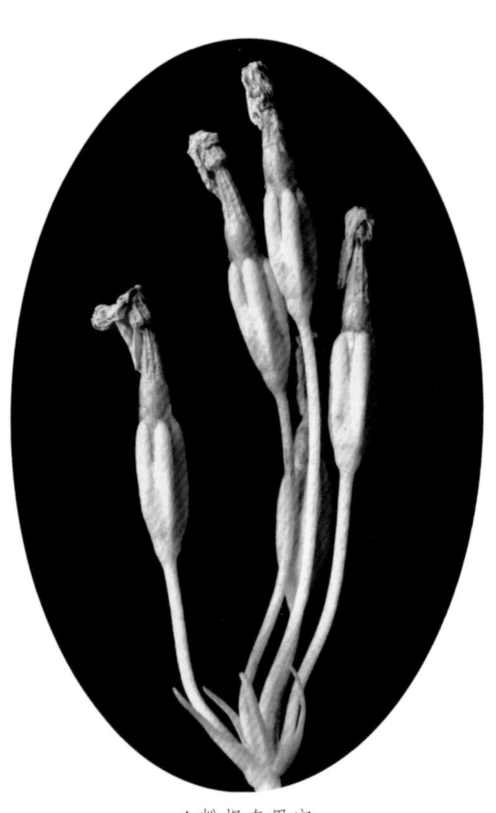

▲粉报春果实

▲裸报春群落

▲粉报春花（背）

▲粉报春幼株

采　制　夏、秋季采挖全草，除去杂质，洗净，晒干。

性味功效　有消肿愈疮、解毒的功效。

主治用法　用于痈疖、创伤等。外用捣烂敷患处或研末调敷。

用　量　适量。

附　注　粉报春有 1 变种：

裸报春 var. *denudata* Koch.，叶背面无粉状物，其他与原种同。

◎参考文献◎

[1] 中国药材公司 . 中国中药资源志要 [M]. 北京：科学出版社，1994: 919-920.

[2] 江纪武 . 药用植物辞典 [M]. 天津：天津科学技术出版社，2005: 647.

▲裸报春植株

▲箭报春居群

▲箭报春花序

▼箭报春花序（白色）

箭报春 *Primula fistulosa* Turkev.

药用部位 报春花科箭报春的全草。

原 植 物 多年生草本。根状茎极短，具多数须根。叶丛稍紧密，叶片矩圆形至矩圆状倒披针形，长 2 ~ 13 cm。花葶粗壮，中空，呈管状，直径 4 ~ 6 mm，高 5 ~ 20 cm；伞形花序通常多花，密集呈球状；苞片多数，矩圆状卵形或卵状披针形，长 3.0 ~ 6.5 mm，先端多少锐尖，基部增宽并稍膨胀；花梗等长，通常长 8 ~ 15 mm；花萼钟状或杯状，裂片矩圆状披针形，先端锐尖；花冠玫瑰红色或红紫色，冠筒长 6 ~ 7 mm，冠檐直径 8 ~ 14 mm，裂片倒卵形，先端 2 深裂；长花柱花：雄蕊着生于冠筒中部，花柱长达冠筒口；短花柱花：雄蕊着生于冠筒中上部，花柱长约 1.5 mm。蒴果球形。花期 5—6 月，果期 6—7 月。

生　　境 生于低湿草甸及富含腐殖质的沙质草地上。

分　　布 黑龙江北安、鹤岗等地。吉林珲春、龙井、集安等地。辽宁桓仁。内蒙古牙克石、扎兰屯、东乌珠穆沁旗、西乌珠穆沁旗等地。朝鲜、俄罗斯（西伯利亚中东部）、蒙古。

采　　制 春、秋季采收全草，除去杂质，洗净，晒干。

性味功效 有清热解毒的功效。

用　　量 适量。

▲箭报春植株

▲箭报春植株（花白色）

◎参考文献◎

[1] 江纪武．药用植物辞典 [M]．天津：天津科学技术出版社，2005: 647.

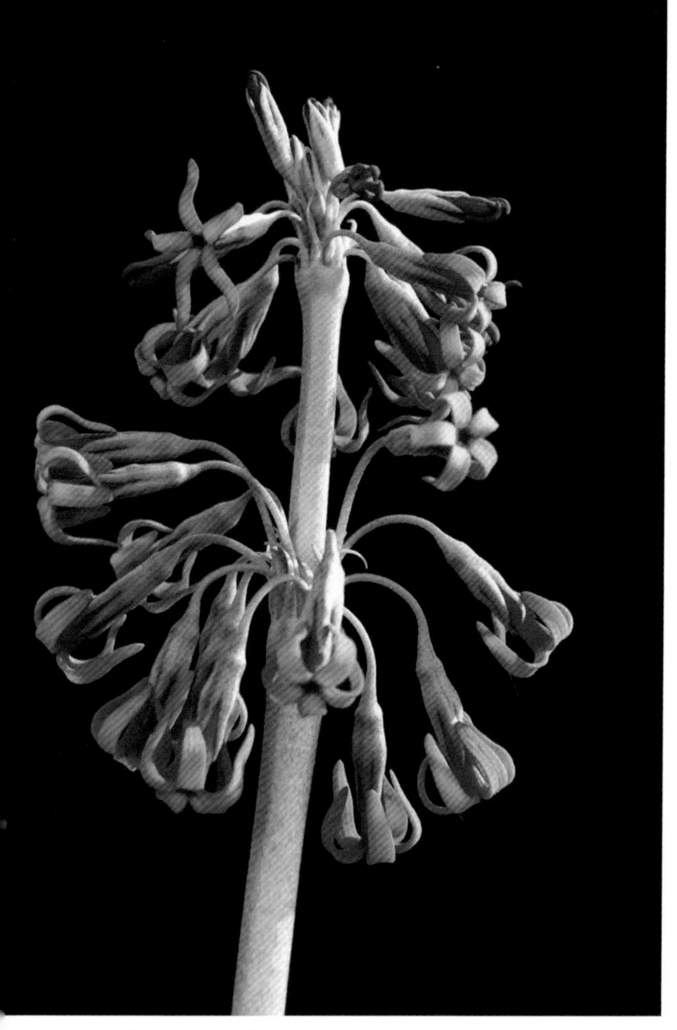

▲胭脂花花序（橙色）

▲胭脂花花序（黄色）

胭脂花 *Primula maximowiczii* Regel

别　　名　段报春　胭脂报春

俗　　名　鸡屁眼子花　光棍花

药用部位　报春花科胭脂花的全草。

原 植 物　多年生草本。根状茎短，具多数长根。叶丛基部无鳞片。叶倒卵状椭圆形、狭椭圆形至倒披针形，连柄长 3 ~ 27 cm；叶柄具膜质宽翅。花葶稍粗壮，高 20 ~ 60 cm；伞形花序 1 ~ 3 轮，几每轮花 6 ~ 20；苞片披针形，长 37 mm，先端渐尖，基部互相连合；花梗长 1 ~ 4 cm；花萼狭钟状，长 6 ~ 10 mm；花冠暗朱红色，冠筒管状，裂片狭矩圆形，长 4 ~ 8 mm，宽 2.5 ~ 3.0 mm，全缘；长花柱花：冠筒长 11 ~ 13 mm，雄蕊着生于冠筒中下部，距基部 4 ~ 5 mm，花柱长近达冠筒口；短花柱花：冠筒长 4 ~ 19 mm，雄蕊着生于冠筒上部，花药顶端距筒口约 2 mm，花柱长 34 mm。蒴

▼胭脂花花序（鲜红色）

▲胭脂花群落

▼胭脂花果实

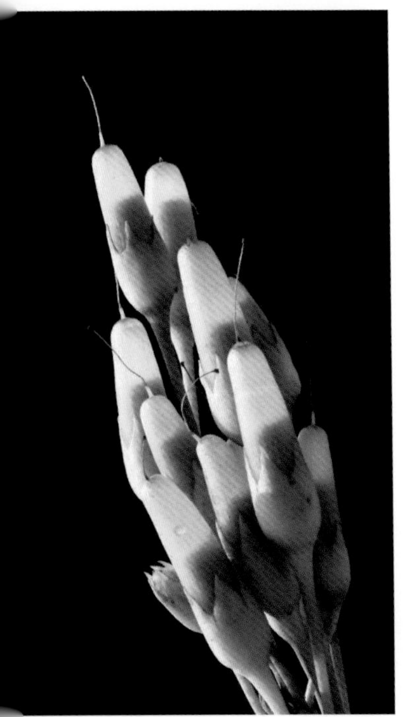

果稍长于花萼。花期6—7月，果期8月。

生　　境　生于林下、林缘湿润处及高山草甸上。

分　　布　吉林前郭、通榆、洮南等地。内蒙古鄂伦春旗、阿尔山、科尔沁右翼前旗、克什克腾旗、东乌珠穆沁旗、西乌珠穆沁旗等地。河北、山西、陕西、青海。俄罗斯（西伯利亚中东部）、蒙古。

采　　制　春、秋季采收全草，除去杂质，洗净，晒干。

性味功效　有清热解毒、止痛、祛风的功效。

主治用法　用于癫痫、头痛、风湿痹痛、关节疼痛、筋骨疼痛。水煎服。

用　　量　适量。

◎参考文献◎

[1] 中国药材公司. 中国中药资源志要[M]. 北京：科学出版社，1994:921.

[2] 江纪武. 药用植物辞典[M]. 天津：天津科学技术出版社，2005:648.

▲胭脂花植株

▲胭脂花花序（绯红色）

▲胭脂花幼株

▲天山报春居群

天山报春 *Primula nutans* Georgi

别　　名　西伯利亚报春　伞报春

药用部位　报春花科天山报春的全草。

原 植 物　多年生草本。根状茎短小，具多数须根。叶片卵形、矩圆形或近圆形，长 0.5 ~ 3.0 cm；

▼天山报春花（背）

▼天山报春花（白色）

叶柄稍纤细，通常与叶片近等长。花葶高 2 ~ 25 cm；伞形花序，具花 2 ~ 10；苞片矩圆形；花梗长 0.5 ~ 4.5 cm；花萼狭钟状，长 5 ~ 8 mm，具 5 棱，外面通常有褐色小腺点，基部稍收缩；花冠淡紫红色，冠筒口周围黄色，冠筒长 6 ~ 10 mm，喉部具环状附属物，冠檐直径 1 ~ 2 cm，裂片倒卵形，先端 2 深裂；长花柱花：雄蕊着生于冠筒中部，花柱微伸出筒口；短花柱花：雄蕊着生于冠筒上部，花药顶端微露出筒口，花柱长略超过冠筒中部。蒴果筒状，长 7 ~ 8 mm，顶端 5 浅裂。花期 5—6 月，果期 7—8 月。

生　　境　生于湿草地及草甸中。

分　　布　黑龙江漠河、塔河、呼玛等地。内蒙古额尔古纳、科尔沁右翼前旗、阿尔山、扎鲁特旗、东乌珠穆沁旗、西乌珠穆沁旗等地。四川、甘肃、青海、新疆。俄罗斯（西伯利亚）、美国（阿拉斯加）。欧洲（北部）。

采　　制　春、秋季采收全草，除去杂质，洗净，晒干。

性味功效　有清热解毒、止血止痛的功效。

用　　量　适量。

附　　注　花入药，有消肿、益疮的功效。

◎参考文献◎

[1] 中国药材公司 . 中国中药资源志要 [M]. 北京：科学出版社，1994: 921.

[2] 江纪武 . 药用植物辞典 [M]. 天津：天津科学技术出版社，2005: 648.

▲天山报春植株

▲天山报春花

▲天山报春群落

▲七瓣莲群落

▼七瓣莲植株

七瓣莲属 *Trientalis* L.

▲七瓣莲果实

七瓣莲 *Trientalis europaea* L.

别　　名　七瓣花

药用部位　报春花科七瓣莲的全草。

原 植 物　多年生草本。根状茎纤细，横走。茎直立，高 5 ~ 25 cm。叶 5 ~ 10 聚生茎端呈轮生状，叶片披针形至倒卵状椭圆形，长 2 ~ 7 cm，宽 1.0 ~ 2.5 cm，先端锐尖或稍钝，

▼七瓣莲花（背）

▲七瓣莲花（淡粉色）

▲七瓣莲花（8 瓣）

基部楔形至阔楔形；茎下部叶极稀疏，通常仅 1 ~ 3，甚小，长 3 ~ 7 mm，宽 1 ~ 2 mm，或呈鳞片状。具花 1 ~ 3，单生于茎端叶腋；花梗纤细，长 2 ~ 4 cm；花萼分裂近达基部，裂片线状披针形，长 4 ~ 7 mm；花冠白色，比花萼约长 1 倍，裂片椭圆状披针形，先端锐尖或具骤尖头；雄蕊比花冠稍短，长 4 ~ 5 mm；子房球形，花柱约与雄蕊等长。蒴果直径 2.5 ~ 3.0 mm，比宿存花萼短。花期 5—6 月，果期 7 月。

生　境　生于阴湿针叶林或针阔叶混交林及次生阔叶林下较密的灌丛中。

分　布　黑龙江漠河、塔河、呼玛、黑河、嘉荫、萝北、伊春市区、勃利、铁力、尚志、五常、海林、东宁、宁安等地。吉林安图、抚松、长白、柳河、和龙、临江、靖宇、敦化、汪清、辉南等地。辽宁宽甸、桓仁等地。内蒙古额尔古纳、牙克石、鄂伦春旗、阿尔山、科尔沁右翼前旗、扎鲁特旗、东乌珠穆沁旗、西乌珠穆沁旗等地。河北。欧亚大陆和北美洲的亚寒带地区。

采　制　春、秋季采收全草，除去杂质，洗净，晒干。

性味功效　有清热解毒的功效。

用　量　适量。

▲七瓣莲花（双花）

▼七瓣莲花（三花）

▲七瓣莲花（6 瓣）

◎参考文献◎

[1] 中国药材公司．中国中药资源志要 [M]．北京：科学出版社，1994: 921.

[2] 江纪武．药用植物辞典 [M]．天津：天津科学技术出版社，2005: 648.

▲内蒙古自治区科尔沁右翼前旗乌兰毛都草原夏季景观

▲驼舌草植株

白花丹科 Plumbaginaceae

本科共收录 2 属、5 种。

驼舌草属 *Goniolimon* Boiss.

驼舌草 *Goniolimon speciosum*（L.）Boiss.

▲驼舌草花

别　　名 棱枝草 刺叶叽松

药用部位 白花丹科驼舌草的全草。

原 植 物 多年生草本，高 10 ~ 50 cm。叶基生，倒卵形、长圆状倒卵形至卵状倒披针形或披针形，长2.5 ~ 6.0 cm，宽 1 ~ 3 cm，先端常为短渐尖或急尖。花序呈伞房状或圆锥状；花序轴下部圆柱状，通常在上半部有二至三回分枝，主轴在分枝以上处以及各分枝上有明显的棱或

▲驼舌草植株（侧）

▲驼舌草果穗

▲驼舌草幼株

▼驼舌草花（侧）

窄翅而呈二棱形或三棱形；穗状花序列于各级分枝的上部和顶端，由 5 ~ 11 小穗排成紧密的覆瓦状 2 列而成；小穗含花 2 ~ 4；外苞长 7 ~ 8 mm，宽卵形至椭圆状倒卵形，先端具一宽厚渐尖的草质硬尖，第一内苞与外苞相似，但先端常具 2 ~ 3 硬尖；萼长 6 ~ 8 mm，萼筒直径约 1 mm，几全部或下半部被毛，萼檐裂片无齿牙，先端钝或略近急尖，有时具不明显的间生小裂片，脉常紫褐色，不达于萼檐中部；花冠紫红色。花期 6—7 月，果期 7—8 月。

生　境　生于草原带及森林草原带的石质丘陵山坡或平原上。

分　布　内蒙古满洲里、新巴尔虎右旗、东乌珠穆沁旗、阿巴嘎旗等地。新疆。蒙古、俄罗斯（西伯利亚）。亚洲（中部）、欧洲等。

采　制　夏、秋季采收全草，除去杂质，洗净，鲜用或晒干。

附　注　本种被收录为内蒙古药用植物。

◎参考文献◎

[1] 江纪武．药用植物辞典 [M]．天津：天津科学技术出版社，2005: 365.

▲黄花补血草植株

▲黄花补血草花序

补血草属 *Limonium* Mill.

黄花补血草 *Limonium aureum*（L.）Hill.

别　　名　黄花矶松　金色补血草　金匙叶草

俗　　名　黄花苍蝇架

药用部位　白花丹科黄花补血草的花（入药称“金匙叶草”）。

原 植 物　多年生草本，高 4 ~ 35 cm。茎基往往被有残存的叶柄和红褐色芽鳞。叶基生，通常长圆状匙形至倒披针形，长 1.5 ~ 5.0 cm。花序圆锥状，花序轴 2 至多数，绿色，由下部做数回叉状分枝，往往呈“之”字形曲折，下部的多数分枝成为不育枝；穗状花序位于上部分枝顶端，由 3 ~ 7 小穗组成；小穗含花 2 ~ 3；外苞长 2.5 ~ 3.5 mm，宽卵形，先端钝或急尖，第一内苞长约 5.56 mm；萼长 5.5 ~ 7.5 mm，漏斗状，萼筒直径约 1 mm，基部偏斜，萼檐金黄色，裂片正三角形，脉伸出裂片先端成一芒尖或短尖，沿脉常疏被微柔毛，间生裂片常不明显；花冠橙黄色。花期 6—8 月，果期 7—8 月。

生　　境　生于土质含盐的砾石滩、黄土坡及沙土地上。

分　　布　黑龙江大庆市区、肇东、肇州、安达、杜尔伯特等地。吉林通榆、镇赉、洮南、前郭、长岭等地。

▲黄花补血草群落

▲黄花补血草植株（侧）

内蒙古额尔古纳、陈巴尔虎旗、满洲里、新巴尔虎右旗、新巴尔虎左旗、鄂温克旗、克什克腾旗、翁牛特旗、阿巴嘎旗、苏尼特左旗、苏尼特右旗等地。河北、山西、四川、宁夏、甘肃、新疆。俄罗斯（西伯利亚）、蒙古。

采　　制　夏季采摘花序，除去杂质，晒干。

性味功效　味淡，性凉。有止痛、消炎、补血的功效。

主治用法　用于神经痛、月经量少、耳鸣、乳汁不足、感冒、牙痛、疮疖痈肿等。水煎服。外用煎水含漱或外洗。

用　　量　5.0 ~ 7.5 g。外用适量。

附　　方

（1）治感冒：金匙叶草 7.5 g，水煎服。

（2）治牙痛、齿槽脓肿：金匙叶草适量，煎水含漱。

（3）治疮疖痈肿：金匙叶草适量，煎水外洗。

附　　注　花萼入药，可治疗妇女月经不调、鼻衄、带下等症。

▲黄花补血草花序（白色）

◎参考文献◎

[1] 江苏新医学院．中药大辞典（上册）[M]．上海：上海科学技术出版社，1977: 1414.
[2] 朱有昌．东北药用植物 [M]．哈尔滨：黑龙江科学技术出版社，1989: 875-876.
[3] 钱信忠．中国本草彩色图鉴（第四卷）[M]．北京：人民卫生出版社，2003: 542-543.

补血草 *Limonium sinense* （Girard）Kuntze

别　　名　匙叶草 匙叶矶松 中华补血草

俗　　名　苍蝇花 海菠菜 田根 甜根根 燕根根 孩儿根 孩儿参

药用部位　白花丹科补血草的根及全草（入药称“匙叶草”）。

原 植 物　多年生草本，高 15 ~ 60 cm。叶基生，倒卵状长圆形、长圆状披针形至披针形，长 4 ~ 22 cm。花序伞房状或圆锥状；花序轴通常 3 ~ 10，上升或直立，具 4 棱角或沟棱，常由中部以上做数回分枝，末级小枝二棱形；穗状花序有柄至无柄，排列于花序分枝的上部至顶端，由 2 ~ 11 小穗组成；小穗含花 2 ~ 4，被第一内苞包裹的 1 ~ 2 花常迟放或不开放；外苞长 2.0 ~ 2.5 mm，卵形，第一内苞长 5.0 ~ 5.5 mm；萼长 5 ~ 7 mm，漏斗状，萼筒直径约 1 mm，萼檐白色，宽 2.0 ~ 2.5 mm，开张幅径 3.5 ~ 4.5 mm，裂片宽短而先端通常钝或急尖；花冠黄色。花期 7—8 月，果期 8—9 月。

生　　境　生于沿海潮湿盐土及沙土上等处。

分　　布　辽宁长海、大连市区、葫芦岛市区、绥中、兴城等地。河北、山东、江苏、浙江、福建、台湾、广东、广西。越南。

采　　制　春、秋季采挖根，除去泥土，洗净，晒干。夏、秋季采收全草，洗净，晒干。

性味功效　味苦，性微寒。有清热、祛湿、补血的功效。

主治用法　用于湿热便血、血淋、痔疮出血、月经不调、背痛等。水煎服。外用捣烂敷患处。

用　　量　15 ~ 30 g（鲜品 30 ~ 60 g）。外用：适量。

附　　方

（1）治痔疮下血：鲜匙叶草根 100 g，加猪肉，水炖服。

（2）治血热月经过多：鲜匙叶草根 50 g，水煎服。

▲补血草植株

▼补血草幼株

▲补血草花序

▲补血草果实

（3）治脱肛：匙叶草鲜全草 200 g，水煎坐浴。

（4）治背痛：匙叶草鲜根 100 g，酒炖服；药渣调糯米饭捣烂外敷。

◎参考文献◎

[1] 江苏新医学院．中药大辞典（下册）[M]．上海：上海科学技术出版社，1977：2162.

[2] 朱有昌．东北药用植物 [M]．哈尔滨：黑龙江科学技术出版社，1989：877-878.

[3] 中国药材公司．中国中药资源志要 [M]．北京：科学出版社，1994：924.

二色补血草 *Limonium bicolor*（Bge.）Kuntze

别　　名　矶松 二色匙叶草

俗　　名　苍蝇花 苍蝇架 匙叶草 屁屁根

药用部位　白花丹科二色补血草的根及全草（入药称“补血草”）。

原 植 物　多年生草本，高 20 ~ 50 cm。叶基生，匙形至长圆状匙形，长 3 ~ 15 cm。花序圆锥状；花序轴单生，或 2 ~ 5 枚各由不同的叶丛中生出，通常有 3 ~ 4 棱角，有时具沟槽，偶可主轴圆柱状，末级小枝二棱形；穗状花序有柄至无柄，排列在花序分枝的上部至顶端，由 3 ~ 9 小穗组成；小穗含花 2 ~ 5；外苞长 2.5 ~ 3.5 mm，长圆状宽卵形，第一内苞长 6.0 ~ 6.5 mm；萼长 6 ~ 7 mm，漏斗状，萼筒直径约 1 mm，萼檐初时淡紫红或粉红色，后来变白，宽为花萼全长的一半，开张幅径与萼的长度相等，裂片宽短而先端通常圆，偶可有一易落的软尖，间生裂片明显；花冠黄色。花期 5—7 月，果期 6—8 月。

生　　境　喜生于含盐的钙质土上或沙地、海滨、山坡、草甸及沙丘等处。

分　　布　黑龙江肇东、肇州、大庆市区、杜尔伯特等地。吉林镇赉、通榆、洮南、前郭、大安、长岭、双辽等地。辽宁彰武。内蒙古新巴尔虎左旗、新巴尔虎右旗、海拉尔、鄂温克旗、科尔沁右翼前旗、扎鲁特旗、翁牛特旗、东乌珠穆沁旗、西乌珠穆沁旗、阿巴嘎旗、苏尼特左旗、苏尼特右旗、正蓝旗、镶黄旗、正镶白旗等地。河北、山东、河南、江苏、山西、陕西、甘肃。蒙古。

▲二色补血草植株

▲二色补血草幼株

▲二色补血草群落

▼二色补血草花

采　　制　春、秋季采挖根，除去泥土，洗净，鲜用或晒干。夏季开花前采收全草，洗净，切段，晒干。

性味功效　味甘、苦，性平。有补血止血、散瘀调经、益脾健胃的功效。

主治用法　用于消化不良、月经不调、功能性子宫出血、肾盂肾炎、尿血、痔疮出血、胃溃疡、脾虚水肿，水煎服。

用　　量　25 ~ 50 g。

附　　方　治功能性子宫出血、宫颈癌、肾盂肾炎、

▼二色补血草花序

尿血：补血草 25 ~ 100 g，水煎服。

◎参考文献◎

[1] 江苏新医学院．中药大辞典（上册）[M]．上海：上海科学技术出版社，1977:10-11.

[2] 朱有昌．东北药用植物 [M]．哈尔滨：黑龙江科学技术出版社，1989:876-877.

[3] 钱信忠．中国本草彩色图鉴（第三卷）[M]．北京：人民卫生出版社，2003:136-138.

▲曲枝补血草植株（侧）

曲枝补血草 *Limonium flexuosum*（L.）Kuntze

俗　　名　干枝梅

药用部位　白花丹科曲枝补血草的全草。

原 植 物　多年生草本，高 10 ~ 45 cm。叶基生，并在花序轴下部 1 ~ 5 节上具叶，长圆状倒披针形或倒卵状长圆形，有时披针形，长 2 ~ 12 cm，宽 0.5 ~ 2.0 cm，先端急尖或钝，常有短尖，基部渐狭成扁平的柄。花序伞房状，花序轴常单生，往往略呈“之”字形曲折。穗状花序由 7 ~ 13 小穗组成，每 2 ~ 3 穗状花序集于一花序分枝的顶端呈紧密的头状；小穗含花 2 ~ 3；外苞长 2.5 ~ 3.5 mm，宽倒卵形，第一内苞长 4.5 ~ 5.0 mm；萼长 5 ~ 6 mm，漏斗状，萼筒直径约 1 mm，萼檐近白色，常褶叠而不完全开展；花冠淡紫红色。花期 6—8 月，果期 7—8 月。

生　　境　喜生于盐碱化草地上。

▲市场上的曲枝补血草花序

分　布　内蒙古满洲里、新巴尔虎左旗、克什克腾旗等地。蒙古、俄罗斯（西伯利亚）。

附　注　本种被收录为内蒙古药用植物。

▲曲枝补血草幼株

◎参考文献◎

[1] 江纪武. 药用植物辞典 [M]. 天津: 天津科学技术出版社, 2005: 648.

▼曲枝补血草植株

▲黑龙江省塔河县开库康乡月亮湾湿地秋季景观

▲玉玲花植株

安息香科 Styracaceae

本科共收录 1 属、1 种。

安息香属 *Styrax* L.

▲玉玲花种子

玉铃花 *Styrax obassia* Sieb. et Zucc.

别　名　玉铃野茉莉

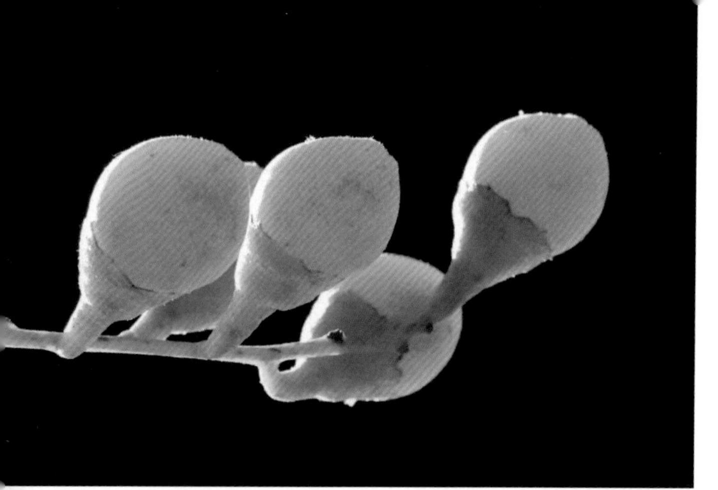

▲玉玲花果实

▲玉玲花花（侧）

俗　　名　老开皮　山榛子

药用部位　安息香科玉玲花的果实。

原 植 物　落叶乔木或灌木，高 10 ~ 14 m，胸径达 15 cm；树皮灰褐色。叶纸质，生于小枝最上部的互生，宽椭圆形或近圆形，长 5 ~ 15 cm。花白色或粉红色，芳香，长 1.5 ~ 2.0 cm，总状花序顶生或腋生，长 6 ~ 15 cm，下部的花常生于叶腋，有花 10 ~ 20，基部常 2 ~ 3 分枝；花梗长 3 ~ 5 mm，常稍向下弯；小苞片线形，长 3 ~ 5 mm，早落；花萼杯状，高 5 ~ 6 mm；萼齿三角形或披针形；花冠裂片膜质，椭圆形，长 1.3 ~ 1.6 cm，花冠管长约 4 mm；雄蕊较花冠裂片短，花丝扁平；花柱与花冠裂片近等长。

▼玉玲花花

▲玉玲花花序

果实卵形或近卵形，直径 10 ~ 15 mm，顶端具短尖头；种子长圆形，暗褐色。花期6—7 月，果期8—9 月。

生 境 生于阔叶林或针阔叶混交林中。

分 布 吉林集安。辽宁本溪、桓仁、凤城、丹东市区、岫岩、宽甸等地。山东、安徽、浙江、江西、河南、湖北、四川、广西。朝鲜、日本。

▲玉玲花树干

采 制 秋季采收成熟果实，除去杂质，洗净，晒干。

性味功效 有消炎止痛、驱虫的功效。

主治用法 用于蛲虫病。水煎服。

用 量 适量。

◎参考文献◎

[1] 中国药材公司．中国中药资源志要 [M]．北京：科学出版社，1994: 929.

[2] 江纪武．药用植物辞典 [M]．天津：天津科学技术出版社，2005: 782.

▲玉玲花枝条（果期）

▼玉玲花枝条（花期）

▲吉林省临江市六道沟镇桦皮村神龟湾湿地秋季景观

▲白檀果实

山矾科 Symplocaceae

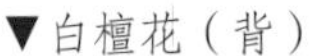

▼白檀花（背）

本科共收录 1 属、1 种。

山矾属 *Symplocos* Jacq.

白檀 *Symplocos paniculata*（Thunb.）Miq.

别　　名　白檀山矾

俗　　名　茶叶花　白毫茶叶　山黄瓤子　蓝蛋树　黄瓤子　乌眼子

药用部位　山矾科白檀的根及枝条。

原 植 物　落叶灌木或小乔木。叶膜质或薄纸质，阔倒卵形、椭圆状倒卵形或卵形，长 3 ~ 11 cm，宽 2 ~ 4 cm，先端急尖或渐尖，基部阔楔形或近圆形，边缘有细尖锯齿；中脉在叶面凹下，侧脉在叶面平坦或微突起，每边 4 ~ 8 条；叶柄长

▲白檀枝条（花期）

3 ~ 5 mm。圆锥花序长 5 ~ 8 cm，通常有柔毛；苞片早落，通常条形，有褐色腺点；花萼长 2 ~ 3 mm，萼筒褐色，裂片半圆形或卵形，稍长于萼筒，淡黄色，有纵脉纹，边缘有毛；花冠白色，长 4 ~ 5 mm，5 深裂几达基部；雄蕊 40 ~ 60，子房 2 室，花盘具 5 突起的腺点。核果熟时蓝色，卵状球形，稍偏斜，长 5 ~ 8 mm，顶端宿萼裂片直立。花期 5—6 月，果期 8—9 月。

生　境　生于山坡、路边、疏林及灌丛间等处。

分　布　吉林集安、通化等地。辽宁本溪、桓仁、凤城、丹东市区、岫岩、宽甸、鞍山市区、海城、大连市区、绥中等地。河北、山东、河南、安徽、江苏、浙江、福建、台湾、湖北、湖南、广东、海南、广西、贵州、云南、西藏、陕西、四川、甘肃。朝鲜、日本、印度。

▼白檀花序

▲白檀植株

采　　制　春、秋季采挖根，除去泥土，切段，洗净，晒干。夏、秋季采收枝条，除去杂质，洗净，晒干。

性味功效　根：味苦、涩，性微寒。有散风解毒、消肿止痛、祛瘀止血的功效。枝条：味苦、涩，性微寒。有消炎、软坚、调气的功效。

主治用法　根：用于腹内肿瘤、乳痈、疮疖痈肿、胃痛、腹痛、疝气、痔疮、跌打损伤、外伤出血等。水煎服。枝条：用于乳腺炎、淋巴腺炎、疝气、肠痈、胃癌高热不语、火烧伤等。水煎服。外用捣烂敷患处。

▲白檀果核

用　　量　根：15 ~ 25 g。枝条：15 ~ 40 g。外用适量。

附　　注　树皮入药，可治疗眼炎。

◎参考文献◎

[1] 朱有昌．东北药用植物 [M]．哈尔滨：黑龙江科学技术出版社，1989: 879-880.

[2] 中国药材公司．中国中药资源志要 [M]．北京：科学出版社，1994: 932.

[3] 江纪武．药用植物辞典 [M]．天津：天津科学技术出版社，2005: 786.

▲白檀枝条（果期）

▼白檀花

▲吉林长白山国家级自然保护区森林秋季景观

▲流苏树植株

▼流苏树花序

木樨科 Oleaceae

本科共收录 6 属、14 种。

流苏树属 *Chionanthus* L.

流苏树 *Chionanthus retusus* Lindl. et Paxt.

别　　名　炭栗树

俗　　名　茶叶树

药用部位　木樨科流苏树的果实。

原 植 物　落叶灌木或乔木，高 5 ~ 10 m。小枝灰褐色或黑灰色，圆柱形。叶片革质或薄革质，长圆形、椭圆形或圆形，长 3 ~ 12 cm；叶柄长 0.5 ~ 2.0 cm。聚伞状圆锥花序，长 3 ~ 12 cm，顶生于枝端；

▲流苏树枝条（花期）

▲流苏树果实

▲流苏树果核

▲流苏树枝条（果期）

苞片线形，长 2 ~ 10 mm，花长 1.2 ~ 2.5 cm，单性而雌雄异株或为两性花；花梗长 0.5 ~ 2.0 cm，纤细；花萼长 1 ~ 3 mm，4 深裂，裂片尖三角形或披针形，长 0.5 ~ 2.5 mm；花冠白色，4 深裂，裂片线状倒披针形，长 1.0 ~ 2.5 cm，花冠管短，长 1.5 ~ 4.0 mm；雄蕊藏于管内或稍伸出，花丝长在 0.5 mm 之下；子房卵形，长 1.5 ~ 2.0 mm，柱头球形，稍 2 裂。果椭圆形，长 1.0 ~ 1.5 cm，呈蓝黑色或黑色。花期 5 月，果期 9—10 月。

生　境　生于向阳山坡及河谷中。

分　布　辽宁凌源、大连市区、瓦房店等地。河北、河南、江苏、安徽、江西、云南、四川、广东、福建、台湾、陕西、山西、甘肃等。朝鲜、日本。

采　制　秋季采摘果实，除去杂质，洗净，晒干。

性味功效　有强壮、兴奋、益脑、健胃、活血脉的功效。

主治用法　用于手足麻木。水煎服。

用　量　适量。

附　注　叶入药，有清热、止泻的功效。根入药，可治疗疮疡。

◎参考文献◎

[1] 中国药材公司．中国中药资源志要 [M]．北京：科学出版社，1994: 933.

[2] 江纪武．药用植物辞典 [M]．天津：天津科学技术出版社，2005: 169.

▲雪柳枝条

雪柳属 *Fontanesia* Labill

雪柳 *Fontanesia phillyreoides* subsp. *fortunei*（Carrière）Yalt.

别　　名　五谷树

俗　　名　过街柳

药用部位　木樨科雪柳的根。

原 植 物　落叶灌木或小乔木，高达 8 m。树皮灰褐色。枝灰白色，圆柱形。叶片纸质，披针形、卵状披针形或狭卵形，长 3 ~ 12 cm；叶柄长 1 ~ 5 mm。圆锥花序顶生或腋生，顶生花序长 2 ~ 6 cm，腋生花序较短，长 1.5 ~ 4.0 cm；花两性或杂性同株；苞片锥形或披针形，长 0.5 ~ 2.5 mm；花梗长 1 ~ 2 mm；花萼微小，杯状，深裂，裂片卵形；花冠深裂至近基部，裂片卵状披针形，长 2 ~ 3 mm；雄蕊花丝长 1.5 ~ 6.0 mm，伸出或不伸出花冠外，花药长圆形，长 2 ~ 3 mm；花柱长 1 ~ 2 mm，柱头 2 叉。果黄棕色，倒卵形至倒卵状椭圆形，扁平，长 7 ~ 9 mm，先端微凹，花柱宿存；种子长约 3 mm。花期 5—6 月，果期 9—10 月。

生　　境　生于水沟及溪边或林中。

分　　布　辽宁本溪、丹东市区、凤城、宽甸、大连、岫岩等地。河北、陕西、山东、江苏、安徽、浙江、河南、湖北。

采　　制　春、秋季采挖根，除去泥土，切段，洗净，晒干。

主治用法　用于脚气病。水煎服。或捣烂敷患处。

▲雪柳树干

▲雪柳花序

▼雪柳植株

▲雪柳果实

用　　量　适量。

◎参考文献◎

[1] 中国药材公司. 中国中药资源志要 [M]. 北京: 科学出版社, 1994: 933-934.

[2] 江纪武. 药用植物辞典 [M]. 天津: 天津科学技术出版社, 2005: 334.

▲东北连翘枝条

连翘属 *Forsythia* Vahl

东北连翘 *Forsythia mandschurica* Uyeki

药用部位 木樨科东北连翘的果实。

原 植 物 落叶灌木，高约 1.5 m。树皮灰褐色。小枝开展，当年生枝绿色，二年生枝直立，灰黄色或淡黄褐色。叶片纸质，宽卵形、椭圆形或近圆形，长 5 ~ 12 cm，叶缘具锯齿、牙齿状锯齿或牙齿，上面绿色，下面淡绿色，叶脉在上面凹入，下面凸起；叶柄长 0.5 ~ 1.3 cm，上面具沟。花单生于叶腋；花萼长约

▼东北连翘花（侧）

▼东北连翘花

▲东北连翘植株

5 mm，裂片下面呈紫色，卵圆形，长 2 ~ 3 mm，先端钝，边缘具睫毛；花冠黄色，长约 2 cm，裂片披针形，长 0.7 ~ 1.5 cm，宽 2 ~ 6 mm，先端钝或凹；雄蕊长 2 ~ 3 mm；雌蕊长 3.5 ~ 5.0 mm。果长卵形，长 0.7 ~ 1.0 cm，宽 4 ~ 5 mm，先端喙状渐尖至长渐尖，开裂时向外反折。花期 5 月，果期 9 月。

生　　境　生于山坡、林缘及路旁等处。

分　　布　辽宁本溪、丹东市区、凤城等地。

采　　制　秋季采收成熟果实，除去杂质，洗净，晒干。

性味功效　味苦，性微寒。有清热解毒的功效。

用　　量　适量。

▼东北连翘茎

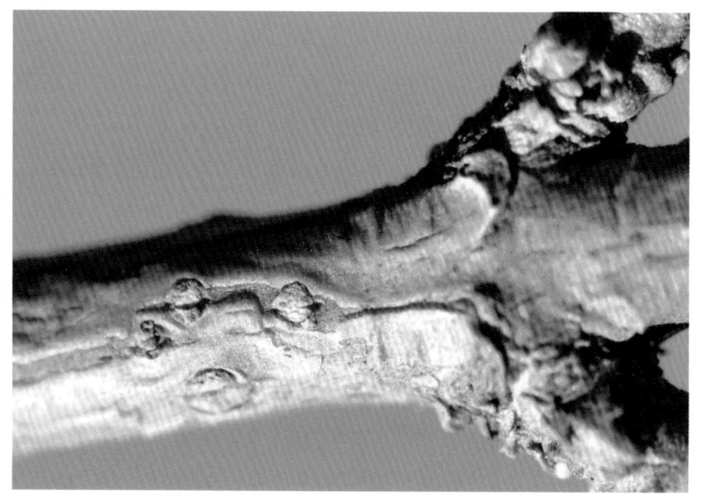

▼东北连翘果实

▲花曲柳枝条（花期）

▼花曲柳果实

梣属 *Fraxinus* L.

花曲柳 *Fraxinus chinensis* subsp. *rhynchophylla*（Hance）E. Murray

别　　名　大叶白蜡树　大叶梣　苦枥白蜡树

俗　　名　蜡树　蜡木　白蜡树　苦榴子

药用部位　木樨科花曲柳的干燥枝皮和干皮（称“秦皮”）。

原 植 物　落叶大乔木，高 12 ~ 15 m。树皮灰褐色。冬芽阔卵形。当年生枝淡黄色，上年生枝暗褐色。羽状复叶长 15 ~ 35 cm；叶柄长 4 ~ 9 cm，基部膨大；小叶 5 ~ 7，革质，阔卵形、倒卵形或卵状披针形，长 3 ~ 15 cm，营养枝的小叶较宽大，顶生小叶显著大于侧生小叶。圆锥花序顶生或腋生当年生枝梢，长约 10 cm；花序梗细而扁，长约 2 cm；苞片长披针形，先端渐尖；花梗长约 5 mm；雄花与两性花异株；花萼浅杯状，长约 1 mm；无花冠；两性花具雄蕊 2，长约 4 mm，花药椭圆形，雌蕊具短花柱，柱头 2 叉深裂；雄花花萼小，花

▲花曲柳植株

丝细，长达 3 mm。翅果线形，长约 3.5 cm。花期 4—5 月，果期 9—10 月。

生　境　生于山地阔叶林中或杂木林下。

分　布　黑龙江穆棱、宁安、东宁、尚志等地。吉林长白山各地。辽宁建昌、朝阳、义县、北镇、法库、沈阳市区、鞍山、宽甸、丹东市区、庄河、大连市区等地。河北、陕西。朝鲜、俄罗斯（西

▲市场上的花曲柳树皮

▲花曲柳树干

▲花曲柳枝条（果期）

伯利亚中东部）。

采　　制　春、秋季剥取枝皮和干皮，洗净，切丝，晒干。

性味功效　味苦、涩，性寒。有清热燥湿、平喘止咳、收敛明目的功效。

主治用法　用于痢疾、泄泻、肠炎、肠风下血、白带异常、急性结膜炎、目赤肿痛、目生翳膜、迎风流泪、角膜炎、慢性气管炎、牛皮癣。水煎服或入丸。外用鲜品适量煎汤洗患处。脾胃虚寒者忌服。

▲花曲柳幼株

用　　量　7.5 ~ 15.0 g。外用 50 ~ 100 g。

附　　方

（1）治痢疾：秦皮、黄檗、委陵菜各 15 g，水煎服。或用秦皮、白头翁各 15 g，水煎，日服 2 次。

（2）治慢性细菌性痢疾：秦皮 20 g，生地榆、椿皮各 15 g，水煎服。

（3）治慢性气管炎：秦皮制成浸膏片，每片含浸膏 0.3 g，每次服 2 片，每日 3 次，10 d 为一个疗程。

（4）治牛皮癣：秦皮 50 ~ 100 g，煎水洗患处。每日或隔 2 ~ 3 d 洗 1 次，每次煎水可洗 3 次（温水），洗至痊愈为止。

▲花曲柳花蕾

（5）治妇人赤白带下、血崩不止：秦皮 150 g，丹皮 100 g，当归身 50 g，俱酒洗，炒研为末。炼蜜为丸，梧桐子大。每早服 25 g，白汤下。
（6）治小儿惊痫发热、骨蒸发热：秦皮、茯苓各 5 g，甘草 2.5 g，灯芯 20 根，水煎服。
（7）治目赤痛痒（急性结膜炎）：秦皮、滑石各 15 g，共研末，每次 3 g，日服 2 次。
（8）治睑腺炎（针眼）、大便干燥：秦皮 15 g，大黄 10 g，水煎服。孕妇忌服。

附　注　本品为《中华人民共和国药典》（2020 年版）收录的药材。

◎参考文献◎

[1] 江苏新医学院．中药大辞典（下册）[M]．上海：上海科学技术出版社，1977:1767-1769.

[2] 朱有昌．东北药用植物 [M]．哈尔滨：黑龙江科学技术出版社，1989:881-882.

[3]《全国中草药汇编》编写组．全国中草药汇编（上册）[M]．北京：人民卫生出版社，1975:670-672.

▲花曲柳花序

▲水曲柳枝条（果期）

▼水曲柳植株

水曲柳 *Fraxinus mandschurica* Rupr.

别　　名　东北梣

俗　　名　曲柳

药用部位　木樨科水曲柳的干燥树皮（称“秦皮”）。

原 植 物　落叶大乔木，高达 30 m 以上，胸径达 2 m，树皮厚，灰褐色，纵裂。冬芽大，圆锥形。小枝粗壮，黄褐色至灰褐色；叶痕节状隆起，半圆形。羽状复叶长 25 ~ 40 cm；叶柄长 6 ~ 8 cm；小叶 7 ~ 13，长圆形至卵状长圆形，长 5 ~ 20 cm。圆锥花序生于上年生枝上，先叶开放；花序梗与分枝具窄翅状锐棱；雄花与两性花异株，均无花冠也无花萼；雄花序紧密，花梗细而短，长 3 ~ 5 mm，雄蕊 2，花药椭圆形，花丝甚短；两性花序稍松散，花梗细而长，两侧常着生 2 枚甚小的雄蕊，子房扁而宽，花柱短，柱头 2 裂。翅果大而扁，长圆形至倒卵状披针形，长 3 ~ 4 cm。花期 4—5 月，果期 8—9 月。

▲水曲柳枝条（花期）

生　境　生于土层深厚、肥沃、疏松、排水良好的山坡疏林中或河谷平缓山地等处。

分　布　黑龙江伊春市区、铁力、勃利、尚志、五常、海林、东宁、宁安、绥芬河、穆棱、方正等地。吉林长白山各地。辽宁丹东市区、宽甸、凤城、本溪、桓仁、抚顺、新宾、清原、西丰等地。河北。朝鲜、俄罗斯（西伯利亚中东部）、日本。

采　制　四季剥取枝皮或树干皮，晒干或鲜时切成丝状再晒干。

性味功效　味苦、涩，性寒。有清热燥湿、清胆明目、收敛止血的功效。

主治用法　用于痢疾、肠炎、疟疾、白带异常、带下病、月经不调、急性结膜炎、目生翳膜、慢性气管炎、牛皮癣等。水煎服。鲜品捣烂或干品研末敷患处。

用　量　6 ~ 10 g。外用适量。

▼水曲柳幼株

▲水曲柳雄花序

▲水曲柳果实

◎参考文献◎

[1] 钱信忠. 中国本草彩色图鉴(第一卷)[M]. 北京：人民卫生出版社，2003:663-664.

[2] 中国药材公司. 中国中药资源志要 [M]. 北京：科学出版社，1994:935.

[3] 江纪武. 药用植物辞典 [M]. 天津：天津科学技术出版社，2005:336.

▲水曲柳树干

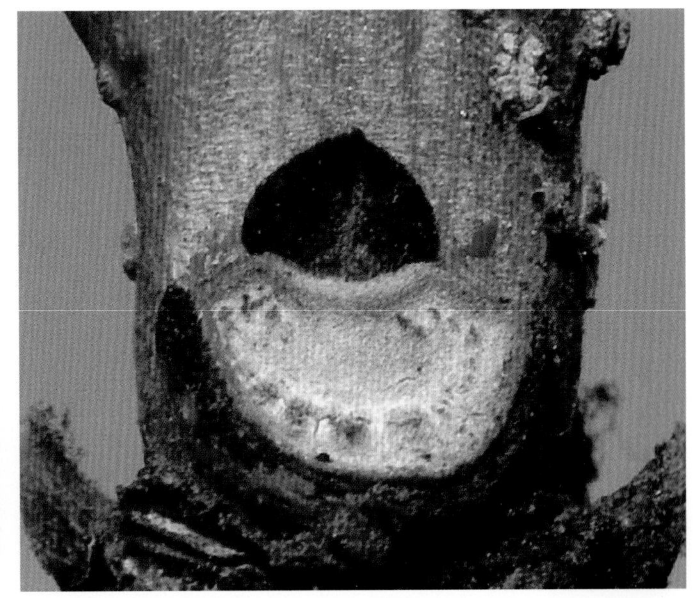

▲水曲柳叶痕

白蜡树 *Fraxinus chinensis* Roxb.

▲白蜡树雄花序

别　　名　梣

药用部位　木樨科白蜡树的干燥树皮（称“秦皮”）及叶。

原 植 物　落叶乔木，高 10 ~ 12 m。树皮灰褐色，纵裂。芽阔卵形或圆锥形。小枝黄褐色，粗糙。羽状复叶长 15 ~ 25 cm；叶柄长 4 ~ 6 cm；小叶 5 ~ 7，卵形、倒卵状长圆形至披针形，长 3 ~ 10 cm，叶缘具整齐锯齿。圆锥花序顶生或腋生枝梢，长 8 ~ 10 cm；花序梗长 2 ~ 4 cm；花雌雄异株；雄花密集，花萼小，钟状，长约 1 mm，无花冠，花药与花丝近等长；雌花疏离，花萼大，筒状，长 2 ~ 3 mm，4 浅裂，花柱细长，柱头 2 裂。翅果匙形，长 3 ~ 4 cm，宽 4 ~ 6 mm，上中部最宽，先端锐尖，常呈犁头状，基部渐狭，翅平展，下延至坚果中部，坚果圆柱形，长约 1.5 cm。花期 4—5 月，果期 9—10 月。

▼白蜡树枝条

生　　境　生于沟谷溪流旁、山坡及林缘等处。

分　　布　辽宁庄河。河北、河南、山东、山西、湖南、湖北、安徽、江苏、广东、广西。朝鲜、越南。

采　　制　四季剥取枝皮或树干皮，晒干，或鲜时切成丝状再晒干。夏、秋季采摘叶，除去杂质，晒干。

▼白蜡树树干

性味功效　树皮：味辛，性微温。有清热燥湿、收敛、明目的功效。叶：味辛，性温。有调经、止血生肌的功效。花：有止咳、定喘的功效。

主治用法　树皮：用于疟疾、闭经、月经不调、小儿头疮、热痢、泄泻、带下病、目赤肿痛、慢性气管炎、牛皮癣等。水煎服。外用研末调敷。叶：用于经闭、刀伤出血等。水煎服。外用研末调敷。花：用于咳嗽、哮喘等。

用　　量　树皮：15 ~ 25 g。外用适量。叶：外用适量。

附　　注　本品为《中华人民共和国药典》（2020 年版）收录的药材。

◎参考文献◎

[1] 江苏新医学院．中药大辞典（上册）[M]．上海：上海科学技术出版社，1977: 750.

[2]《全国中草药汇编》编写组．全国中草药汇编（上册）[M]．北京：人民卫生出版社，1975: 670-672.

[3] 中国药材公司．中国中药资源志要 [M]．北京：科学出版社，1994: 934.

▲小叶梣枝条（果期）

小叶梣　*Fraxinus bungeana* DC.

▼小叶梣树干

别　　名　梣 小叶白蜡树 小叶白蜡

俗　　名　蜡树

药用部位　木樨科小叶梣的干燥树皮（称“秦皮”）。

原 植 物　落叶小乔木或灌木，高 2 ~ 5 m。树皮暗灰色，浅裂。羽状复叶长 5 ~ 15 cm；叶柄长 2.5 ~ 4.5 cm；小叶 5 ~ 7，硬纸质，阔卵形、菱形至卵状披针形，长 2 ~ 5 cm，宽 1.5 ~ 3.0 cm，顶生小叶与侧生小叶几等大；花序梗扁平，长约 1.5 cm；花梗细，长约 3 mm；雄花花萼小，杯状，萼齿尖三角形，花冠白色至淡黄色，裂片线形，长 4 ~ 6 mm，雄蕊与裂片近等长，花药小，椭圆形，花丝细；两性花花萼较大，萼齿锥尖，花冠裂片长达 8 mm，雄蕊明显短，雌蕊具短花柱，柱头 2 浅裂。翅果匙状长圆形，长 2 ~ 3 cm，上中部最宽，先端急尖；坚果长约 1 cm，略扁；花萼宿存。花期 5 月，果期 8—9 月。

生　　境　生于较干燥向阳的沙质土壤或岩石缝隙中。

分　　布　吉林集安、和龙、敦化、通化、白山等地。辽宁绥中、凌源、喀左、建昌、建平、北票等地。河北、山西、山东、安徽、河南。

采　　制　四季剥取枝皮或树干皮，晒干，或鲜时切成丝状再晒干。

▲小叶梣植株

性味功效　味苦、涩，性寒。有清热燥湿、平喘止咳、明目的功效。

主治用法　用于细菌性痢疾、肠炎、白带异常、慢性气管炎、目赤肿痛、迎风流泪、牛皮癣等。水煎服或入丸。外用鲜品捣烂敷患处。

用　　量　7.5 ~ 15.0 g。外用适量。

▼小叶梣果实

◎参考文献◎

[1] 江苏新医学院．中药大辞典（下册）[M]．上海：上海科学技术出版社，1977: 17.

[2]《全国中草药汇编》编写组．全国中草药汇编（上册）[M]．北京：人民卫生出版社，1975: 670-672.

[3] 江纪武．药用植物辞典 [M]．天津：天津科学技术出版社，2005: 335.

▼小叶梣枝条（花期）

▼小叶梣花序（前期）

▼小叶梣花序（后期）

▲辽东水蜡树植株

女贞属 *Ligustrum* L.

▼辽东水蜡树花（侧）

辽东水蜡树 *Ligustrum obtusifolium* Sieb. & Zucc. subsp. *suave*（Kitag.）Kitag.

俗　　名　水白蜡

药用部位　木樨科辽东水蜡树的叶。

原 植 物　落叶多分枝灌木，高 2 ~ 3 m。树皮暗灰色。叶片纸质，披针状长椭圆形、长椭圆形、长圆形或倒卵状长椭圆形，长 1.5 ~ 6.0 cm，萌发枝上叶较大，长圆状披针形，先端渐尖，基部均为楔形或宽楔形，侧脉 4 ~ 7 对，在上面微凹入，下面略凸起，近叶缘处不明显网结；叶柄长 1 ~ 2 mm。圆锥花序着生于小枝顶端，长 1.5 ~ 4.0 cm，宽 1.5 ~ 3.0 cm；花梗短于 2 mm；花萼长 1.5 ~ 2.0 mm，截形或萼齿呈浅三角形；花冠管长 3.5 ~ 6.0 mm，

▲辽东水蜡树花序

裂片狭卵形至披针形，长 2 ~ 4 mm；花药披针形，长约 2.5 mm，短于花冠裂片或达裂片的 1/2 处；花柱长 2 ~ 3 mm。果近球形或宽椭圆形，长 5 ~ 8 mm。花期 5—6 月，果期 9—10 月。

生　境　生于山坡、山沟石缝及山涧林下等处。

分　布　辽宁丹东、大连等地。山东、江苏、浙江。朝鲜、日本。

▲辽东水蜡树果实

▲辽东水蜡树种子

▲辽东水蜡树枝条

▲辽东水蜡树花

采　　制　夏、秋季采摘叶，除去杂质，鲜用或晒干。

性味功效　味苦，性凉。有清热解毒的功效。

用　　量　适量。

◎参考文献◎

[1] 中国药材公司. 中国中药资源志要 [M]. 北京：科学出版社，1994: 940.

[2] 江纪武. 药用植物辞典 [M]. 天津：天津科学技术出版社，2005: 461.